张广才岭南段中生代花岗岩的时代、成因及构造背景

赵 越 著

中国矿业大学出版社
·徐州·

内容提要

本书选择张广才岭南段中生代花岗质岩石进行岩石学、SHRIMP 锆石 U-Pb 年代学和岩石地球化学研究，探讨研究区域不同时代花岗质岩石的组合、成因及构造背景，主要获得以下认识：基于本书所测研究区域中生代花岗岩的锆石 U-Pb 年代学数据，结合张广才岭地区近年来锆石 U-Pb 测年成果，本书将张广才岭地区中生代岩浆活动划分为早侏罗世早期、早侏罗世晚期和中侏罗世 3 个期次。

本书本书可供地质资源与地质工程专业技术人员及本科院校相关专业师生参考使用。

图书在版编目(CIP)数据

张广才岭南段中生代花岗岩的时代、成因及构造背景/赵越著. —徐州：中国矿业大学出版社，2024.1

ISBN 978-7-5646-6051-2

Ⅰ. ①张… Ⅱ. ①赵… Ⅲ. ①中生代—花岗岩—成岩作用—构造背景—同位素年代学—岩石地球化学—研究—东北地区 Ⅳ. ①P548.23

中国国家版本馆 CIP 数据核字(2023)第 216906 号

书　　名　张广才岭南段中生代花岗岩的时代、成因及构造背景
著　　者　赵　越
责任编辑　杨　洋　满建康
出版发行　中国矿业大学出版社有限责任公司
（江苏省徐州市解放南路　邮编 221008）
营销热线　(0516)83885370　83884103
出版服务　(0516)83995789　83884920
网　　址　http://www.cumtp.com　**E-mail**：cumtpvip@cumtp.com
印　　刷　苏州市古得堡数码印刷有限公司
开　　本　787 mm×1092 mm　1/16　**印张** 9.25　**字数** 237 千字
版次印次　2024 年 1 月第 1 版　2024 年 1 月第 1 次印刷
定　　价　54.00 元
（图书出现印装质量问题，本社负责调换）

前　言

张广才岭位于中亚造山带东段、华北克拉通北段和古太平洋外带的交汇叠加部位，经历了多期次的叠加改造作用，构造岩浆活动强烈，是研究东北地区地质构造域转换的最佳窗口。

本书选择张广才岭南段中生代花岗质岩石进行岩石学、SHRIMP 锆石 U-Pb 年代学和岩石地球化学研究，探讨研究区域不同时代花岗质岩石的岩石组合、成因及构造背景，主要获得以下结论：

基于本书所测研究区域中生代花岗岩的锆石 U-Pb 年代学数据，结合张广才岭地区近年来锆石 U-Pb 测年成果，本书将张广才岭地区中生代岩浆活动划分为 3 个期次：早侏罗世早期、早侏罗世晚期和中侏罗世。岩相学和岩石地球化学研究结果显示：早侏罗世早期的岩石组合为中细粒闪长岩、中细粒花岗闪长岩和似斑状中粗粒花岗闪长岩，属于高钾钙碱性Ⅰ型花岗岩系列；早侏罗世晚期的岩石组合为二长花岗岩和碱长花岗岩，属于高钾钙碱性 A2 型花岗岩系列；中侏罗世的岩石组合为花岗闪长岩和二长花岗岩，属于高钾钙碱性铝过饱和系列Ⅰ型花岗岩。通过对构造背景的讨论，本书认为张广才岭南段早侏罗世早期花岗质岩形成于活动大陆边缘构造环境，表明古太平洋板块在早侏罗世早期已经向西发生俯冲作用；早侏罗世晚期花岗质岩石形成于引张构造环境，代表了古太平洋板块俯冲过程中的一次伸展作用，证实在该段时间内松嫩—张广才岭板块与佳木斯板块尚未拼合；中侏罗世花岗质岩石形成于碰撞构造背景下，进而证实松嫩—张广才岭地块与佳木斯板块碰撞-拼合起始时间为 170.3 Ma。

本书通过对张广才岭南段中生代花岗质岩石的岩相学、锆石 U-Pb 年代学和岩石地球化学研究，重新厘定了研究区域花岗质岩石的形成时代，构建了花岗质岩石的年代学格架，探讨了研究区域不同时代花岗质岩石的组合、成因及构造背景，结合前人相关研究成果，探讨了研究区域中生代岩浆-构造演化历史，进而限定了松嫩—张广才岭地块和佳木斯地块最终碰撞-拼合时间及古太平洋板块发生西向俯冲作用的时间。

本书的出版得到了同行的大力支持和帮助，撰写过程中借鉴了相关专家、学者的研究成果，在此深表感谢。

限于作者水平，书中疏漏和不妥之处在所难免，敬请广大读者批评指正。

作者

2023 年 6 月

目　录

1　绪论 …… 1
1.1　研究背景及意义 …… 1
1.2　国内外研究现状 …… 1
1.3　研究思路及拟解决的关键问题 …… 6

2　区域地质背景 …… 8
2.1　研究区域范围及自然地理条件 …… 8
2.2　中国东北地区地质背景概述 …… 8
2.3　区域地层 …… 13
2.4　区域构造 …… 16
2.5　区域岩浆岩 …… 18
2.6　区域矿产 …… 19
2.7　本章小结 …… 20

3　中生代花岗岩岩石学特征 …… 21
3.1　早侏罗世花岗岩岩石学特征 …… 21
3.2　中侏罗世花岗岩岩石学特征 …… 26
3.3　中侏罗世花岗岩中镁铁质包体岩石学特征 …… 28
3.4　本章小结 …… 29

4　中生代花岗岩年代学 …… 31
4.1　分析方法 …… 31
4.2　年代学测试结果 …… 31
4.3　本章小结 …… 52

5　中生代花岗岩地球化学特征 …… 54
5.1　分析方法 …… 54
5.2　早侏罗世花岗岩地球化学特征 …… 55
5.3　中侏罗世花岗岩地球化学特征 …… 77
5.4　中侏罗世花岗岩中镁铁质包体地球化学特征 …… 90
5.5　本章小结 …… 95

6 中生代花岗岩成因 …… 96
6.1 花岗岩成因分类 …… 96
6.2 早侏罗世花岗岩成因 …… 97
6.3 中侏罗世花岗岩成因 …… 105
6.4 中侏罗世花岗岩中镁铁质包体成因 …… 110
6.5 本章小结 …… 112

7 张广才岭南段中生代花岗岩形成的构造背景 …… 113
7.1 研究区的构造属性:与松嫩—张广才岭地块的亲缘性 …… 113
7.2 松嫩—张广才岭地块与佳木斯地块碰撞-拼合历史 …… 113
7.3 张广才岭南段中生代花岗岩形成的构造背景 …… 114
7.4 本章小结 …… 117

8 结论、主要创新点和存在的主要问题及建议 …… 118
8.1 结论 …… 118
8.2 主要创新点 …… 118
8.3 存在的主要问题及建议 …… 119

参考文献 …… 120

1 绪　论

1.1 研究背景及意义

花岗岩形成与演化通常记录了岩石圈的构造演化等信息，能够有效反映区域动力学演化过程，使花岗岩成为研究地球演化过程的关键介质[1-5]。长期以来，地质学家对北方地区花岗岩体进行了大量的研究工作，在我国东北地区中生代花岗岩研究中取得了一系列重要成果[6-13]，一些关键地带的花岗岩年代学格架已经建立起来[10]，并对东北中生代花岗岩地球动力学构造背景有了较为深刻的认识。张广才岭位于兴蒙造山带东端，为我国东北地区重要的地质构造单元，该地区印支期与燕山期花岗岩类广泛分布[14-15]，并发育有大面积的花岗岩体。地质学家在该地区展开了大量的研究工作[8,12-13,16-22]，取得了丰硕的研究成果，归纳起来有如下几点：① 张广才岭地区花岗岩体出露面积极其大，且呈带状分布[10]，区域内各岩体大小不一和形态各异，局部发育有巨大面积的花岗岩体；② 东北区域花岗岩主要类型为A型和Ⅰ型花岗岩，局部地区发育有高分异Ⅰ型花岗岩[8,12,18-19]；③ 据已有资料所获得的该区域花岗岩类同位素测年数据显示，张广才岭地区花岗岩成岩时代主要为显生宙，以中生代印支期和燕山期形成的花岗岩为主，其次是古生代的加里东期和海西期形成的花岗岩[10,22-26]；④ 同位素示踪法显示东北地区花岗岩类普遍具有年轻的Nd年龄模式、低初始Sr和高初始Nd同位素值，表明显生宙—新元古代发生过重大的地壳构造事件[8-9,16,27]。

虽然前人在张广才岭地区已经取得了一系列重要的研究进展，但对于大多数花岗岩体的精确同位素定年工作仍然缺乏[8]，这些花岗岩是否由同一源区岩浆演化而成还有待商榷。此外，这些花岗岩的形成是与古亚洲洋构造域有关，还是受太平洋构造域控制，也是悬而未决的问题。因此，本书在吉林1∶50 000保安屯幅（L52E022006）、新安幅（L52E023006）区域地质矿产调查项目资助下，选择张广才岭南段花岗岩类进行岩相学、岩石地球化学、锆石U-Pb同位素分析研究，探讨张广才岭南段花岗岩的岩浆作用时限、源区及成岩深部动力学背景，为张广才岭地区构造演化提供地球化学和岩石学依据。

1.2 国内外研究现状

1.2.1 国内外花岗岩研究现状

花岗岩作为地球分异演化的产物，是地球上大陆地壳的最重要的组成部分，也是地球区别于太阳系其他星体的重要标志[28-29]。从20世纪50年代盛行的槽台说，到20世纪70年代板块构造理论的提出，再到1989年固体地球科学家Phinney提出的大陆动力学计划，可见对于花岗岩的研究已取得了重大进展。花岗岩发展历程可分为以下三个阶段:① Chapple 和 White 在 1974 年根据岩石岩浆来源将花岗岩划分为Ⅰ型与 S 型花岗岩,S 型花岗岩岩浆源岩为沉积岩,Ⅰ型花岗岩岩浆源岩为火成岩;② Pitcher 在 1983 年认为不同的花岗岩有不同的构造环境[30],Ⅰ型花岗岩一般形成于板块俯冲构造环境中,S 型花岗岩一般形成于板块碰撞构造环境中,A 型花岗岩一般形成于碰撞后板块伸展构造环境中;③ 通过探讨花岗岩与压力的关系,发现 Sr/Yb 比值越高,形成的压力越大,张旗等[31]将花岗岩按照 Sr-Yb 含量划分为四类,即高 Sr 低 Yb 的埃达克岩、低 Sr 低 Yb 的喜马拉雅型花岗岩、高 Sr 高 Yb 的广西型花岗岩和低 Sr 高 Yb 的浙闽型花岗岩。2015 年于巴西 Santa Catarina 州的首府 Florianopolis 举行的 Hutton 国际花岗岩及相关岩石研讨会Ⅱ分别就花岗质岩浆的源区与形成过程、浅位花岗岩与火山岩的联系、花岗岩形成的构造环境、花岗岩的时空分布与岩浆形成过程四个方面展开探讨,会议内容涉及 TTG 岩套与早期大陆地壳的形成与演化、花岗质岩浆的结晶与分异、花岗质岩浆形成的物理与化学过程、花岗质岩浆对成矿作用的制约等方面。会议认为共生的镁铁质岩石和花岗岩的成因联系是理解大陆地壳形成与演化的关键,并强调花岗岩地质的精细观察与岩浆形成过程。

目前,关于花岗岩的研究主要包括以下几个方面:

(1) 花岗岩的源岩

第一种观点认为花岗岩可以由地幔岩直接部分熔融形成[32];第二种观点认为花岗岩可以由幔源岩浆与壳源岩浆混合作用形成[33];第三种观点认为这些花岗质岩石来自早先存在的年轻物质(弧杂岩和底侵的镁铁质岩石)的部分熔融[18,34-35]。

(2) 花岗岩与构造环境

关于花岗岩能否用来判别构造环境是长期以来一直存在争议的问题,一种观点认为花岗岩地球化学特征与构造环境对应,可以利用花岗岩地球化学特征判断花岗岩形成构造环境[30];另一种观点则认为花岗岩地球化学特征与构造背景并不是严格的一一对应关系[28],花岗岩的地球化学性质主要反映花岗岩源区与岩浆源区构造背景,而不是花岗岩形成时的构造背景[36]。由于花岗岩构造背景的复杂性,仅根据岩石类型是无法具体区分构造环境的,只有对花岗岩构造环境的地质背景、岩石地球化学、成岩机制等因素进行综合研究才能得到较为可靠的结论[4,29,37]。单个岩体成岩过程反映了局部构造运动学和动力学状况,巨型花岗岩带的形成、时空迁移和变化规律则与板块作用密切相关[38-40],岩浆带向内陆迁移一直作为判别俯冲方向的证据。

(3) 花岗岩与地壳增生

中亚造山带是世界上最大的增生造山带,在显生宙发生大规模的地壳增生作用,接近一半的中亚造山带陆壳形成于显生宙时期[41]。地壳增生是指地幔物质通过不同形式进入地壳,从而导致地壳体积增大和数量增加。第一种观点:根据最新的板块构造理论,在汇聚性的构造板块边缘,由于洋壳型活动大陆板块俯冲产生岛弧或安第斯型岩浆,导致陆壳增生,洋底高原或岛弧型活动大陆边缘以地体的形式拼贴。这种增生方式以板块水平运动作用为主要机制,常称之为陆壳水平增生作用。第二种观点:大陆自形成以后,地幔柱(mantle plume)影响导致地幔物质以底侵作用等方式进入地壳,从而导致大陆增生。这种增生方式是地幔物质垂直向上进入陆壳,因而也被称为陆壳的垂向增生(vertical growth)。对于花岗岩而言,地壳垂直生长作用是由壳幔相互作用造成的,因此可通过花岗岩的物质来源来探讨地壳增生,该观点认为地幔通过底侵作用为大陆地壳垂直生长提供热量和物质来源;另一种观点为通过岩浆混合作用,地幔物质进入地壳,为地壳提供物质来源,导致地壳体积和数量增加[4,29,36-37]。

(4) 具有埃达克岩特点的花岗岩成因

20世纪70年代末,美国地质学家Kay在阿留申岛弧火山链中部的埃达克岛上发现了板片熔融形成的镁安山岩,它们的地球化学特征明显不同于地幔楔部分熔融产生的正常弧安山岩。M. J. Defant等[42]在Kay的研究成果基础上提出了埃达克岩(Adakite)概念,它是指由年轻的(<25 Ma)、热的俯冲板片在75～85 km深度处(相当于角闪岩-榴辉岩过渡带)发生部分熔融形成的一类具有特殊地球化学特征的中酸性火山岩,具有以下特征:$SiO_2 \geqslant 56\%$,$Al_2O_3 \geqslant 15\%$,$MgO < 3\%$,贫Y和HREE($Y \leqslant 18 \times 10^{-6}$,$Yb \leqslant 1.9 \times 10^{-6}$)、高Sr($\geqslant 400 \times 10^{-6}$)(上述均指物质的量占比,下同)和Sr/Y(>40)、La/Yb(>20)比值(指物质的量占比的比值,下同)。埃达克岩的提出开创了岛弧岩浆成因的新模式,改变了以往由俯冲大洋板片脱水导致地幔楔部分熔融产生岛弧岩浆岩的单一认识。最初地质学家们认为俯冲洋壳部分熔融是形成埃达克岩的主要机制[42],但随后的一些研究发现只要满足特定的源岩(石榴石残留)和一定的物理化学条件,就能形成具有埃达克岩地球化学性质的岩石[43-44],因此埃达克岩的形成不一定局限于洋壳俯冲环境,在不具备大洋板片俯冲的其他构造环境下(大陆碰撞区)也能够形成埃达克岩。后者大致有两种情况:① 活动陆缘地壳加厚地区,如安第斯大陆边缘弧[45-46];② 板块碰撞导致的地壳加厚地区,如青藏高原[47-49]。

(5) 花岗岩中镁铁质微粒包体(MME)成因

花岗岩中暗色镁铁质包体蕴含着重要的壳幔相互作用信息,因此一度成为研究热点。镁铁质微粒包体与寄主岩石相比具有粒度细、颜色深、形态多样等特征。包体与寄主花岗岩形成时代一致,渐变接触,包体中常见寄主花岗岩的长石斑晶。包体常见形态为近等轴状、拉长的纺锤状及其他不规则形状。包体往往发育矿物相互包裹的嵌晶及岩浆冷凝矿物不平衡结构,同时出现淬冷形成的针状磷灰石,反映高温的镁铁质岩浆遇到低温的花岗质岩浆快速冷却过程。然而,前人对花岗岩中的镁铁质微粒包体成因存在两种观点:一种观点认为,镁铁质微粒包体是地壳发生深熔作用形成酸性岩浆后残留的基性—超基性残余物[50];另一种观点认为,暗色镁铁质包体为基性—超基性岩浆与酸性岩浆混合作用的产物[51]。

1.2.2 东北地区研究现状及存在问题

中亚造山带是夹在西伯利亚克拉通、华北克拉通和塔里木克拉通之间的大型增生造山带[52-58]。东北地区位于中亚造山带东部,由一系列微陆块拼贴而成,这些微陆块被主要的断裂自东向西依次分为兴凯地块、布列亚—佳木斯地块、松嫩地块、兴安地块以及额尔古纳地块(图1-1)。目前,随着高精度年代学及同位素地球化学分析测试技术的研究与运用,使得东北地区重大地质问题取得了许多重要的成果和认识:① 确立了东北地区岩浆作用的期次及时空分布特点。早期认为,东北地区存在大面积前寒武纪至古生代岩浆岩,而最新的年代学测试结果显示其主要为中生代岩浆作用的产物[10],前寒武纪岩浆作用主要分布于额尔古纳地块上[29,59-61]。② 初步恢复了东北地区区域构造演化过程。古生代的构造演化与古亚洲洋密切相关,并形成了混杂岩、古生代同碰撞花岗质岩石以及中生代造山后A型花岗岩[10,35,45,56-57,62-64]。晚中生代及新生代期间,东北地区受到环太平洋构造和蒙古鄂霍茨克构造作用的叠加和改造[10,65-71]，形成了与中生代俯冲有关的增生杂岩、大规模北东向的花岗岩及火山岩带、走滑断层体系[10,62-63,72-75]。③ 东北地区大多数岩浆岩均具有低初始 Sr 和高 Nd 同位素比值特征，表明东北地区存在大量的年轻地壳物质，进而明确了显生宙是地壳生长的重要时期。尽管上述问题得到了大多数学者的认同，但是由于东北地区植被覆盖严重，同时又受到多期构造岩浆作用的叠加与改造，使得针对许多关键的科学问题仍未达成共识，主要体现在以下几个方面：

（1）关于古亚洲洋最终闭合的时间和位置一直存在争议。一部分学者认为华北板块与北部块体在早古生代末至晚古生代初碰撞对接完成，古亚洲洋消失[76-79]。然而，另一部分学者认为吉中—延边地区的古亚洲洋于晚古生代期间俯冲消亡，华北板块与北部块体于晚二叠世末至早三叠世碰撞对接完成[7,65-66,80-83]。一些学者根据二叠纪晚期安加拉植物群和华夏植物群混生现象，认为古亚洲洋的最终闭合时间为二叠纪中晚期[84]。吴福元等[85]和F. Y. Wu 等[10,86]对吉林烟筒山呼兰群变质作用和红帘石硅质岩研究表明这些岩石均经历了 230 Ma 至 250 Ma 的中压型变质作用，证明在早三叠世期间华北板块与北部块体群存在碰撞拼合事件。Y. B. Zhang 等[87]和李承东等[88]基于对岩浆岩的地球化学特征的研究，认为二叠纪期间，华北板块北缘为活动大陆边缘构造背景，正处于古亚洲洋板块向华北板块之下俯冲，在此背景下形成了延边地区早二叠世(285 Ma)英云闪长岩和吉林中部地区晚二叠世(252 Ma)色洛河高镁安山岩，早三叠世西伯利亚与华北板块最终碰撞拼合，形成了具有同样碰撞特征的延边地区二长花岗岩(249 Ma 至 245 Ma[87]）和吉林中部大玉山花岗岩(248 Ma[80]）。大多数地质学者研究认为晚二叠世古亚洲洋沿着西拉木伦—长春—延吉缝合带闭合；周建波等[89]通过对吉林省和黑龙江省地区的高压变质带研究认为西拉木伦—长春—延吉缝合带是吉林—黑龙江高压变质带的重要组成部分(图 1-1)，是古太平洋板块向西俯冲的产物，而延边地区与中亚造山带并无关系。而长春—延吉缝合带到底是西拉木伦—长春构造带的东延部分，还是吉林—黑龙江高压变质带南缘部分，仍值得商榷。

（2）国内学者认为古太平洋俯冲是华北克拉通破坏、中国东部中生代岩浆活动、岩石圈减薄和亚洲东部大规模成矿作用的根本原因，然而确切的古太平洋向欧亚大陆俯冲起始时间仍存在较大争议。J. B. Zhou 等[64]通过对那丹哈达增生杂岩锆石 U-Pb 定年，认为古太平洋板块开始向欧亚大陆之下俯冲的时间为晚三叠世至早侏罗世；F. Guo 等[90]通过对早侏罗世俯冲相关的图们镁铁质杂岩进行研究，认为其为古太平洋板块俯冲作用的产物；前人通过对延边地区花岗岩及火山岩的研究，认为晚三叠世岩浆活动为滨太平洋构造域开始的标志[91]。

（3）关于蒙古—鄂霍茨克海的形成演化机制及对我国东北地区影响的空间范围仍存在较大争议。蒙古—鄂霍茨克海形成于晚古生代[92]，并于晚侏罗世至早白垩世呈剪刀式自西向东闭合[52,92-94]。通常蒙古—鄂霍茨克海被认为向北俯冲，近年来通过对蒙古及额尔古纳地块上晚古生代至早中生代侵入岩及同期斑岩型钼矿床的研究，发现蒙古—鄂霍茨克海具有向南俯冲的特点[10,95-96]。通过对额尔古纳地块及兴安地块出露的火山岩和侵入岩进行研究，J. Tang 等[67-69]及 Y. Li 等[97]认为，蒙古—鄂霍茨克海对我国影响的空间范围东至松辽盆地以西，南到华北克拉通北缘及以北等广大区域[98-99]。而 F. Y. Wu 等[10]认为蒙古—鄂霍茨克海闭合过程的影响范围仅限于额尔古纳地块和兴安地块的西北地区。

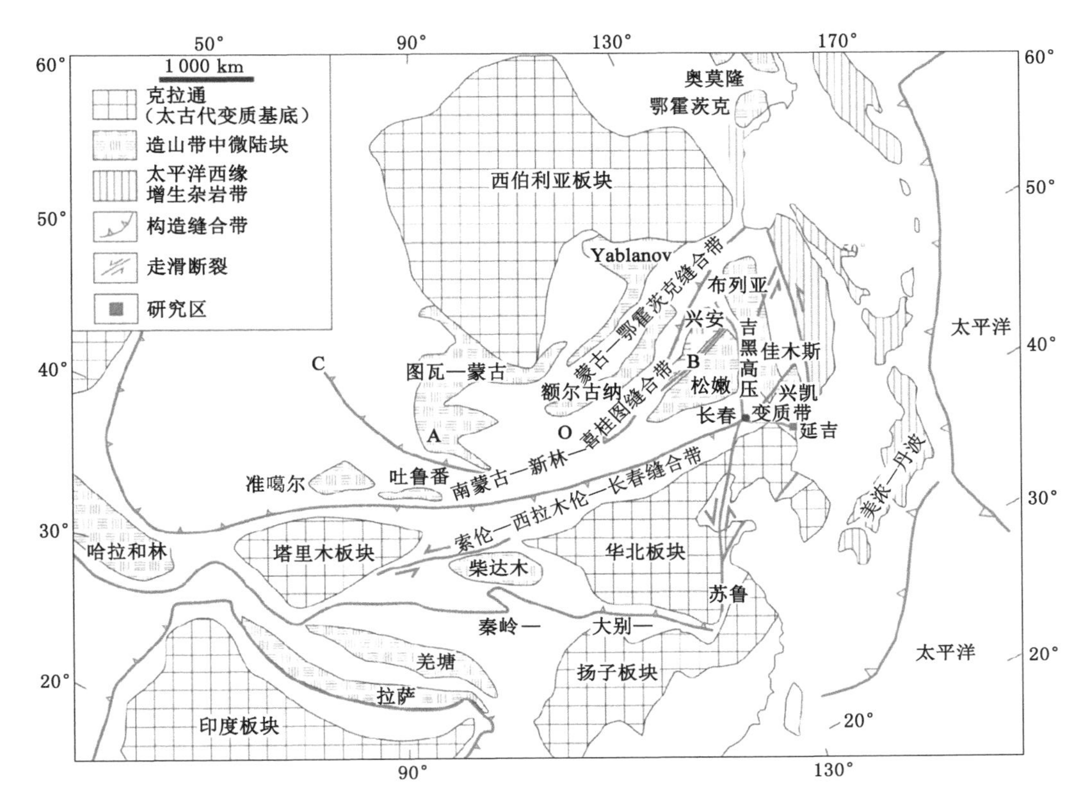

图 1-1 中亚造山带东段大地构造单元划分图(据文献[63]修改)

1.2.3 张广才岭岩浆带研究现状

张广才岭贯穿了黑龙江省中南部与吉林省中部,位于兴蒙造山带东侧,与佳木斯地块相接,南北向牡丹江断裂为其东部边界;与松嫩盆地相接,南北向逊克—铁力—尚志断裂为其西部边界;北部穿过黑龙江省进入俄罗斯远东地区;敦—密断裂为其南部边界。张广才岭岩浆构造带的大地构造属性仍存在较多争论。第一种观点认为张广才岭岩浆构造带是吉黑海西地槽褶皱系的重要组成部分,是古生代中亚—蒙古地槽褶皱系南支的东端组成部分。第二种观点认为张广才岭是兴安岭—内蒙古地槽褶皱系的组成部分,黑龙江省由兴凯湖—布列亚山地块和兴安岭—内蒙古地槽褶皱系组成。第三种观点认为张广才岭属于西伯利亚板块下属松嫩—佳木斯微陆块组成部分[100]。以上三种观点是由板块构造随着时代发展制定的划分方案,随着时代发展由槽台观点换成了板块构造观点。在《中国区域地质概论》一书中,作者的观点是伊春—延寿加里东褶皱带是早古生代松嫩—佳木斯微陆块在陆内拉张作用下逐步形成的,到中奥陶世末期开始闭合并最终拼贴在一起,到三叠纪时再度张裂断陷,火山大规模喷发形成大面积的花岗岩。近年来,部分地质学者认为佳木斯地块与松嫩地块在地质构造属性上没有对比性。随着对小兴安岭—张广才岭地区花岗岩的研究更加深入,地质学者开始更倾向张广才岭岩浆构造带是小兴安岭—松嫩板块与佳木斯板块碰撞结合部位的观点。张贻侠等[101]在《中国满洲里—绥芬河地学断面说明书》中将中国东北地区分为额尔古纳—兴安微板块、松嫩—张广才岭微板块、佳木斯微板块和兴凯微板块,其间为黑河一扎赉特拼合带。李锦轶等[102]认为张广才岭岩浆构造带代表了新元古代至早古生代活动陆缘,是板块碰撞时形成的造山带。虽然槽台观点和板块观点在大地构造成因和构造带性质上有着本质区别,但是在构造单元划分上却有着很多异曲同工之处。《黑龙江省地质志》将张广才岭岩浆带作为兴凯湖—布列亚地块张广才岭—太平岭边缘隆起带的组成部分,张贻侠等[101]将张广才岭归入松嫩—张广才岭微板块,李锦轶等[102]认为是哈尔滨地块东侧活动大陆边缘发育形成的造山带,张广才岭构造带应该是佳木斯地块和松嫩地块碰撞形成的造山带[103]。在花岗岩成因方面,国内外的地质学者已经展开大量研究工作并取得了一些重要的研究成果[8,12-13,16-22],获得了如下四个方面的认识:① 张广才岭岩浆带内花岗岩分布广泛,区域上有呈明显带状分布特征[10],带内出露的花岗岩体规模大小不一,形态各异,且发育有巨大体积的花岗岩基。② 花岗质岩成因上主要以 A 型花岗岩和Ⅰ型花岗岩为主,部分地区发现有高分异Ⅰ型花岗岩[8,1218-19]。③ 据已有资料所获得的该区花岗岩类同位素测年数据显示:张广才岭岩浆带内的花岗岩最早形成时间为显生宙,主要成岩时期是中生代的印支期和燕山期,其次是古生代的加里东期和海西期[10,22-26]。④ 东北地区的花岗岩类采用同位素示踪法测得张广才岭地区花岗岩普遍具有年轻的 Nd 模式年龄、低初始 Sr 和高初始 Nd 同位素值,表明在新元古代至显生宙时期张广才岭地区发生了重大的地壳生长事件[3,22-26]。

1.3 研究思路及拟解决的关键问题

1.3.1 研究思路

岩浆是地球构造演化过程中的产物,岩浆演化过程中形成的火成岩组合往往能有效反映特定的地球构造环境,因此可以通过火成岩岩石地球化学组合来揭示地球演化历史过程中的构造背景。同时,岩浆起源于地幔或下地壳,岩浆物质组成往往能有效反映岩浆源区属性,即元素和同位素地球化学示踪技术能有效地用于研究地球深部物质组成与属性。一般来说,相同的地体具有相同的构造-岩浆作用历史和相似的古地磁特征,通过对比不同岩体的岩浆作用过程可以有效判定微陆块的构造归属,重现古大陆的演化历史。

基于上述思路,本书系统地进行了野外调查和室内岩相学研究,运用最新的 SHRIMP 锆石 U-Pb 同位素定年,查明张广才岭地块南段中生代岩浆作用的期次和时空分布,构建张广才岭南段中生代岩浆演化的时空格架。通过对岩石组合和岩石地球化学的研究,查明张广才岭南段各期次岩浆形成的构造背景,揭示张广才岭地块南段的晚期构造演化历史。具体技术路线如图 1-2 所示。

1.3.2 拟解决的关键问题

(1) 厘定张广才岭南段中生代侵入岩的岩石组合及岩浆作用期次,构建张广才岭南段花岗质岩石年代学格架。

(2) 通过对张广才岭南段侵入岩年代学、地球化学特征及构造背景研究,限定松嫩—张广才岭地块和佳木斯地块碰撞-拼合时间。

(3) 为古亚洲洋构造域与古太平洋构造域叠加与转化时间提供新的证据。

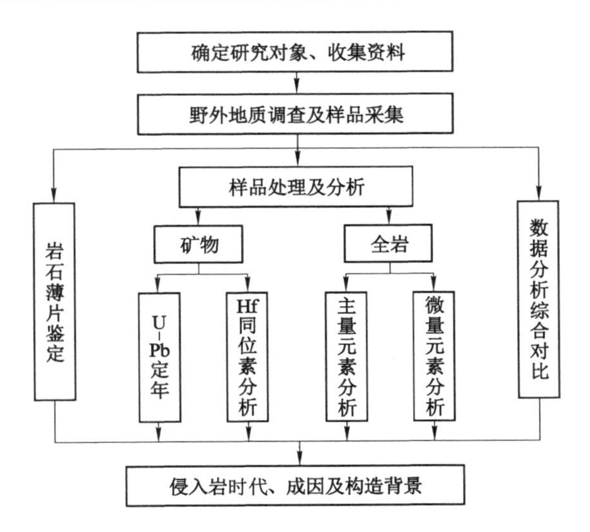
确定研究对象、收集资料
野外地质调查及样品采集
样品处理及分析
岩石薄片鉴定
矿物
全岩
数据分析综合对比
U-Pb定年
Hf同位素分析
主量元素分析
微量元素分析
侵入岩时代、成因及构造背景

图 1-2　技术路线

2 区域地质背景

2.1 研究区域范围及自然地理条件

工作区位于吉林省中东部，行政区划大部分隶属吉林省舒兰市，局部隶属黑龙江省五常市。研究区域地理坐标为东经 127°15′～127°30′，北纬 44°10′～44°30′，面积为 727 km^2。工作区西南距吉林市直线距离约为 60 km，西距舒兰市直线距离为 20 km。工作区至舒兰市、平安镇、开源镇、上营子镇、小城子镇都有简易公路连接，外部有舒兰—吉林、舒兰—哈尔滨、舒兰—延吉等公(铁)路与外界相通，可到达全国各地。工作区内村落稀疏，乡村间有简易道路，交通较便利(图 2-1)。

研究区域位于兴蒙古生代造山带东缘的张广才岭岩浆弧区域，属于低山丘陵区，地势总体为东南高、西北低，最低点位于珠琦河河谷西北端，海拔高 234 m，最高点位于区内二人班以东，最高峰海拔为 918 m(无名山峰)，一般海拔为 400～700 m，相对高差为 200～500 m。东部地形较陡峭，向西地形起伏渐缓。区内次生林繁茂，植被覆盖严重，基岩露头出露程度低。水系较发育，呈树枝状分布，沟谷相对开阔，最大的两条河流为由北向南分布的珠琦河和霍伦河，属黑龙江水系上游，均由东南向西北流入主河流。气候类型属于北温带大陆性季风气候区，四季分明，具有干燥寒冷、日照充足、昼夜温差大等特点。年气温变化较大，一月平均气温最低，一般为－20～－18 ℃，极端最低气温可达－37.2 ℃；7 月平均气温最高，一般为 21～23 ℃，极端最高气温为 39 ℃，近年来平均气温在 3～5 ℃之间。每年 11 月到来年 5 月为冰冻期。雨季多集中在每年的 6 月至 9 月，年均降雨量为 350 mm 左右。土壤类型以暗棕土壤为主，颜色多呈黑色或棕黑色，土质较肥沃，适合农作物生长。

2.2 中国东北地区地质背景概述

中国东北地区地处西伯利亚、太平洋和华北三大板块之间，大地构造位置位于东北亚陆陆碰撞和陆缘增生形成的阿尔泰造山带东部边缘[41,104-105]和太平洋构造域的叠加部位[106](图 2-2)，由兴安岭、佳木斯、松辽和完达山四个微地块组成[107-110]。东北地区自古生代以来，经历了古亚洲洋阶段、蒙古—鄂霍茨克海闭合阶段和西伯利亚与华北—蒙古联合陆块的拼贴阶段[110-115]。

东北地区构造演化历史可以归纳为四个阶段：① 晚元古代至晚古生代，古亚洲洋俯冲增生阶段，以俯冲增生-变质杂岩体和零星分布的蛇绿混杂岩套为标志[73,116-119]；② 晚古生代末，蒙古地块与华北地块碰撞阶段，以俯冲增生-变质杂岩发生变质作用为标志[105,117-119]；③ 早中生代至晚中生代，碰撞后或造山后阶段，以长英质～镁铁质岩浆活动带大量发育为

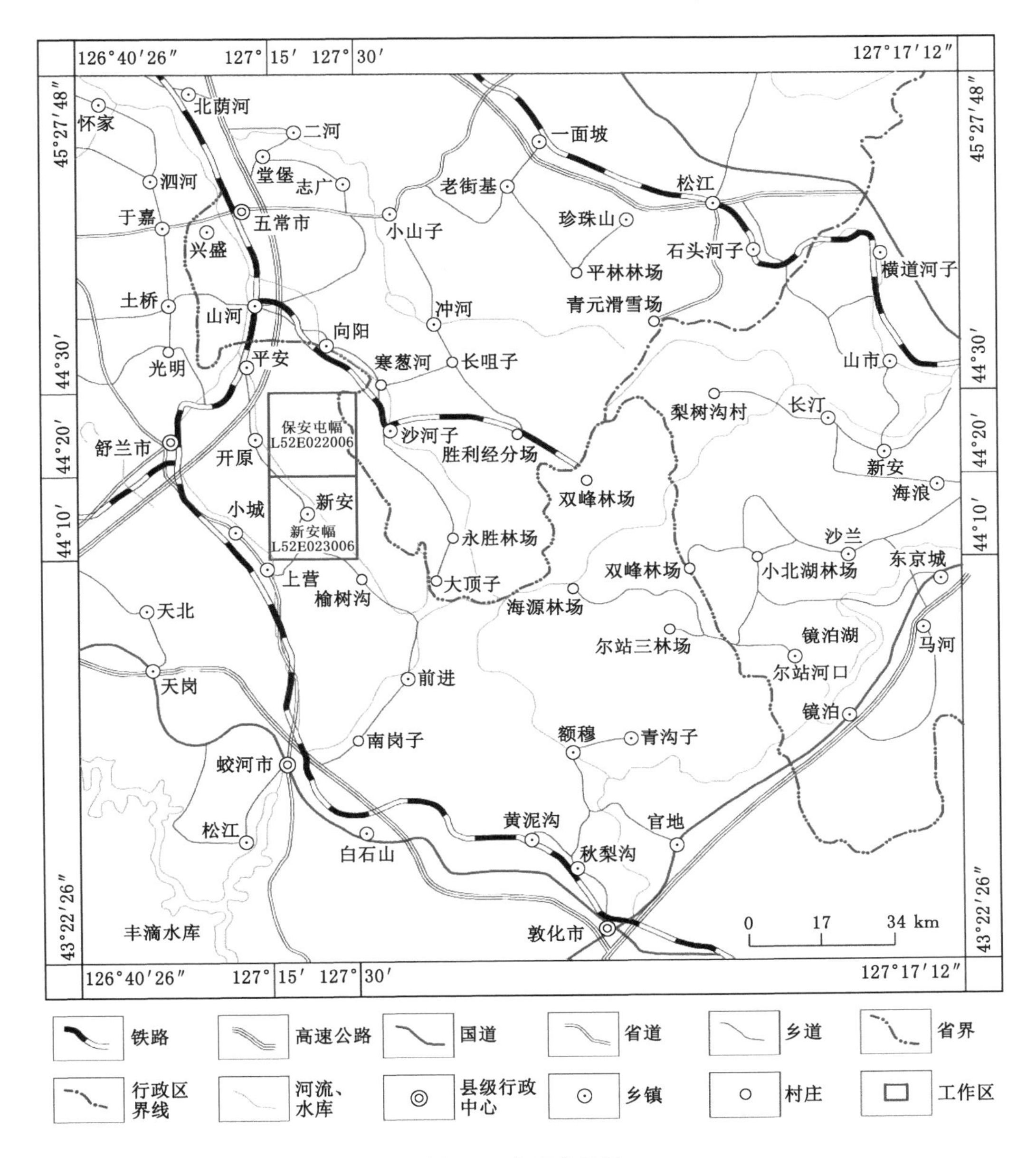

图 2-1 交通位置图

标志[120-123]；④ 晚中生代至新生代，太平洋俯冲阶段，东北地区在陆后/弧后拉张作用下发育有强烈的玄武岩浆活动[105,124-125]。因此，中国东北地区由若干中、小块体地块拼贴而成，但是对各构造单元和其间构造带的划分依然存在不同见解[41,126]。本书认为 F. Y. Wu 等[10]的划分方案更为合理，东北地区主要由额尔古纳地块、兴安地块、松嫩—张广才岭地块、佳木斯—兴凯地块和那丹哈达地体共同组成(图 2-3)。

2.2.1 额尔古纳地块

额尔古纳地块位于中国东北地区西北部，西北部与俄罗斯岗仁地块和 Ereendavaa 地块

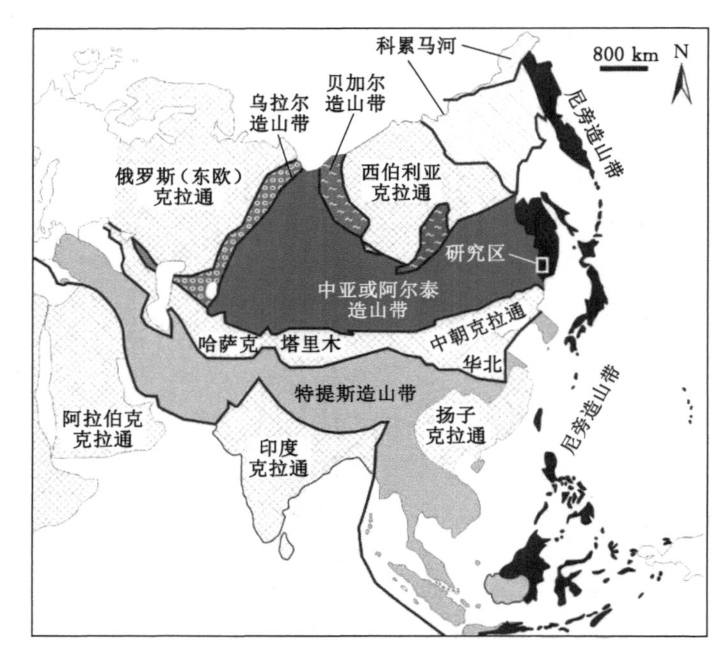

图 2-2　亚洲构造图及研究区域位置(底图据文献[104])

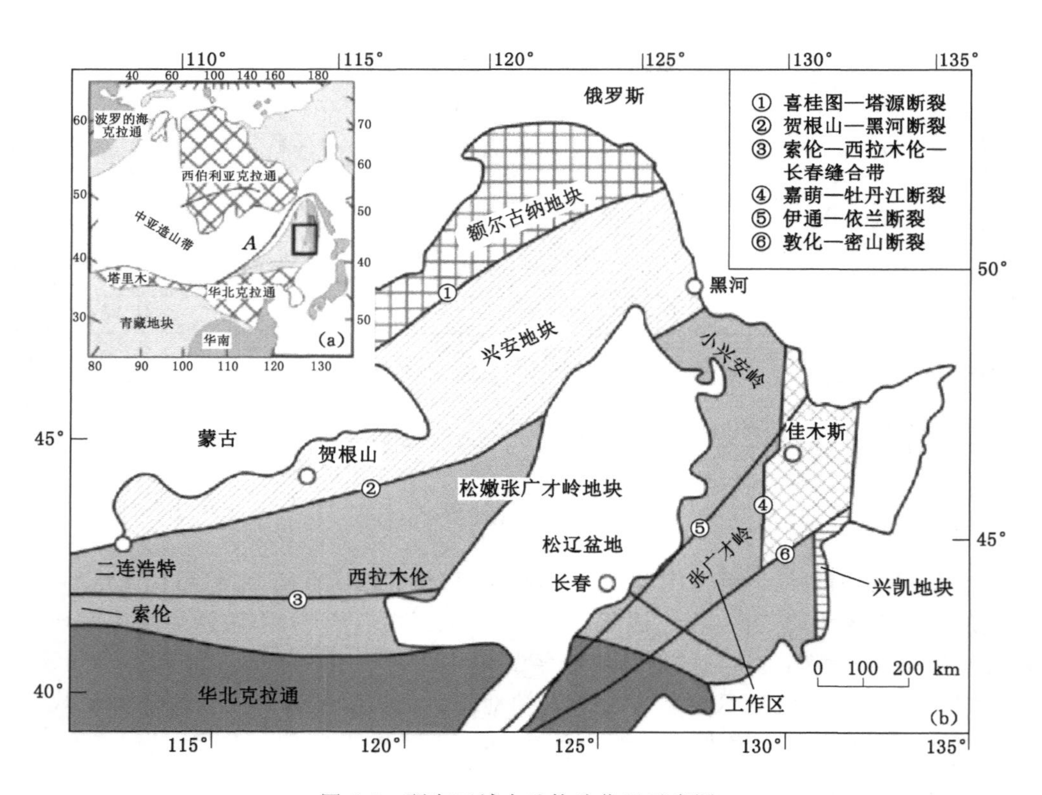

图 2-3　研究区域大地构造位置示意图

相连,西南部与兴安地块相连,其界线为塔源—喜桂图缝合带(图 2-3)。额尔古纳地块内岩浆活动频繁,分布面积较大,形成时代主要集中在中生代(246 Ma 至 118 Ma),其次为新元古代(927 Ma 至 737 Ma)、早古生代(520 Ma 至 450 Ma)和晚古生代(360 Ma 至 251 Ma)。近年来年代学数据显示,黑龙江兴华渡口群变岩浆岩原岩形成时代为—850 Ma[127],同期伴生的花岗质岩形成时代为新古元代,成因类型为 A 型花岗岩[10,22,61,128-130],由此表明额尔古纳地块存在前寒武纪结晶基底,基底可能来源于 Rodinia 超大陆聚合-裂解作用。额尔古纳地块早古生代岩浆岩位于塔河—韩家园子一带和漠河地区,是兴安地块与额尔古纳地微型块碰撞拼接的产物[20,130-131];晚泥盆世至晚石炭世期间(360 Ma 至 304 Ma)发育的岩浆岩是松嫩—张广才岭地块和额尔古纳—兴安地块碰撞拼贴的产物[59,132],晚二叠世(257 Ma 至 251 Ma)岩浆岩出露于满洲里和额尔古纳地区,是位于华北克拉通和西伯利亚克拉通之间的古亚洲洋闭合引起的岩浆作用形成的[59,130]。唐杰[96]对该地区中生代岩浆作用研究表明:中生代岩浆作用与蒙古—鄂霍茨克海的俯冲-闭合作用密切相关。葛文春等[131]对该地区系统研究后认为早古生代期间中蒙古地块、额尔古纳地块和图瓦地块等具有相同的演化历史,都是西伯利亚克拉通南部增生大陆边缘的一部分。

2.2.2 兴安地块

兴安地块位于东北地区东北部,东南与松嫩—张广才岭地块相连,北与额尔古纳地块相连,界线为贺根山—黑河缝合带(图 2-2),主要包括海拉尔盆地和大兴安岭北段,出露岩性为中生代的花岗岩和火山-沉积序列,古生代少量的侵入岩和沉积岩[10,133-139]。地质学家研究发现落马湖群等、扎兰屯群和新开岭群与额尔古纳地块兴华渡口群对应[140],是前寒武纪兴安地块变质基底的重要组成部分[141-142]。随着年度学数据的不断积累,该地区前寒武纪变质杂岩大多数年代学显示时间为早古生代[130,133-134,143-144]。虽然部分碎屑锆石测年数据显示为前寒武纪,但其物源为周边块体的可能性是存在的,如额尔古纳地块[145]。兴安地块内岩浆岩活动期次可分为四个阶段:

(1) 500 Ma 至 440 Ma(早古生代),岩浆岩出露面积小,火山岩为主,侵入岩次之,代表岩体为多宝山花岗闪长斑岩与花岗闪长岩[130,138,146],多宝山—伊尔施具有活动大陆边缘属性的安山岩、安山玢岩、玄武岩和英安岩组合[147-148]。

(2) 356 Ma 至 260 Ma(石炭纪至二叠纪),岩浆岩出露面积较大,岩性多样,为松嫩—张广才岭地块和兴安地块碰撞古亚洲洋俯冲-闭合过程的产物,代表岩体有宝力高庙组、大石寨组和格根敖包组呈北东向带状展布的钙碱性火山岩,成因类型为 I 型花岗岩;锡林浩特和黑河地区花岗岩,成因类型为 A 型花岗岩[10,149-150]。

(3) 三叠纪至侏罗纪,由于贺根山洋盆闭合后伸展运动,出露岩浆岩成因类型以 A 型和高分异 I 型花岗岩为主[10,137,151-152]。

(4) 145 Ma 至 106 Ma(白垩纪),该期岩浆活动极其强烈,规模较大,岩浆岩呈北北东向展布,岩性以花岗岩为主,其次为白音高老组和满克头鄂博组流纹岩。岩浆岩形成机制与古太平洋板块俯冲作用和蒙古—鄂霍茨克海构造域叠加作用相关[10,130,153-157]。

2.2.3 松嫩—张广才岭地块

松嫩—张广才岭地块夹持于华北克拉通、兴安地块和佳木斯地块中间,由松辽盆地、小兴安岭和张广才岭岩浆带共同组成(图 2-3)。松嫩—张广才岭地块内显生宙花岗质岩石极其发育,古生代至晚中生代火山沉积序列和花岗质岩次之。部分学者认为松嫩—张广才岭地块由前寒武纪变质的基底构成。例如,研究表明风水沟河群和一面坡群是在古生代至中生代形成的构造混杂岩[130,140,158-159];松辽盆地钻孔采集的变形花岗质岩石形成时代为～1.8 Ga,表明松嫩—张广才岭地块存在前寒武纪结晶基底[91,130,160]。而 F. Y. Wu 等[10]认为这些古老的变形花岗质岩石可能是华北克拉通的碎片,不能说明松嫩—张广才岭地块有前寒武纪结晶基底。早古生代岩浆作用在张广才岭与小兴安岭地区并广泛发育,具体时代为 508 Ma 至 471 Ma,是松嫩—张广才岭地块与佳木斯地块在碰撞-拼合过程中形成的产物[161-163]。晚古生代岩浆作用以双峰式火山岩组合和花岗岩为主,双峰式火山岩组合形成时代为 293 Ma 至 286 Ma[164],花岗质岩石形成时代为 266 Ma 至 252 Ma[165-166],岩浆作用的构造背景为古亚洲洋闭合之后的碰撞伸展环境(图 2-4)。中生代岩浆活动最为频繁,岩性分布广泛,出露面积极大,张广才岭地区成岩时间集中在晚三叠世和中侏罗世之间,大兴安岭地区成岩时间集中在晚侏罗世和早白垩世之间[10],大地构造背为古太平洋板块的俯冲[130]。

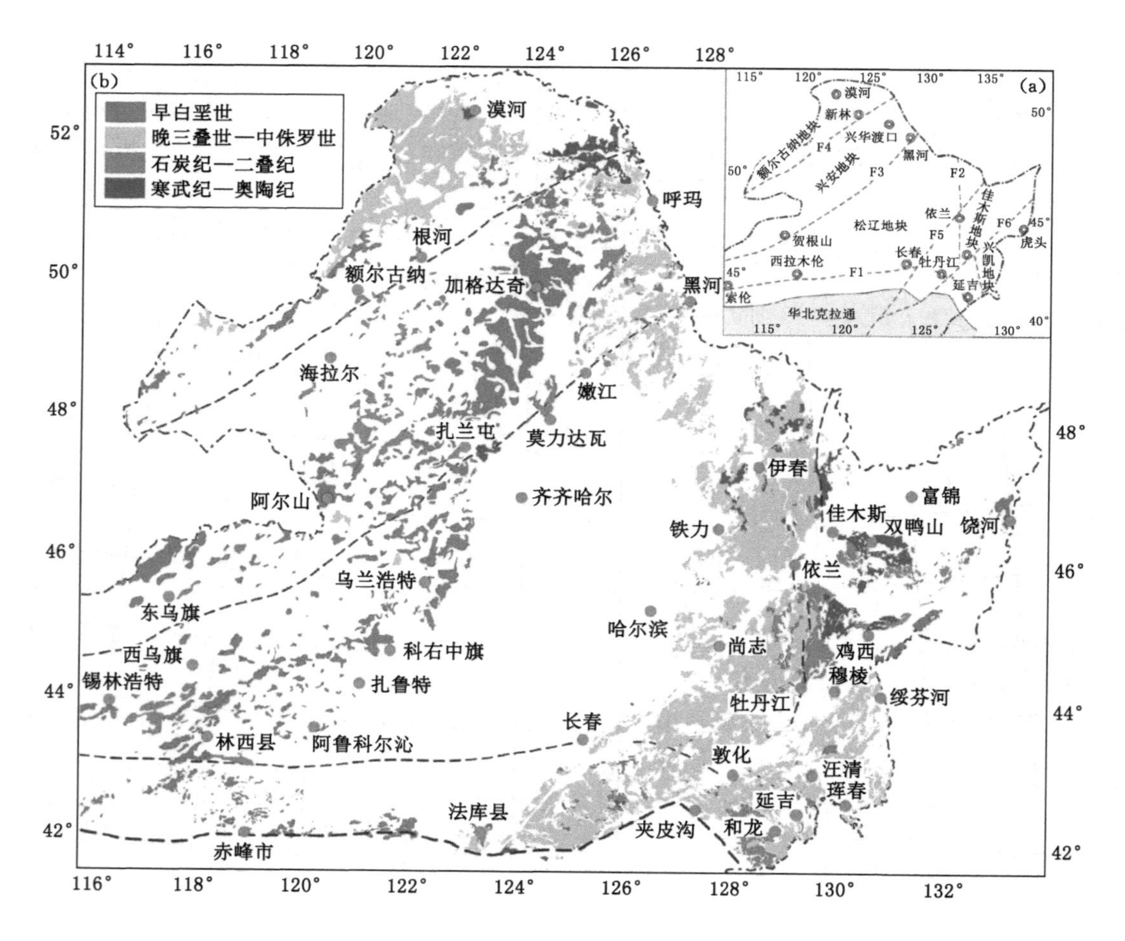

图 2-4　东北地区构造分区图(据文献[10])

2.2.4 兴凯地块

兴凯地块位于中亚造山带最东南端[108]，大部分位于俄罗斯境内，只有少部分在中国东北境内(图 2-3)。延边—绥芬河地区是其南部边界，敦化—密山断裂是其西北部边界。兴凯地块出露主要由古生代至中生代花岗质岩石和古生代至新生代的沉积盖层组成，前寒武纪变质基底岩石出露较少，零星分布于北部和中部地区，岩石变质程度和岩石组合记录了一500 Ma 的泛非期麻粒岩相的变质作用[130,167-169]，与佳木斯地块的麻山杂岩对应[78,140]。兴凯地块主要存在四期岩浆作用：① 约 757 Ma 的正片麻岩[167]；② 530 Ma 至 450 Ma，形成与泛非期变质造山作用有关的花岗质岩石[74,130,170-171]；③ 287 Ma 至 257 Ma，发育有未变形的大面积活动大陆边缘特征的二叠纪花岗岩[172-173]；④ 223 Ma 至 203 Ma，三叠纪花岗岩形成于造山后扩张伸展构造背景[174](图 2-4)。这四期花岗岩锆石 Hf 同位素研究表明：古元古代至新元古代时期兴凯地块曾经发生重要的地壳增生事件[173]。

2.2.5 那丹哈达地体

那丹哈达地体又称为完达山地体，是那丹哈达—西锡霍特阿林超地体的组成部分(图 2-3)，那丹哈达地体以发育有大量的近南北向展布的蛇绿岩和白垩纪酸性侵入体为特征[21,175]。蛇绿岩套是饶河杂岩的重要组成部分，饶河杂岩是古太平洋板块俯冲增生的产物，形成时代为晚三叠世至中侏罗世，岩性为含放射虫的砂岩、页岩和深海硅质岩，零星夹有镁铁质～超镁铁质岩石和石炭纪至二叠纪透镜状石灰岩[140,176-177]。深海硅质岩中最晚出现的放射虫形成时代为 165 Ma[176-179]。定年结果显示：永福桥组砂岩的碎屑锆石 U-Pb 年代学研究表明其最晚形成的碎屑锆石年代为一140 Ma，为永福桥组砂岩沉积作用的最晚年龄[180]。饶河杂岩中的枕状玄武岩、辉长岩和斜长花岗岩具有 OIB 型岩石特征，其形成时代为 169 Ma 至 166 Ma[64,130,181-182]。饶河杂岩中花岗质岩石形成时代为 131 Ma 至 115 Ma，显微镜下见有岩浆结晶成因的堇青石，岩石成因类型为 S 型花岗岩[181](图 2-4)。地质学家们通过古生物和古地磁研究表明：饶河杂岩自晚三叠世开始从地球低纬度向高纬度漂移，经历了整个侏罗世的漂移，到晚侏罗世至早白垩世时就位于东北地区边缘[108,175-176,183]。同时通过研究区内早侏罗世(187 Ma 至 174 Ma)出露的钙碱性中酸性火山岩、富铌玄武安山岩～安山岩和高镁安山岩，可以有效限定古太平洋板块向欧亚大陆下俯冲的初始时间[130,184-185]。

2.3 区域地层

研究区域地层不发育，主要出露新生界第四系，其次为古生界二叠系乐平统红山组。按《吉林省岩石地层》的划分方案，古生代地层属伊春—尚志地层分区，中、新生代地层属于张广才岭—南楼山地层分区[159,186]。古生代地层为二叠系乐平统红山组(P_3h)[187]，第四系为全新统河床冲积物、河漫滩冲积物、Ⅰ级阶地堆积物和更新统坡洪积物(表 2-1)。

表 2-1　地层划分及特征简表

地层单位				代号	岩性描述	厚度/m
界	系	统	组			
新生界	第四系	全新统	河床冲积物	Qh^{al}	河床冲积砂砾石	<2
			河漫滩冲积物	Qh^{apl}	河漫滩冲积细砂、粉砂	<2
			沼泽相及泥炭腐殖层	Qh^{fl}	沼泽相灰黑色淤泥、泥炭、腐殖层	<3
			Ⅰ级阶地堆积物	Qh^{apl}	Ⅰ级阶地：上部为腐殖土、灰化土、黏土；下部为砂砾石	<5
		上更新统	坡洪积物	Qh^{dpl}	上部为腐殖质、黄土、砂土；下部为坡洪堆积砂砾石	<10
古生界	二叠系	乐平统	红山组	P_3h	黑灰色板岩、斑点板岩、含红柱石斑点板岩、角岩化粉砂岩、角岩化含红柱石粉砂岩等一套浅变质细碎屑岩	535.55

二叠系乐平统红山组：红山组是1971年张海驲于黑龙江省伊春市上甘岭地区红山车站附近创建的，是指盛产以Comia为代表的晚二叠世安加拉型植物化石，由黏土岩、砂岩及砾岩构成韵律明显的一套河湖相碎屑沉积岩。现在定义为：分布于铁力、伊春、密山及东宁等地的由含炭质板岩、砂岩和砾岩组成的地层，偶见凝灰质和火山岩夹层，产以Comia为代表的晚二叠世安加拉植物群。原1∶20万向阳山幅区域地质报告将研究区该套地层厘定为杨家沟组。本次工作按岩性组合特征、接触关系，参考《吉林省岩石地层》(1997)及1∶25万榆树市幅区调(修测)的最新成果，将本区乐平统地层重新厘定为红山组。红山组仅在保安屯地区有少量出露，发育于福安堡及老黑顶子一带(图2-5)，出露面积仅为6.12 km^2。一套浅变质的细碎屑岩，该组组成岩性主要为灰黑色斑点状板岩、灰黑色含红柱石斑点状板岩、黑灰色绢云母板岩，地层总体角岩化较为强烈，局部可见星点状分布的黄铁矿，多以自形～半自形粒状出现。该组区内出露厚度为535.55 m。其被早侏罗世中粗粒二长花岗岩、中侏罗世似斑状中粗粒二长花岗岩及中细粒花岗闪长岩侵入。地层总体走向为北东，倾向为南东，倾角为30°～40°[188-189]，局部见小揉皱。红山组岩性主要为灰黑色板岩、斑点状板岩、含红柱石斑点状板岩。岩石普遍遭受区域变质作用的影响，但是变质程度很低。由于受后期岩浆活动的多次改造，使本组岩石普遍遭受热接触变质作用的影响，角岩化到处出现。排除各种变质作用的影响，恢复原岩应属于一套厚层状泥岩。沉积物的色调以深灰、灰黑色为主，粒度总体为泥级，局部出现少量的粉砂级岩石，表明当时的沉积环境属于较稳定的湖泊相。且岩石局部有少量的星点状黄铁矿，说明当时的沉积环境为波浪不能涉及的水体安静的乏氧还原环境，应属于半深湖～深湖亚相。结合区域地层对比分析，研究区红山组岩石与区域杨家沟组岩石组合、岩性特征基本一致，均为一套浅变质的细碎屑岩，普遍遭受低级区域的变质作用，且局部出现热接触变质作用。研究区域红山组岩石中并未见任何动植物化石。借鉴1∶20万向阳山公社幅区调上营公社—三合屯地区采到的*Anthraconauta*. SP和大量的植物碎片化石，获取的同位素年龄为(291.9±2.6) Ma。据上所述，根据岩性组合特征、变质作用特点等，结合区域地层对比，借鉴以往获得的同位素年龄资料，将研究区域内红山组地层年代归属乐平统[188-189]。

全新统河漫滩冲积物：河漫滩相对稳定，与河谷形状相似，多呈长条形，横向两侧稍高，中间靠近河床位置较低，高出水面一般0.5～1 m。河漫滩为中细砂及砂砾石层，河床与河

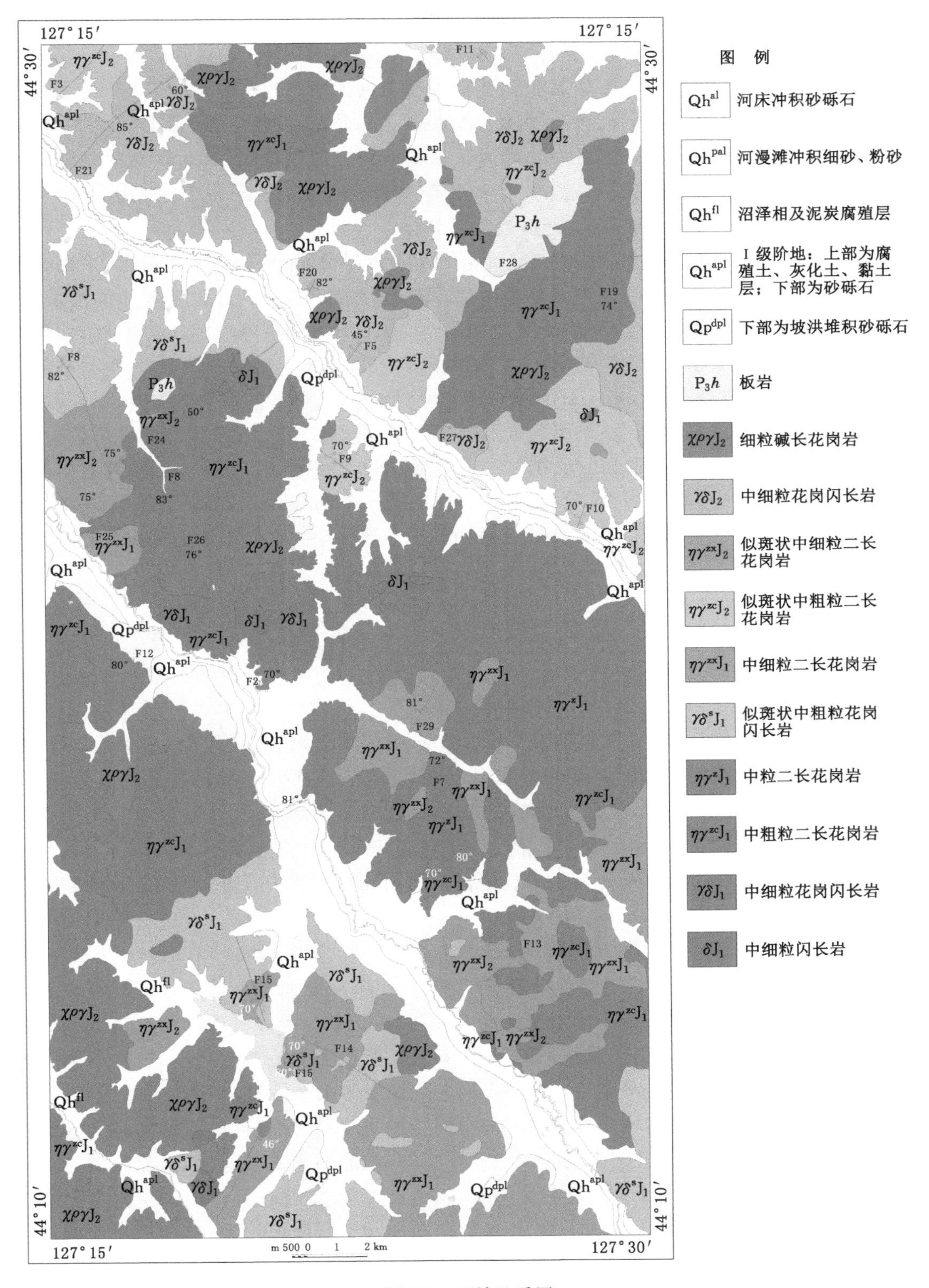

127°15′
127°15′
127°30′
44°30′
44°30′
44°10′
44°10′
m 500 0 1 2 km
图 例
Qh^{al} 河床冲积砂砾石
Qh^{pal} 河漫滩冲积细砂、粉砂
Qh^{fl} 沼泽相及泥炭腐殖层
Qh^{apl} Ⅰ级阶地：上部为腐殖土、灰化土、黏土层；下部为砂砾石
Qp^{dpl} 下部为坡洪堆积砂砾石
P_3h 板岩
$\chi\rho\gamma J_2$ 细粒碱长花岗岩
$\gamma\delta J_2$ 中细粒花岗闪长岩
$\eta\gamma^{zx}J_2$ 似斑状中细粒二长花岗岩
$\eta\gamma^{zc}J_2$ 似斑状中粗粒二长花岗岩
$\eta\gamma^{zx}J_1$ 中细粒二长花岗岩
$\gamma\delta^{s}J_1$ 似斑状中粗粒花岗闪长岩
$\eta\gamma^{z}J_1$ 中粒二长花岗岩
$\eta\gamma^{zc}J_1$ 中粗粒二长花岗岩
$\gamma\delta J_1$ 中细粒花岗闪长岩
δJ_1 中细粒闪长岩

图 2-5　区域地质图

漫滩无明显陡坎区分，由灰黄色黏土、亚黏土、灰黄色细砂、冲积砂砾石等现代河床松散沉积物组成[188-189]。

全新统河床冲积物：沿河床呈条带状分布，垂直方向上表现为不明显向上变细的多元结构或二元结构，且严格受水系控制，沉积物主要为砾、卵、砂石，反映了现代河流的沉积特点。

全新统Ⅰ级阶地堆积物：主要沿珠琦河及霍伦河河谷两侧分布，呈北西向的条带状展布，构成Ⅰ级阶地。地貌特征不明显，陡坎一般高 1～2 m，大多数被人工改造为农田，具有明显的二元结构，下部为中细砂，上部多数为亚黏土。

上更新统坡洪积物：主要沿珠琦河及霍伦河河谷南岸分布，地貌为Ⅱ级阶地，平面呈扇形、树枝状。工作区内大体可以将其分为两层，下部为残坡积砂砾石层，上部为腐殖质、黄土、砂土堆积。地貌特征明显，局部陡崖地带高 10 m 左右。该层略向河床方向倾斜，现在多数被开垦为农田。腐殖质、黄土、砂土层薄厚不一，局部黄土层厚度较大，如八里村南部一带，仅黄土层厚度就达 3～5 m，上部为灰～黑灰色腐殖土层，一般厚度为 0.2～0.5 m，最大可达 1 m 左右。其下为黄褐色、灰褐色黄土层，厚度一般为 1～5 m，其次为黄褐色砂土层，主要由砂质物质组成，含少量黏土及砾石，一般厚度为 0.2～1.5 m，局部地区夹有红褐色或褐黑色铁质条带层，层数不一，厚度一般为 1～2 cm，下部为残坡积砂砾石层，砾石大小不一，分选性较差，磨圆度差，多呈棱角状、次棱角状。总体在垂直方向剖面上显现自上而下的由细到粗的韵律层。

2.4 区域构造

研究区大地构造位置属于西伯利亚板块兴蒙古生代造山带，小兴安岭—张广才岭岩浆弧南段南部为华北陆块，东接佳木斯—兴凯地块，西邻松辽盆地，北靠多宝山古生代岛弧，是中国东部大陆环太平洋火山活动带的重要组成部分[190-193]。研究区域构造活动极为频繁，构造发育集中在中生代侏罗世，以压性断层为主，断层规模大小不一，主要断裂构造为伊—舒岩石圈断裂，是横跨吉林和黑龙江的依兰—伊通岩石圈断裂的一部分，与敦(化)—密(山)断裂带一起均为郯庐大断裂的北延部分。研究区域内断裂构造表现非常清晰，野外断裂带附近片理化发育，断层崖、断层三角面发育等特征。据遥感解译结果，研究区域断裂按方向可分为 NE、NNE、NW、NNW 4 组断裂，其中主要断裂构造为 NNE 和 NE 断裂，其次为 NW 断裂构造。NE 向断裂表现为断续延伸的密集线带，被北西向断裂错段。规模较大的线性构造，影像延伸较远，切割不同影像地质单元，构成地貌变异线。线性构造具有明显的负地貌特征，常表现为一系列线状排列的谷地，如直线状展布的冲沟等，规模较大的断裂表现为数十米至数百米的色调异常带。两侧不同时代地质体截然接触，山脊沟谷直线延伸，山体明显错位，河流肘状转弯，不同地貌单元和不同色调直线状分布等标志，使断裂构造解译效果较好。NNE 向断裂表现为直线状沟谷线性延伸，被北西向断裂错段，遥感图像上延伸很远，方向一致。研究区域断裂构造较为发育，规模较大，大致表现为 3 组不同方向，早期以近东西向断裂活动为主，区内表现不明显；中期北西向构造岩浆岩活动，以珠琦河和霍伦河河谷断裂为代表，改造先期地体；晚期中新生代以来，以伊通—依兰为代表的北东向构造的形成截断了以河谷断裂为代表的早期北西向断裂，且各期次断裂多具有继承性。

2.4.1　印支期构造特征

印支期构造地层为红山组，分布于研究区域的东北部老黑顶子一带，其他地段零星出露，主要为一套走向北东、倾向南东的单斜湖泊相沉积地层，区域内褶皱构造不发育，与之配套的断裂构造为近东西向逆断裂，构成研究区域印支期构造层的主构造格架，反映变形程度不高的特点，代表构造为靠山屯—人参场挤压破碎带。靠山屯—人参场挤压破碎带位于老黑顶子南部，西起靠山屯，向东经478高地一带延至幅外人参场一带，主要发育于乐平统红山组板岩及早侏罗世花岗闪长岩、二长花岗岩中，总体走向为85°～90°，近于直立，两侧岩石发育强烈的挤压片理化及糜棱岩化，破碎带发育处地貌特征明显，河流东西流向，断层三角面东西向一字排列，在478高地一带的花岗闪长岩中压性结构面发育，形成宽达10 m左右的构造破碎带，岩石破碎，糜棱岩化强烈，且沿断裂有后期石英细脉侵入[188-189]。

2.4.2　燕山期构造特征

(1) 早侏罗世构造特征

研究区域早侏罗世构造活动强烈，构造方向为NW向，并伴随有大规模的中酸性岩浆活动，该期主要断裂特征如下：

① 六滴村—朱家街断裂

该断裂发育于珠琦河河谷，自西北外侧朱家街向南东经青松乡至东南部六滴村一带。沿珠琦河河谷北侧山体断层三角面发育，该断裂在遥感影像上线性特征明显。沿断裂一线主要发育有早侏罗世花岗闪长岩、二长花岗岩及中侏罗世花岗闪长岩、似斑状花岗闪长岩等，特别是沿河北侧中侏罗世中细粒花岗闪长岩中暗色矿物定向排列明显。北西向构造行迹特别发育，部分人工采石场中皆见规模较大的压性断裂，而且断裂面个别地段平直，在模范村采石场附近，走向北西310°、倾向北东、倾角为75°～80°，断裂面上除了有大面积斜上冲擦痕外还保留小面积的水平擦痕。岩石中角闪石排列方向与主干断裂有一定的交角，反映了断裂属于压性特征，且反映了北西向断裂对北西向扭性断裂的改造和利用。

② 新安—额穆断裂

该断裂发育于霍伦河河谷，自新安乡向南东经图幅外侧榆树沟至敦化市额穆一带，由多条相平行但是延伸长度不等的压剪性断裂组成，总体走向为310°～320°，沿断裂带附近岩石挤压片理化、断层崖及三角面发育。该断裂在遥感影像上延伸较远，贯穿全区。

③ 龙头山断裂

该断裂地貌特征清楚，大体平行于霍伦河河谷，主要由构造泥和片理化带构成。破碎带宽7.3 m，破碎带主要由灰白色构造泥和角砾组成，角砾岩性与围岩一致，粒径为2～10 mm。其间构造泥化带宽4.3 m，并见有围岩碎块，呈棱角状，尺寸约为2.2 m，也被称为破碎。破碎带内右侧见构造透镜体，长约1.5 m，宽约0.8 m，其长轴方向大体平行于断裂面。断裂上盘近断裂面处岩石挤压片理化极其发育，片理化带宽约0.3 m，并伴随着岩石强烈的叶蜡石化，下盘岩石也较破碎，呈小棱角状。断裂面产状：走向303°，倾向213°，倾角81°，该断裂推测为霍伦河河谷断裂的北界。

④ 存粮堡—福安堡钼矿断裂

地貌表现为构造坡折和鞍状山脊线性展布，岩石较破碎，压性特征明显，带宽为2 m，带内挤压呈扁豆状及泥化较发育，呈黄绿色。围岩破碎程度较高，节理裂隙密集发育，向东南经福安堡钼矿一带被石英脉充填并伴随有强烈的辉钼矿化、褐铁矿化、云英岩化、硅化现象，且构造破碎程度提高，形成宽度可达数十米的构造破碎带，再向东南沿断裂一线仍有北西向石英脉发育，呈扁豆状。断裂总体走向为310°～345°，倾向为220°～255°，倾角为70°～80°。

(2) 中侏罗世构造特征

中侏罗世构造活动强烈，构造方向为NE，伴随有大量的岩浆构造活动，该期主要断裂特征如下：

① 伊(通)—舒(兰)断裂

伊通—舒兰岩石圈断裂横跨吉林和黑龙江两省的依兰—伊通岩石圈断裂的一部分，为郯庐大断裂的北延部分，呈北东40°～45°展布，地貌上沿其走向一线沟谷发育，幅内断裂斜切中侏罗世似斑状中粗粒二长花岗岩体，断裂西北一侧被第四系覆盖，形成宽度达数千米的狭长槽形地带。断裂出露处沿断裂面两侧形成一宽度为2～3 m的强泥化带，以黄绿色及紫褐色构造泥为主，断裂面产状：走向为北东45°～50°，倾向为北西315°，倾角为80°～85°。断裂面上部呈顺时针弯曲，沿泥化带向两侧逐渐过渡为宽度为数十米的挤压片理化带，且多数石英具有明显的压扁或定向拉长现象。片理化方向大体与断裂面方向一致，带内矿物有明显的被剪切错段的痕迹，表明该断裂经历了先挤压后右旋剪切的过程，为多期次构造活动叠加的产物。伊通—舒兰岩石圈断裂主要由东、西两条断层构成，规模巨大，地貌和地球物理特征明显，并严格控制第四系沉积，经历了长期且复杂的演化过程，根据力学性质和活动方式的演变，演化过程被划分为四个阶段：左旋剪切断裂、压性断裂、右旋剪切断裂、右旋张剪性断裂[188-189]。

② 石河村—二人班断裂

该断裂地貌特征明显，线性沟谷及鞍状山脊发育，在石河村一带围岩风化强烈。破碎带宽度仅约3.5 m，带内主要为围岩碎屑和碎块，破碎带两侧破裂面与围岩界线清晰，且近破裂面处岩石破碎程度更高，泥化现象更明显。在二人班一带断裂变宽，宽度增至约18 m，主要由两条泥化带和节理密集带组成。泥化带宽约0.8 m，大体平行，两侧断裂面处黄绿色构造泥化现象明显，且近断裂面处岩石可见明显的片理化现象，出露处岩石整体剪切裂隙极其发育，且总体与断裂面呈小角度斜交。断裂南端走向为北东20°，倾角约为70°，倾向为110°，断裂北端倾向发生改变：倾向北西292°，倾角为72°。

2.4.3 喜山期构造变形特征

研究区域内新构造运动由山体抬升，深切河谷的形成揭示了研究区新生代构造运动明显且强烈，主要表现为差异性断块抬升为主且伴有断块掀斜作用的垂直运动为特征。新构造类型主要包括阶地、活动断裂事件。新构造运动特点为具有一定的继承性、新生性和差异性[188-189]。

2.5 区域岩浆岩

研究区域侵入岩分布和活动特征与太平洋板块向中国大陆的俯冲碰撞相关，大规模的岩浆岩沿北东—北北东向呈带状集中分布在大陆边缘，岩性主要以酸性岩和中酸性岩为主，中性岩次之。侵入岩展布方向与区域构造方向一致，主要为北东向和北西向。根据野外地质调查对手标本的观察及岩矿鉴定结果互相验证将其主要岩石类型划分为：似斑状中粗粒花岗闪长岩、似斑状中细粒二长花岗岩、似斑状中粗粒二长花岗岩、中细粒花岗闪长岩、细粒碱长花岗岩、中细粒二长花岗岩、中粗粒二长花岗岩、中粒二长花岗岩、中细粒闪长岩。根据侵入关系和围岩年代学 SHRIMP U-Pb 测年结果，研究区域内侵入岩为早侏罗世和中侏罗世燕山期产物。

早侏罗世侵入岩分布面积较大，出露面积约为 366.73 km^2，占全区总面积的 50.44%，占全区侵入岩面积的 67.17%。根据岩石组合、与围岩接触关系、岩石化学、岩石矿物学、岩石地球化学及其年代学等，进一步划分了六种岩石类型：似斑状中粗粒花岗闪长岩、中粒二长花岗岩、中细粒闪长岩、中细粒二长花岗岩、中粗粒二长花岗岩、中细粒花岗闪长岩。似斑状中粗粒花岗闪长岩主要分布于新安水库、永太村一带，分布面积约为 54.05 km^2。中粒二长花岗岩主要分布于龙头山、二人班、马鞍山一带。出露面积约为 74.98 km^2。中细粒二长花岗岩主要分布于烟筒砬子、新安水库东侧一带，出露面积约为 67.2 km^2。中细粒花岗闪长岩主要分布于秀水村、朝阳村一带，出露面积约为 25.42 km^2。中细粒闪长岩主要分布于青松乡(保安村)南部、秀水村北部、一撮毛一带，出露面积约为 1.59 km^2。中粗粒二长花岗岩主要分布于老黑顶子以东、烟筒砬子、帽山、神仙洞一带，出露面积约为 143.5 km^2。

中侏罗世侵入岩研究区域内分布面积较大，出露面积约为 179.22 km^2，占研究区域总面积的 24.65%，占研究区域侵入岩面积的 32.83%。研究区域北部保安地区所占面积较大。根据岩石组合、与围岩接触关系、岩石矿物学、岩石化学、岩石地球化学及其年代学等，进一步划分为四种岩石类型：似斑状中细粒二长花岗岩、似斑状中粗粒二长花岗岩、细粒碱长花岗岩、中细粒花岗闪长岩。似斑状中细粒二长花岗岩主要分布于于家崴子、福安堡钼矿、新安水库东南部，出露面积约为 17.69 km^2。似斑状中粗粒二长花岗岩主要分布于保安地区西北部、新开村至五滴村一带，出露面积约为 29.35 km^2。细粒碱长花岗岩主要分布于龙头山、红石砬子、万寿山、安青岭一带，出露面积约为 69.67 km^2。中细粒花岗闪长岩主要分布于保安地区珠琦河河谷北侧，自仇家沟至四滴村一带均有出露，分布面积约为 62.5 km^2。

2.6　区域矿产

研究区域位于滨西太平洋成矿域与古亚洲成矿域复合区，小兴安岭—张广才岭—吉林哈达岭太古宙—晚古生代—中生代铁、铅、铜、镍、银、锌成矿带。区域矿产资源较丰富，金属矿产以钼矿为主，锌、金、铁、铜、铅、镍等矿产资源次之，区域内矿产地有福安堡大型钼矿、裕农村钼矿点、龙王庙铜矿点等，研究区域内矿床(点)地质特征详见表 2-2。

表 2-2　区域内矿床、矿化点特征表

编号	矿种	矿产地	地质概况	成因类型	成矿时代	规模及评价
1	辉钼矿	福安堡	矿体赋存于中侏罗世似斑状二长花岗岩和花岗闪长岩中，单一矿体	斑岩型+热液充填	侏罗纪	大型矿床

表 2-2(续)

编号	矿种	矿产地	地质概况	成因类型	成矿时代	规模及评价
2	钼矿	裕农村	矿化体产于早侏罗世中粗粒二长花岗岩与中侏罗世中细粒花岗闪长岩的接触带附近,后期被长英岩脉侵入,辉钼矿化主要赋存于形态不规则的长英岩脉中	长英质脉型	侏罗纪	矿点,有找矿潜力
3	铜矿	龙王庙	矿化体产于中侏罗世似斑状二长花岗岩中,石英脉长200 m,宽20 m,走向为北东40°,倾向为北西,倾角为60°。围岩蚀变有云英岩化、硅化,见有黄铁矿化、黄铜矿化、辉钼矿化	中高温热液充填型	侏罗纪	矿化点
4	硅石矿	龙王庙	矿体围岩为中侏罗世似斑状二长花岗岩,于矿体内部及边部见有云英岩化、硅化	高温热液裂隙充填型	侏罗纪	小型矿床
5	磁铁矿	马鞍山	矿化体于后期侵入中粒二长花岗岩中的闪长玢岩脉,矿化主要产于中粒二长花岗岩中靠近接触带位置处,呈网脉状、小扁豆状,大体上呈平行于接触面分布	玢岩型	侏罗纪	矿化点,现阶段不具有找矿潜力
6	磁铁矿	牛槽沟	矿化产于沿早侏罗世中粒二长花岗岩及安山玢岩脉接触带部位充填的石英脉中,磁铁矿脉与石英脉伴生,矿化不规则	热液充填型	侏罗纪	矿化点,现阶段不具有找矿潜力

2.7 本章小结

(1) 研究区域地层不发育,仅占总面积的1/4,出露地层为二叠系乐平统红山组,更新统上阶坡洪积物、全新统Ⅰ级阶地堆积物、沼泽积物与泥炭腐殖层、河漫滩冲积物和第四系松散堆积物。

(2) 构造较为发育,构造形迹以断裂构造为主。构造方向可分为3组:① 印支期构造以近东西向断裂活动为主,区内表现不明显;② 燕山期构造为北西向构造岩浆岩活动,代表构造为珠琦河断裂与霍伦河河谷断裂;③ 喜山期构造呈北东向截断早期北西向构造,且各期次断裂多数具有继承性。

(3) 岩浆岩以中酸性侵入岩为主,约占总面积的3/4,呈北东向和北西向展布,形成时代为早侏罗世至中侏罗世。

(4) 区域内矿产资源较丰富,以钼矿为主,铅、锌、金、铜、铁、镍等矿产次之,区域内矿产地有福安堡大型钼矿、龙王庙铜矿点、裕农村钼矿点等。

3　中生代花岗岩岩石学特征

研究区域侵入岩极其发育，占研究区域总面积的75.09%。岩石类型从中性到酸性均有出露，以中深成的花岗岩类为主，少量浅成花岗岩类，其形成时代主要集中于早侏罗世、中侏罗世。对不同类型的侵入岩，根据岩石学及矿物学特征、岩石地球化学特征、同位素年代学及形成大地构造背景等，将区域内侵入岩划分为十个不同类型的侵入岩单位(图3-1)。

3.1　早侏罗世花岗岩岩石学特征

早侏罗世花岗岩出露面积较大，地表出露面积约为366.73 km^2，占研究侵入岩面积的67.17%，占研究区域总面积的50.44%。根据岩石矿物学、岩石地球化学及年代学等特征，共划分为六个侵入岩单位，由新到老分别是：中细粒闪长岩、中粒二长花岗岩、似斑状中粗粒花岗闪长岩、中细粒花岗闪长岩、中细粒二长花岗岩、中粗粒二长花岗岩。

(1) 早侏罗世中细粒闪长岩

中细粒闪长岩主要分布于秀水村北部、青松乡(保安村)南部、一撮毛一带，出露面积约为1.59 km^2，约占测区总面积的0.22%，呈小岩株状产出。地貌上多数为低山～丘陵地貌，岩石风化程度较高。岩石总体呈灰黑色、中细粒半自形粒状结构、块状构造，主要矿物成分及含量为：斜长石占72%、角闪石占10%、黑云母占10%、钾长石＋石英占5%、辉石占2%、磷灰石＋磁铁矿占1%。斜长石：半自形粒状，无色，正低突起，见环带状构造，一级灰白干涉色，聚片双晶。角闪石：柱状，黄绿色～绿色多色性，正中～正高突起，二级干涉色，横切面两组斜角解理。黑云母：片状，黄褐色～褐色多色性，正中突起，二级干涉色，一组极完全解理。石英：他形粒状，无色，正低突起，一级干灰白干涉色，无解理。钾长石：半自形粒状，无色，负低突起，一级灰白干涉色，轻微黏土化。辉石：柱状，无色，横切面两组直交解理，一级黄干涉色，正高突起。磁铁矿：粒状，黑色不透明，反射光下金属光泽、钢灰色。磷灰石：针柱状，无色，正中突起，一级灰干涉色(图3-2)。

(2) 早侏罗世似斑状中粗粒花岗闪长岩

似斑状中粗粒花岗闪长岩主要分布于万发、新安水库、永太村一带，分布面积约为54.05 km^2，约占测区总面积的7.43%，呈岩株状产出，地貌上多数为低山～丘陵地貌，岩石风化程度中等，在新安水库北侧风化程度相对较高。岩石总体呈灰白色，似斑状结构，基质为中粗粒半自形粒状结构，块状构造，斑晶含量约为5%，主要成分为斜长石，斑晶粒度粒径为1～2 cm，局部较大的可达3～4 cm。岩石中基质主要矿物成分为：斜长石占55%、钾长石占25%、石英占25%、黑云母＋角闪石占5%，粒径一般为3～6 mm。斜长石：半自形板状，无色，正低突起，一级灰白干涉色，聚片双晶，多见环带状构造。石英：他形粒状，无色，正低突起，无解理，一级灰白干涉色，偶见波状消光。钾长石：半自形粒状，无色，负低突起，一

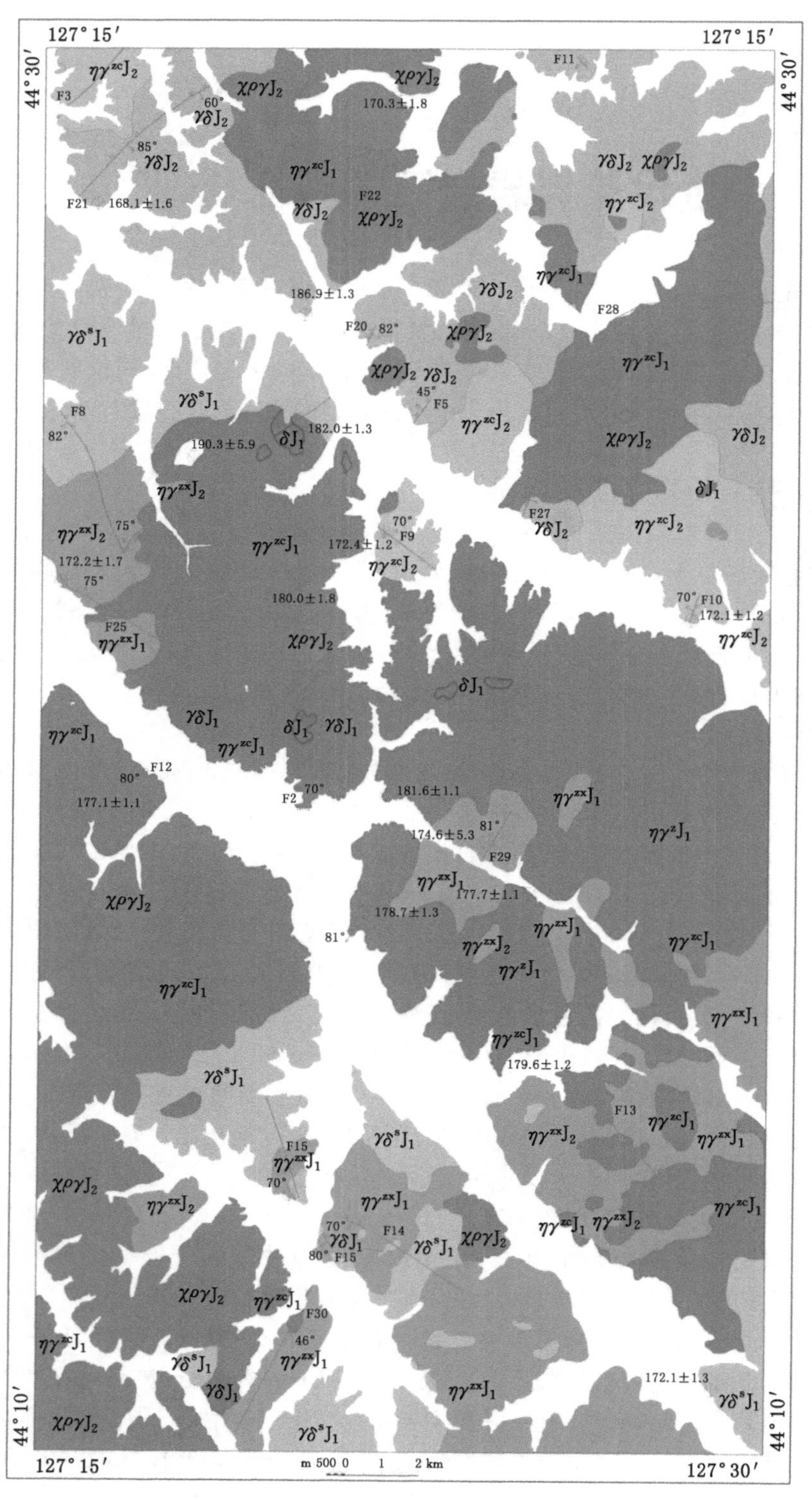

图 例

$\chi\rho\gamma J_2$	细粒碱长花岗岩
$\gamma\delta J_2$	中细粒花岗闪长岩
$\eta\gamma^{zx}J_2$	似斑状中细粒二长花岗岩
$\eta\gamma^{zc}J_2$	似斑状中粗粒二长花岗岩
$\eta\gamma^{zx}J_1$	中细粒二长花岗岩
$\gamma\delta^{s}J_1$	似斑状中粗粒花岗闪长岩
$\eta\gamma^{z}J_1$	中粒二长花岗岩
$\eta\gamma^{zc}J_1$	中粗粒二长花岗岩
$\gamma\delta J_1$	中细粒花岗闪长岩
δJ_1	中细粒闪长岩
172.1±1.2	同位素测年

图 3-1 研究区中生代侵入岩地质简图

(a)

(b)

图 3-2　早侏罗世中细粒闪长岩和镜下照片

级灰白干涉色，轻微泥化。黑云母：片状，黄褐色～褐色多色性，正中突起，一组极完全解理，二级干涉色。角闪石：柱状，黄绿色～绿色多色性，正中～正高突起，二级干涉色。磁铁矿：粒状，黑色不透明，反射光下金属光泽、钢灰色。岩石副矿物组合为锆石、磷灰石、榍石（图 3-3）。

(a)

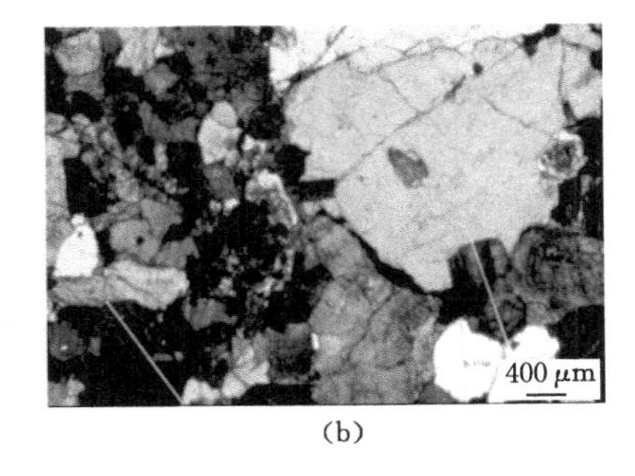

(b)

图 3-3　早侏罗世似斑状中粗粒花岗闪长岩和镜下照片

（3）早侏罗世中细粒二长花岗岩

中细粒二长花岗岩主要分布于二人班、烟筒砬子、新安水库东侧一带，出露面积约为 67.2 km^2，占测区总面积的 9.24%，呈岩基、岩株状产出，多为低山～丘陵地貌，岩石风化程度相对较低，在烟筒砬子、二人班一带出露较好，新安水库一带风化程度较高，局部被第四系覆盖。岩体内多发育有晶洞，晶洞直径为几毫米，形态不规则，晶洞内多充填水晶晶芽，局部有烟色水晶晶芽出现。岩体内脉岩不甚发育，以闪长玢岩为主，少量的花岗斑岩脉，产状以 NW 向为主。岩石总体风化色呈黄褐色，新鲜面浅肉红色～肉红色，块状构造，中细粒半自形粒状结构，主要矿物成分为：钾长石占 38%、石英占 35%、斜长石占 25%，少量黑云母＋磁铁矿占 2%，粒度一般为 1.5～3.5 mm。钾长石：半自形粒状，无色，负低突起，两组近直交解理，一级灰白干涉色，纺锤状格子双晶（微斜长石）。斜长石：半自形板条状，无色，正低突起，两组近直交解理，一级灰白干涉色，聚片双晶。石英：他形粒状，无色，正低突起，无解理，一级黄白干涉色。磁铁矿：粒状，黑色不透明，反射光下金属光泽、钢灰色。岩石副矿物组合为锆石、磷灰石、榍石。黑云母：片状，黄褐色～褐色多色性，正中突起，一组极完全解理，二级干涉色（图 3-4）。

（4）早侏罗世中粗粒二长花岗岩

(a)

(b)

图 3-4　早侏罗世中细粒二长花岗岩和镜下照片

中粗粒二长花岗岩主要分布于帽山、烟筒砬子、老黑顶子以东、神仙洞一带，出露面积约为 143.5 km²，约占测区总面积的 19.74%，呈岩基、岩株状产出，多数为中低山～丘陵地貌，山体多呈发育陡崖，陡崖走向多呈北东向，北西向次之。岩石风化程度中等，球状风化明显，在红石砬子—万寿山一带岩石风化程度较高，呈强风化～全风化状态产出。岩体内含有少量暗色细粒闪长质包体，偶见少量细粒二长花岗质包体，由于差异性风化，岩体表面包体多以风化脱落形成凹槽。中粗粒二长花岗岩为灰白色～浅肉红色，中粗粒半自形粒状结构，致密块状构造，主要矿物成分为：钾长石占 40%、石英占 30%、斜长石占 25%、黑云母占 5%，粒径一般为 3～8 mm。钾长石：半自形粒状，无色，负低突起，一级灰白干涉色。石英：他形粒状，无色，正低突起，无解理，一级黄白干涉色。斜长石：半自形板状，无色，正低突起，一级灰白干涉色，聚片双晶，多见环带状构造。黑云母：片状，黄褐色～褐色多色性，正中突起，一组极完全解理，二级干涉色。岩石副矿物组合为赤褐铁矿、锆石、石榴石、赤褐铁矿、绿帘石、黄铁矿、方铅矿、独居石、磷灰石、绿帘石、黄铁矿、独居石、磷灰石、绿帘石、刚玉(图 3-5)。

(a)

(b)

图 3-5　早侏罗世中粗粒二长花岗岩和镜下照片

(5) 早侏罗世中粒二长花岗岩

中粒二长花岗岩主要分布于二人班、马鞍山、龙头山一带。出露面积约为 74.98 km²，约占测区总面积的 10.31%，呈岩基状产出，多数为中山～丘陵地貌，山体多数呈浑圆状，陡崖发育多数呈北东向，北西向次之，岩石风化程度中等，岩体内脉岩广泛发育，总体以 NW 向为主，NE 向次之，岩性主要为闪长玢岩、花岗斑岩、流纹斑岩、鞍山玢岩等，多数集中在山体鞍部，以马鞍山一带脉岩最为发育，成群出现。岩石呈浅肉红色，中粒半自形粒状结构，致密块状构造，主要矿物成分：石英占 30%、钾长石占 40%、斜长石占 28%、黑云母占 2%，粒径一般为 2～3.5 mm。钾长石：半自形粒状，无色，负低突起，一级灰白干涉色，多见纺锤状格子双晶(微斜长石)。黑云母：片状，黄褐色～褐色多色性，一组极完全解理，正中突起，二级干涉色。石英：他形粒状，无色，正低突起，无解理，一级黄白干涉色。斜长石：半自形板状，无色，正低突起，一级灰白干涉色，聚片双晶，偶见环带状构造。岩石副矿物组合为石榴石、重晶石、磷灰石、萤石、独居石、绿帘石、锆石(图 3-6)。

(a)

(b)

图 3-6　早侏罗世中粒二长花岗岩和镜下照片

(6) 早侏罗世中细粒花岗闪长岩

中细粒花岗闪长岩主要分布于霍伦河河谷北侧朝阳村、秀水村一带，出露面积约为 25.42 km^2，约占测区总面积的 3.50%，呈岩基、岩株状产出，局部被第四系覆盖。大多数为低山～丘陵地貌，岩体岩石风化程度中等，在臭虫沟一带岩石风化程度较强，呈强风化～全风化状态产出，局部仍保留原岩外貌。岩体内脉岩不甚发育，仅有少量花岗斑岩出现，岩体内含少量暗色细粒闪长质包体，由于差异性风化，岩体局部球状风化作用明显。岩石呈灰白色，中细粒半自形粒状结构，致密块状构造，主要矿物成分为：角闪石占 2%、黑云母占 5%、钾长石占 8%、石英占 25%、斜长石占 60%，偶见锆石，粒径一般为 1.5～4 mm。角闪石：柱状，两组角闪石式解理，二级干涉色，黄绿色～绿色多色性，正中～正高突起。黑云母：片状，黄褐～褐多色性，正中突起，一组极完全解理，二级干涉色。钾长石：粒状，无色，负低突起，两组解理，一级灰白干涉色，纺锤状格子双晶(微斜长石)。石英：他形粒状，无色，正低突起，无解理，一级黄白干涉色。斜长石：半自形板条状，无色，正低突起，两组近直交解理，一级灰白干涉色，聚片双晶，环带状构造(中长石)。磁铁矿：粒状，黑色不透明，反射光下金属光泽、钢灰色(图 3-7)。

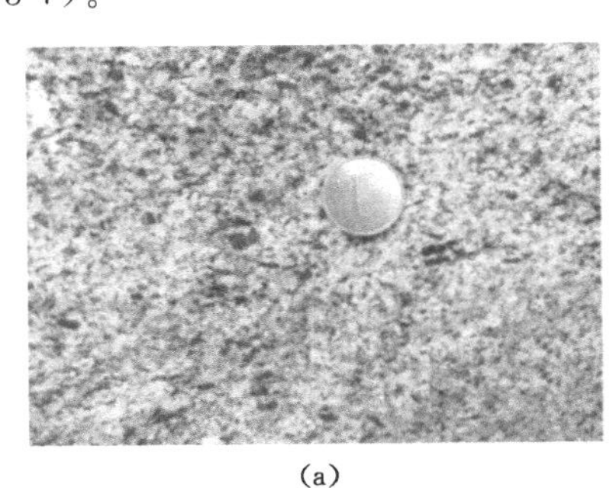

(a)

(b)

图 3-7　早侏罗世中细粒花岗闪长岩和镜下照片

3.2 中侏罗世花岗岩岩石学特征

中侏罗世花岗岩分布面积相对较大，占研究区域总面积的24.65%，地表出露面积约为179.22 km²，占研究区域侵入岩面积的32.83%。根据岩石组合、岩石矿物学、岩石地球化学及年代学等，共划分为4个侵入岩单位，分别为似斑状中粗粒二长花岗岩、似斑状中细粒二长花岗岩、细粒碱长花岗岩、中细粒花岗闪长岩。

（1）中侏罗世细粒碱长花岗岩

细粒碱长花岗岩主要分布于龙头山、万寿山、红石砬子、安青岭一带，呈岩基、岩株状产出，出露面积约为69.67 km²。以中高山、丘陵地貌为主，岩石风化程度较低，大面积基岩出露，安青岭一带多数被第四系覆盖，局部岩体中黑云含量增加。在万寿山/红石砬子一带受后期构造运动的影响，使得岩石碎裂化现象明显，组成矿物有定向拉长现象（不是很明显），镜下鉴定特征：大多数石英呈现波状消光。龙头山一带发育的细粒碱长花岗岩仍受到后期构造运动的影响，使整个岩体破碎程度较大。细粒碱长花岗岩为浅肉红色～肉红色，细粒花岗结构，致密块状构造，主要矿物成分为：钾长石占58%、石英占30%、（更）斜长石占8%、少量黑云母＋磁铁矿占4%。粒度一般为0.5～1.5 mm。石英：他形粒状充填；斜长石：半自形板条状，聚片双晶，偶见环带状构造（中长石）。钾长石：半自形粒状，偶见纺锤状格子双晶（微斜长石）；黑云母：片状，黄褐色～褐色多色性，正中突起，一组极完全解理，二级干涉色；磁铁矿：粒状，黑色不透明，反射光下金属光泽、钢灰色。副矿物组合为绿泥石、独居石、石榴石、磷灰石、重晶石、锆石、独居石（图3-8）。

(a)

(b)

图3-8　中侏罗世细粒碱长花岗岩和镜下照片

（2）中侏罗世中细粒花岗闪长岩

中细粒花岗闪长岩主要分布于保安屯幅珠琦河河谷北侧，分布面积约为62.5 km²，自图幅西北仇家沟至四滴村一带均有出露，呈岩基状产出。地貌为中高山地貌，岩石风化程度较低，大面积基岩出露，岩石中多发育含斑细粒花岗闪长质包体，包体形态各异，大小不一。其沿珠琦河北岸山体分布，受珠琦河河谷断裂的影响，岩体近断裂一侧片柱状矿物呈现明显的定向排列，且岩石镜下鉴定特征中常见石英出现波状消光。中细粒花岗闪长岩为灰白色，半自形粒状结构，块状构造，主要矿物成分为：石英占25%、钾长石占20%、斜长石占50%、黑云母＋角闪石占5%。磁铁矿微量，局部出现少量锆石，粒径一般为1～3 mm。斜长石：半自形板状，聚片双晶，多见环带状构造（中长石）；黑云母：片状，黄褐色～褐色多色性，正中突起，一组极完全解理，二级干涉色。角闪石：柱状，黄绿色～绿色多色性，正中～正高突起，二级干涉色；石英：他形粒状充填；钾长石：半自形粒状，无色，负低突起，一级灰白干涉色，轻微泥化；副矿物组合为锆石、磷灰石、绿帘石、石榴石、榍石(图 3-9)。

(a)　　(b)

图 3-9　中侏罗世中细粒花岗闪长岩和镜下照片

(3) 中侏罗世似斑状中细粒二长花岗岩

似斑状中细粒二长花岗岩主要分布于福安堡钼矿、新安水库以东，呈岩基、岩株状产出，出露面积约为 17.69 km^2，为中高山地貌，岩石风化程度中等，小面积基岩出露。在新安水库东侧一带岩石结构稍有变化，斑晶变小，由钾长石由石英组成，粒径为 5～7 mm。以于家崴子一带的似斑状中细粒二长花岗岩为代表，其中的钾长石巨晶斑晶为此类花岗岩的特点。似斑状中细粒二长花岗岩为浅肉红色，斑状结构，基质为半自形粒状结构，粒径 1～3 mm，块状构造。以于家崴子一带的似斑状中细粒二长花岗岩为代表，斑晶由钾长石(微斜长石)巨晶组成，斑晶含量为 2%～3%，粒径大小多数在 1 cm 以上，大者可达 3～4 cm，呈自形板条状，局部明显可见有钾长石斑晶中包裹有细小暗色矿物的现象。基质主要矿物成分为斜长石 35%，钾长石 35%，石英 25%，角闪石＋黑云母 3%，磁铁矿微量。角闪石：柱状，黄绿色～绿色多色性，正中～正高突起，两组角闪石式解理，二级干涉色。石英：他形粒状，无色，正低突起，无解理，一级黄白干涉色。黑云母：片状，黄褐～褐多色性，正中突起，一组极完全解理，二级干涉色。斜长石：半自形板条状，无色，正低突起，两组近直交解理，一级灰白干涉色，聚片双晶，多见环带状构造(中长石)。钾长石：粒状，无色，负低突起，两组解理，一级灰白干涉色，纺锤状格子双晶(微斜长石)。磁铁矿：粒状，黑色不透明，反射光下金属光泽、钢灰色。副矿物组合为锆石、石榴石、电气石、磷灰石、赤褐铁矿、绿帘石、绿泥石、蓝晶石、磁铁矿(图 3-10)。

(4) 中侏罗世似斑状中粗粒二长花岗岩

似斑状中粗粒二长花岗岩主要分布于保安屯幅西北部头道村、新开村至五滴村一带，呈岩基、岩株状产出，出露面积约为 29.35 km^2，为中高山地貌，岩石风化程度较低，大面积基岩出露，岩石中零星发育含斑细粒花岗闪长质包体，多呈浑圆状，大小不一。岩体中发育脉岩有花岗岩脉、花岗伟晶岩脉，脉岩呈 NW 走向。在保安屯幅西北部一带分布的似斑状中粗粒二长花岗岩，受后期构造运动的影响使得岩体近断裂处发育有较大范围的挤压片理化，矿物被切断，长石泥化发育，尤其是石英呈压扁状，且定向拉长现象明显。钾长石斑晶长轴方向也有定向排列的趋势。似斑状中粗粒二长花岗岩暗色矿物含量相对高，含少量暗色闪长质包体及少量的石英聚晶斑晶为特点。似斑状中粗粒二长花岗岩为浅肉红色～灰白的似

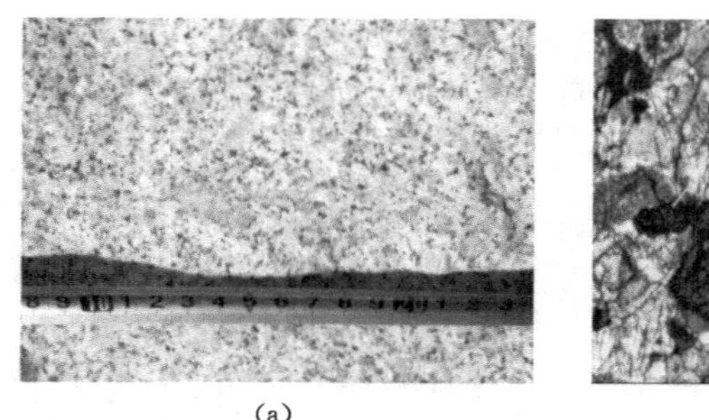

(a)　　(b)

图 3-10　中侏罗世似斑状中细粒二长花岗岩和镜下照片

斑状结构，基质为中粗粒半自形粒状结构，粒径为 2～5.5 mm，斑晶含量约为 5%，由钾长石及少量石英聚晶组成，斑晶直径多数为 1～1.5 cm，局部大的可达 3 cm。基质矿物成分及含量大致为：钾长石占 35%，石英占 30%，斜长石占 30%，黑云母占 5%，磁铁矿微量。钾长石：粒状，无色，负低突起，两组解理，一级灰白干涉色，见纺锤状格子双晶（微斜长石）。石英：他形粒状，无色，正低突起，无解理，一级黄白干涉色。斜长石：半自形板条状，无色，正低突起，两组近直交解理，一级灰白干涉色，聚片双晶，见环带状构造（中长石）。黑云母：片状，黄褐～褐多色性，正中突起，一组极完全解理，二级干涉色。磁铁矿：粒状，黑色不透明，反射光下金属光泽、钢灰色。副矿物组合为锆石、绿泥石、石榴石、褐帘石、磷灰石、金红石、绿帘石、赤褐铁矿、磁铁矿、金属球粒（图 3-11）。

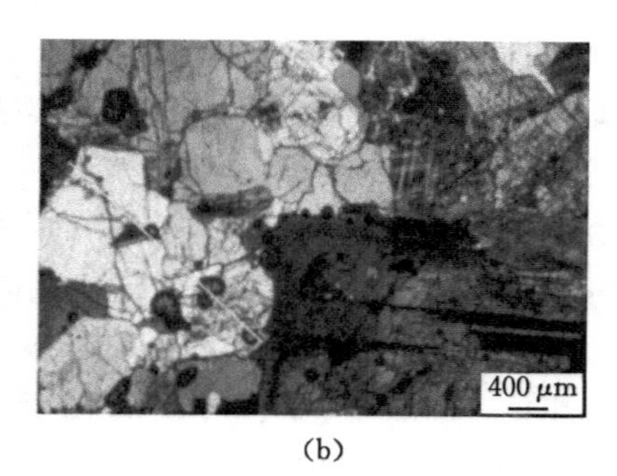

(a)　　(b)

图 3-11　中侏罗世似斑状中粗粒二长花岗岩和镜下照片

3.3　中侏罗世花岗岩中镁铁质包体岩石学特征

研究区域内中侏罗世中细粒花岗闪长岩、中粗粒二长花岗岩和似斑状中粗粒花岗闪长岩中均发育有镁铁质包体，且包体的成分相同，均为暗色细粒闪长质包体或暗色斑状细粒闪长质包体，包体与寄主岩体间的界线清晰、截然不同。本书选取最有代表性的中细粒花岗闪长岩岩体中的镁铁质包体进行研究。

中侏罗世中细粒花岗闪长岩中包体广泛发育，总体以暗色细粒斑状闪长质包体为主，沿珠琦河岸各采石场中均有产出，数量、大小不一，形态各异，且在向阳村一带最为发育，包体成群出现，出露面积约占寄主中细粒花岗闪长岩面积的 10%。镁铁质包体形态不一，以浑圆状、棱角状、次棱角状为主，粒径为几厘米至数十厘米不等[图 3-12(a)、图 3-12(b)]，且多数沿岩体边缘分布，其长轴方向大体平行分布，呈北东向，反映了寄主岩体岩浆侵位时的流动体制。镁铁质与寄主岩体间界线清晰，围岩与包体接触界线处可见明显的细粒化，暗色矿物富集[图 3-12(c)]。含斑细粒闪长岩包体呈灰黑色，细粒半自形粒状结构、块状构造、似斑状结构，基质为细粒半自形粒状结构，粒径为 0.5～1 mm，矿物含量为：角闪石占 5%，石英占 3%～5%，斜长石占 70%～75%，黑云母占 25%，磁铁矿及榍石微量；斑晶含量约占 5%，由斜长石、角闪石或二者共同组成。角闪石：柱状，黄褐色～绿色多色性，正中～正高突起，两组角闪石式解理，二级干涉色。斜长石：半自形板条状，无色，正低突起，两组解理，一级灰白干涉色，聚片双晶，多具有环带构造(中长石)。黑云母：片状，黄褐色～褐多色性，正中突起，一组极完全解理，二级干涉色。磁铁矿：粒状，黑色不透明，反射光下金属光泽、钢灰色。榍石：不规则状，淡褐色，正极高突起，高级白干涉色[图 3-12(d)]。

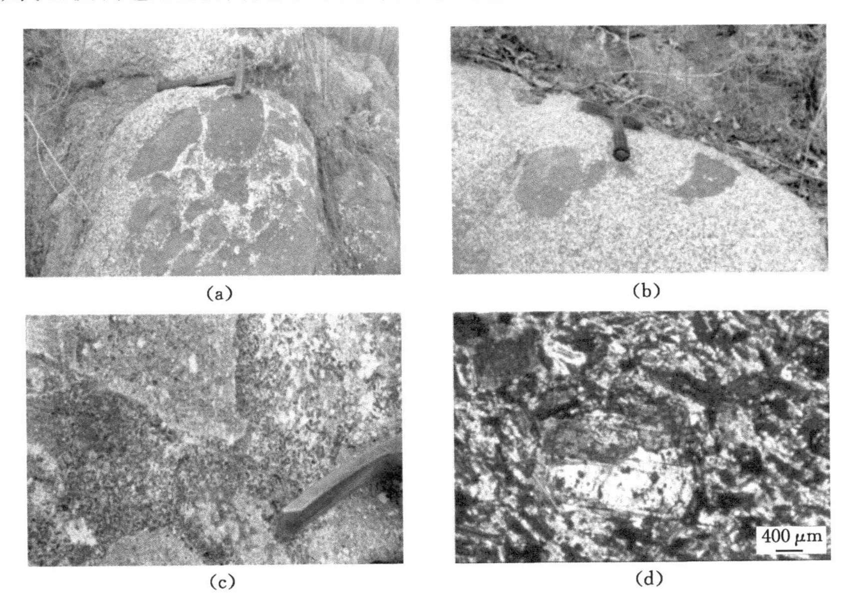

(a)　(b)　(c)　(d)

图 3-12　中细粒花岗闪长岩中含斑细粒闪长岩包体和镜下照片

3.4　本章小结

(1) 研究区域侵入岩广泛发育，出露面积约占总面积的 75%，形成时代为早侏罗世至中侏罗世，岩性为中酸性侵入岩。

(2) 根据岩石学、矿物学和同位素年代学，早侏罗世侵入岩共划分为 6 个不同的侵入岩单位，分别为中细粒闪长岩、似斑状中粗粒花岗闪长岩、中细粒花岗闪长岩、中粗粒二长花岗岩、中粒二长花岗岩、中细粒二长花岗岩。

(3) 根据岩石学、矿物学和同位素年代学，中侏罗世侵入岩共划分为 4 个不同的侵入岩单位，分别为似斑状中粗粒二长花岗岩、似斑状中细粒二长花岗岩、细粒碱长花岗岩、中细粒花岗闪长岩。

(4) 研究区域内中侏罗世中细粒花岗闪长岩、中粗粒二长花岗岩和似斑状中粗粒花岗闪长岩中均发育有暗色镁铁质包体,包体的成分相同,均为暗色细粒闪长质包体或暗色斑状细粒闪长质包体,包体的数量和大小不一、形态各异,常成群出现,出露面积占中侏罗世侵入岩寄主面积的5%~10%。

4 中生代花岗岩年代学

4.1 分析方法

本书采用较为可靠的 SHRIMP 锆石 U-Pb 同位素测年法对张广才岭南段中生代花岗岩进行年代学研究。SHRIMP 是离子探针的字母缩写，其全称为 Sensitive High Resolution Ion Microprobe。SHRIMP 锆石 U-Pb 同位素测年法是目前全世界精确度最高且较为先进的微区原位测年方法。其优点是微区原位测试过程中灵敏度和空间分辨率较高，对 U、Th 元素含量较高的锆石，测试束斑直径可达到 8 μm，对测试样品破坏较小（束斑直径为 10～50 μm，剥蚀深度<5 μm）。其缺点是测试收费标准较高，测试周期较长，对样品的制备要求较高。

本书对张广才岭南段中生代花岗岩进行了 SHRIMP 锆石 U-Pb 定年工作，共对 10 个侵入体和一个镁铁质包体共计 16 件样品采用 SHRIMP 锆石 U-Pb 定年方法测定。本次年代学测试的样品都是在野外地质工作的基础上选取干净无污染的 5～10 kg 的样品，在薄片鉴定后，选取准备进行年代学测试的样品，其中样品破碎和锆石的挑选工作在辽宁省地质矿产勘查局第一实验室内完成。样品经过机械性粉碎、浮选和电磁分选后，在双目显微镜下人工选取透明度好、晶形完整的单颗锆石。此后，将挑选好的锆石按一定顺序固定在环氧树脂盘表面，打磨抛光后送到中国地质科学院进行透反射光和阴极发光（CL）图像的采集，并在北京离子探针中心实验室进行 SHRIMP 测年。

4.2 年代学测试结果

本书对张广才岭南段中生代 10 个侵入体和一个镁铁质包体进行 SHRIMP 锆石 U-Pb 定年工作。本书时代划分采用 2017 年的国际年代地层表划分方式，定年结果如下。

4.2.1 早侏罗世花岗岩年代学

（1）中粒二长花岗岩

本次进行 SHRIMP 锆石 U-Pb 年代学测试的中粒二长花岗岩样品均采至二人班一带及龙头山采石场一带。中粒二长花岗岩样品（RT-11、RT-14）SHRIMP 锆石 U-Pb 测试结果见表 4-1。

表 4-1　张广才岭南段早侏罗世中粒二长花岗岩 SHIAMP 锆石 U-Pb 同位素分析结果

测试点	Th	U	Pb	Th/U	同位素比值						U-Pb 年龄/Ma					
					$^{206}Pb/^{238}U$	±%	$^{207}Pb/^{206}Pb$	±%	$^{207}Pb/^{235}U$	±%	$^{206}Pb/^{238}U$	±1σ	$^{207}Pb/^{206}Pb$	±1σ	$^{208}Pb/^{232}Th$	±1σ
RT11-1	269.6	984.9	23.8	0.28	0.028 05	0.87	0.046 5	3	0.179 7	3.1	178.3	1.5	22.0	72.0	169.1	5.9
RT11-2	196.7	820.8	20.2	0.25	0.028 3	0.93	0.049	5.4	0.191	5.5	179.9	1.6	148.0	130.0	171.0	16.0
RT11-3	261.5	824.9	19.8	0.33	0.027 93	0.88	0.046 9	3.2	0.180 5	3.3	177.6	1.5	43.0	75.0	169.2	5.3
RT11-4	343.5	976.1	23.6	0.36	0.028 1	0.86	0.050 7	2.5	0.196 2	2.6	178.6	1.5	225.0	57.0	181.4	3.6
RT11-5	187.1	1 150.8	28.1	0.17	0.028 35	0.86	0.049 2	3.5	0.192 5	3.6	180.2	1.5	159.0	83.0	172.0	14.0
RT11-6	182.5	602.9	14.4	0.31	0.027 89	0.92	0.053	2.5	0.203 8	2.6	177.3	1.6	329.0	56.0	191.5	4.2
RT11-7	60.8	239.6	5.5	0.26	0.026 53	1.9	0.041 2	11	0.151	11	168.8	3.1	273.0	270.0	127.0	21.0
RT11-8	26.6	97.6	2.3	0.28	0.027 45	2	0.045 1	21	0.171	22	174.6	3.5	52.0	520.0	126.0	46.0
RT11-9	130.8	560.0	13.2	0.24	0.027 36	0.98	0.046 5	4.2	0.175 5	4.3	174.0	1.7	25.0	100.0	169.0	9.1
RT11-10	37.1	132.4	3.1	0.29	0.027 94	1.4	0.058 8	5.2	0.227	5.3	177.6	2.4	561.0	110.0	238.0	12.0
RT11-11	326.5	1 123.0	26.9	0.30	0.027 69	0.91	0.046 2	4.2	0.176 5	4.3	176.1	1.6	11.0	100.0	139.6	8.6
RT11-12	40.2	138.7	3.1	0.30	0.025 83	1.5	0.050 2	11	0.179	11	164.4	2.4	202.0	260.0	197.0	19.0
RT14-1	164.0	648.3	15.7	0.26	0.028 01	0.93	0.046	3.6	0.177 7	3.7	178.1	1.6	2.0	86.0	171.9	7.5
RT14-2	258.0	727.5	17.6	0.37	0.028 12	0.94	0.049 8	3.7	0.193 2	3.9	178.8	1.7	187.0	87.0	180.9	6.5
RT14-3	223.4	850.5	20.4	0.27	0.027 36	0.96	0.044 2	8.4	0.167	8.5	174.0	1.6	101.0	210.0	150.0	18.0
RT14-4	11.8	54.8	1.3	0.22	0.027 82	2.2	0.042	26	0.163	26	176.9	3.9	198.0	640.0	181.0	66.0
RT14-5	522.3	1 402.4	33.2	0.38	0.027 55	0.85	0.048 9	2.2	0.185 9	2.4	175.2	1.5	145.0	52.0	168.4	3.7
RT14-6	1 051.2	3 266.7	80.1	0.33	0.028 39	0.83	0.047 9	3.1	0.187 4	3.2	180.5	1.5	94.0	73.0	170.6	7.2
RT14-7	219.0	822.3	20.0	0.28	0.028 21	0.89	0.048 2	3.2	0.187 4	3.3	179.4	1.6	108.0	75.0	173.5	6.3
RT14-8	148.3	445.0	10.7	0.34	0.028 18	1	0.052 4	4.3	0.203 6	4.4	179.1	1.8	303.0	98.0	191.3	8.2
RT14-9	671.6	2 397.2	55.2	0.29	0.026 65	0.82	0.048 8	2.1	0.179 2	2.3	169.6	1.4	136.0	50.0	149.8	7.4
RT14-10	361.5	1 005.1	23.9	0.37	0.027 64	0.88	0.048 7	2.6	0.185 8	2.7	175.8	1.5	136.0	61.0	174.4	4.0
RT14-11	558.3	1 376.4	33.1	0.42	0.027 64	0.89	0.049 4	4.1	0.188 1	4.1	175.7	1.5	165.0	95.0	167.4	7.1
RT14-12	350.5	1 093.5	24.7	0.33	0.026 29	0.97	0.051 7	2.1	0.187 3	2.3	167.3	1.6	271.0	48.0	171.9	3.2

注:同位素比值是指元素中各同位素丰度之比,下同。

中粒二长花岗岩样品(RT-11)从阴极发光图像上看,锆石自形程度较好,全部为半自形～自形粒状,长、短轴长度均为 80～250 μm。岩浆震荡环带结构清晰(图 4-1)。锆石的 Th/U 比值为 0.17～0.36(＞0.1)(表 4-1),所测锆石具有典型岩浆成因锆石的特征[194-197]。该样品共检测 12 颗锆石颗粒,所有测点均位于谐和线上或其附近(图 4-2),$^{206}Pb/^{238}U$ 年龄变化于 164.4 Ma 至 180.2 Ma,加权平均年龄为(178.7±1.3) Ma(MSWD＝0.58)。其中 7 号、12 号锆石表面年龄为 168.8 Ma 和 164.4 Ma,孤立存在且明显晚于加权年龄,代表该中粒二长花岗岩最晚一次岩浆结晶时间为 164.4 Ma。

中粒二长花岗岩样品(RT-14)从阴极发光图像来看,锆石自形程度较高,全部为半自形～自形粒状,长、短轴长度均为 85～195 μm,岩浆震荡环带结构清晰(图 4-3),锆石的 Th/U

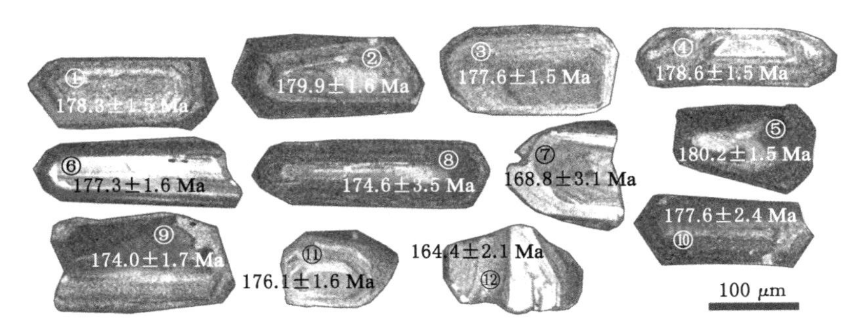

图 4-1　早侏罗世中粒二长花岗岩(RT-11)锆石阴极发光图

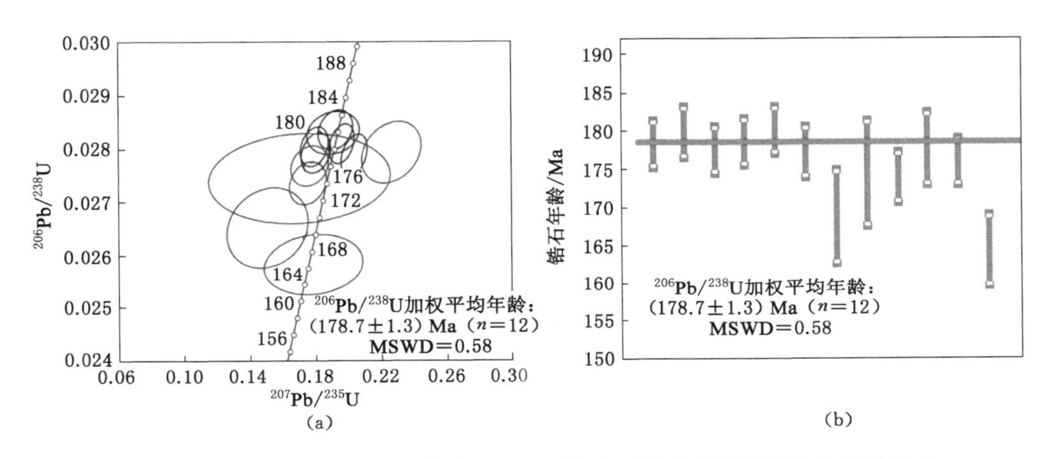

图 4-2　早侏罗世中粒二长花岗岩(RT-11)锆石 U-Pb 年龄和谐图与加权平均图

比值为 0.22～0.42(＞0.1)(表 4-1)，以上特征说明所测锆石具有典型岩浆成因锆石的特征[194-197]。该样品共检测 12 颗锆石颗粒，所有测点均位于谐和线上或其附近(图 4-4)，^{206}Pb/^{238}U 年龄变化于 164.4 Ma 至 180.2 Ma，加权平均年龄为(177.7±1.1) Ma(MSWD=1.7)。其中 9 号、12 号锆石表面年龄为 169.6 Ma 和 167.3 Ma，孤立存在且明显晚于加权平均年龄，代表该中粒二长花岗岩最后一次岩浆结晶时间为 167.3 Ma。

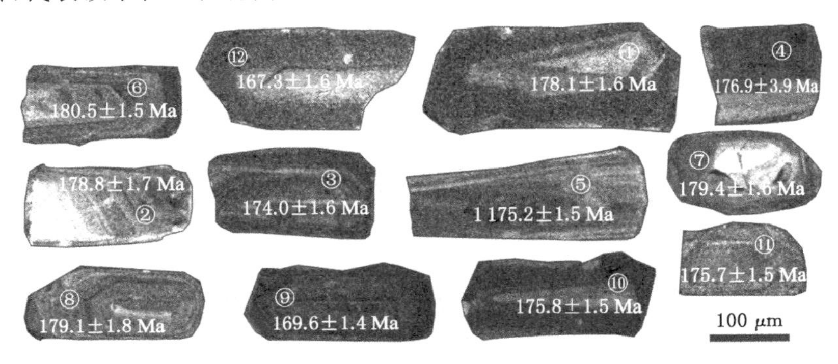

图 4-3　早侏罗世中粒二长花岗岩(RT-14)锆石阴极发光图

(2) 中粗粒二长花岗岩

本次共采集了 3 个中粗粒二长花岗岩测年样品，分别为 RT-4、RT-10 和 RT-13。中粗

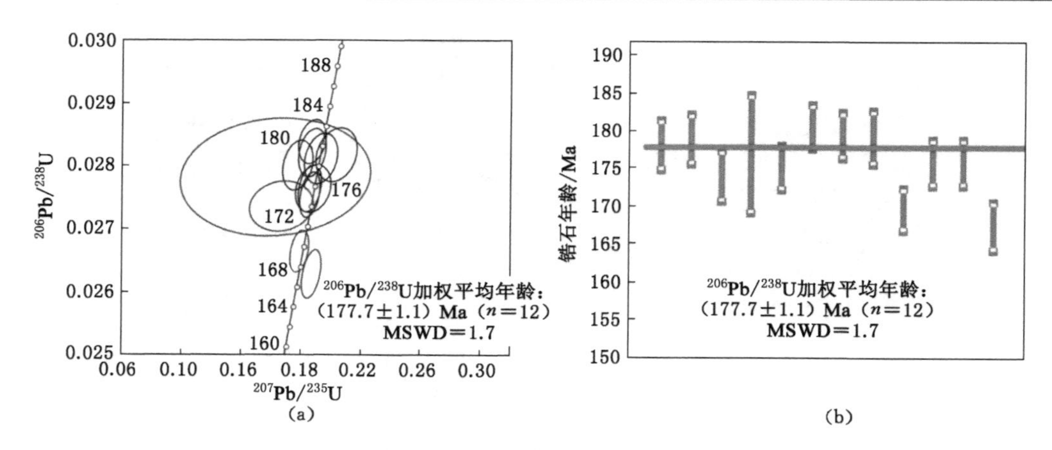

图 4-4 早侏罗世中粒二长花岗岩(RT-14)锆石 U-Pb 年龄和谐图与加权平均图

粒二长花岗岩样品(RT-4)采自神仙洞,测年样品(RT-10)采自帽山村,测年样品(RT-13)采自石河村,3 个测年样品的 SHRIMP 锆石 U-Pb 测试结果见表 4-2。

表 4-2 张广才岭南段早侏罗世中粗粒二长花岗岩 SHIAMP 锆石 U-Pb 同位素分析结果

测试点	Th	U	Pb	Th/U	同位素比值						U-Pb 年龄/Ma					
					$^{206}Pb/^{238}U$	±%	$^{207}Pb/^{206}Pb$	±%	$^{207}Pb/^{235}U$	±%	$^{206}Pb/^{238}U$	±1σ	$^{207}Pb/^{206}Pb$	±1σ	$^{208}Pb/^{232}Th$	±1σ
RT04-3	115	330	8	0.36	0.028 6	1.3	0.053 2	4.4	0.209 8	4.6	181.8	2.3	338.0	99.0	199.6	9.9
RT04-4	112	254	6	0.45	0.028 1	1.4	0.048 0	4.9	0.186 2	5.1	178.9	2.4	98.0	120.0	175.5	7.8
RT04-5	38	75	2	0.52	0.028 2	1.8	0.051 5	7.5	0.200 0	7.7	179.4	3.1	262.0	170.0	179.0	11.0
RT04-6	127	251	6	0.52	0.028 0	1.6	0.050 6	4.3	0.194 9	4.6	177.7	2.8	222.0	99.0	170.0	5.7
RT04-7	48	100	3	0.50	0.029 0	1.9	0.048 2	18.0	0.193 0	19.0	184.3	3.5	110.0	440.0	178.0	27.0
RT04-8	222	305	7	0.75	0.028 2	1.3	0.052 5	2.5	0.204 5	2.8	179.5	2.3	308.0	56.0	180.6	3.9
RT04-9	433	695	17	0.64	0.028 3	1.2	0.051 2	2.2	0.199 7	2.5	179.8	2.1	250.0	50.0	179.4	3.1
RT04-11	45	88	2	0.53	0.028 2	1.8	0.045 7	7.3	0.178 0	7.5	179.5	3.2	17.0	180.0	162.2	9.1
RT10-1	190	504	12	0.39	0.027 4	1.1	0.046 2	5.0	0.174 8	5.1	174.5	1.9	8.0	120.0	165.8	8.4
RT10-2	209	1 159	28	0.19	0.027 7	0.9	0.049 0	1.9	0.187 3	2.1	176.4	1.6	147.0	45.0	174.8	5.9
RT10-3	271	790	19	0.35	0.027 8	1.0	0.050 3	2.1	0.192 9	2.3	176.8	1.7	210.0	49.0	173.1	4.2
RT10-4	165	819	20	0.21	0.028 1	0.9	0.048 2	2.0	0.186 9	2.2	178.8	1.6	108.0	48.0	172.6	5.5
RT10-5	261	737	18	0.37	0.028 2	1.0	0.048 6	3.8	0.189 2	3.9	179.5	1.8	129.0	89.0	168.0	7.3
RT10-6	109	396	10	0.28	0.027 9	1.2	0.046 0	5.8	0.1770	5.9	177.1	2.0	4.0	140.0	152.0	13.0
RT10-7	442	907	22	0.50	0.027 8	1.0	0.048 8	2.4	0.187 2	2.6	177.0	1.7	137.0	56.0	179.6	3.8
RT10-8	233	691	17	0.35	0.027 9	1.0	0.046 9	3.2	0.180 4	3.3	177.6	1.7	42.0	77.0	161.1	6.1
RT10-9	139	439	10	0.33	0.027 5	1.1	0.048 1	3.9	0.182 6	4.0	175.1	1.8	104.0	91.0	165.9	7.7
RT10-10	491	1 103	27	0.46	0.028 0	0.9	0.048 4	1.8	0.186 7	2.0	178.0	1.5	118.0	43.0	172.1	3.1
RT10-11	297	1 130	28	0.27	0.028 4	0.9	0.051 3	1.5	0.200 4	1.8	180.3	1.5	252.0	35.0	191.2	3.9

表 4-2(续)

测试点	Th	U	Pb	Th/U	$^{206}Pb/^{238}U$	±%	$^{207}Pb/^{206}Pb$	±%	$^{207}Pb/^{235}U$	±%	$^{206}Pb/^{238}U$	±1σ	$^{207}Pb/^{206}Pb$	±1σ	$^{208}Pb/^{232}Th$	±1σ
					同位素比值						U-Pb 年龄/Ma					
RT10-12	180	517	13	0.36	0.025 8	1.3	0.049 0	21.0	0.174 0	21.0	164.2	2.1	137.0	490.0	190.0	38.0
RT10-13	139	595	15	0.24	0.028 7	1.0	0.052 9	1.8	0.209 0	2.1	182.2	1.7	323.0	41.0	197.6	4.6
RT13-1	201	1 366	29	0.15	0.025 0	2.6	0.052 9	2.2	0.182 2	3.4	159.0	4.1	325.0	49.0	156.7	7.5
RT13-2	176	691	17	0.26	0.028 6	0.9	0.050 7	2.1	0.199 6	2.3	181.7	1.7	225.0	49.0	189.6	5.3
RT13-3	312	865	21	0.37	0.028 6	0.9	0.049 0	2.3	0.193 3	2.4	182.0	1.6	146.0	53.0	182.1	4.5
RT13-4	143	371	9	0.40	0.028 5	1.0	0.051 8	2.6	0.203 6	2.8	181.3	1.9	276.0	60.0	188.1	5.1
RT13-5	256	1 283	32	0.21	0.028 9	0.8	0.049 1	1.4	0.195 6	1.7	183.5	1.5	153.0	34.0	182.8	4.3
RT13-6	223	530	13	0.44	0.028 2	1.0	0.049 5	2.3	0.192 5	2.5	179.3	1.7	172.0	54.0	179.8	3.5
RT13-7	73	326	8	0.23	0.027 9	1.1	0.042 6	5.3	0.163 7	5.5	177.1	2.0	190.0	130.0	134.0	13.0
RT13-8	124	483	12	0.27	0.028 2	1.1	0.049 9	5.7	0.194 0	5.8	179.2	1.9	190.0	130.0	176.0	15.0
RT13-9	201	528	13	0.39	0.027 9	1.0	0.048 5	2.4	0.186 6	2.6	177.5	1.8	123.0	56.0	170.3	4.1
RT13-10	174	552	13	0.32	0.027 7	1.0	0.047 6	2.4	0.182 0	2.6	176.3	1.8	81.0	57.0	168.7	8.3
RT13-11	103	346	8	0.31	0.027 7	1.2	0.054 2	4.5	0.207 0	4.6	176.3	2.1	377.0	100.0	204.0	11.0
RT13-12	581	1 669	41	0.36	0.028 5	0.9	0.050 6	1.5	0.199 0	1.7	181.4	1.6	221.0	34.0	181.1	4.6
RT13-13	261	758	18	0.36	0.027 8	1.0	0.048 3	2.6	0.185 0	2.8	176.7	1.8	113.0	61.0	173.0	5.1

中粗粒二长花岗岩样品(RT-4)从阴极发光图像来看，锆石自形程度较高，全部为半自形～自形粒状，长柱状，长、短轴长度均为 90～200 μm，岩浆震荡环带结构清晰(图 4-5)，锆石的 Th/U 比值为 0.36～0.75(＞0.3)(表 4-2)，暗示所测锆石具有典型岩浆成因锆石特征[194-197]。该样品共检测 8 颗锆石颗粒，所有测点均位于谐和线上或其附近(图 4-6)，$^{206}Pb/^{238}U$ 年龄变化于 177.7～184.3 Ma，加权平均年龄为(180.0±1.8) Ma(MSWD=0.45)。

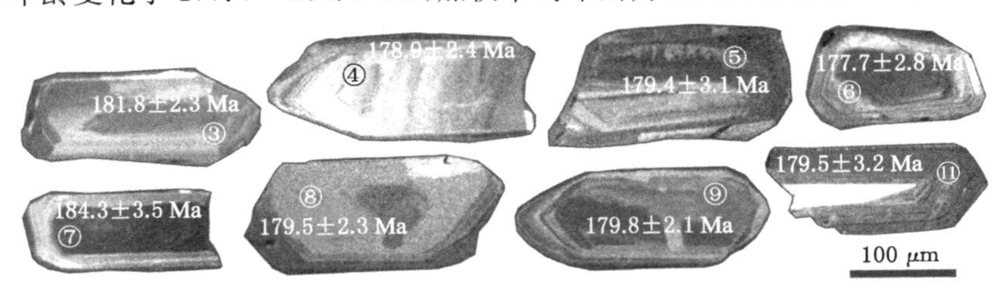

图 4-5　早侏罗世中粗粒二长花岗岩(RT-04)锆石阴极发光图

中粗粒二长花岗岩样品(RT-10)锆石自形程度较高，为半自形～自形粒状，长、短轴长度均为 90～300 μm，震荡环带清晰(图 4-7)，锆石的 Th/U 比值为 0.19～0.50，平均值为 0.33(＞0.1)(表 4-2)，为典型的岩浆成因锆石[194-197]。该样品共检测 13 颗锆石颗粒，所有测点均位于谐和线上或其附近(图 4-8)，$^{206}Pb/^{238}U$ 年龄变化于 164.2～182.2 Ma，加权平均年龄为(177.1±1.1) Ma(MSWD=0.74)。其中，13 号锆石表面年龄为 182.2 Ma，偏离加权平均年龄且孤立存在，可能为捕获锆石，12 号锆石表面年龄为 164.2 Ma，孤立存在且

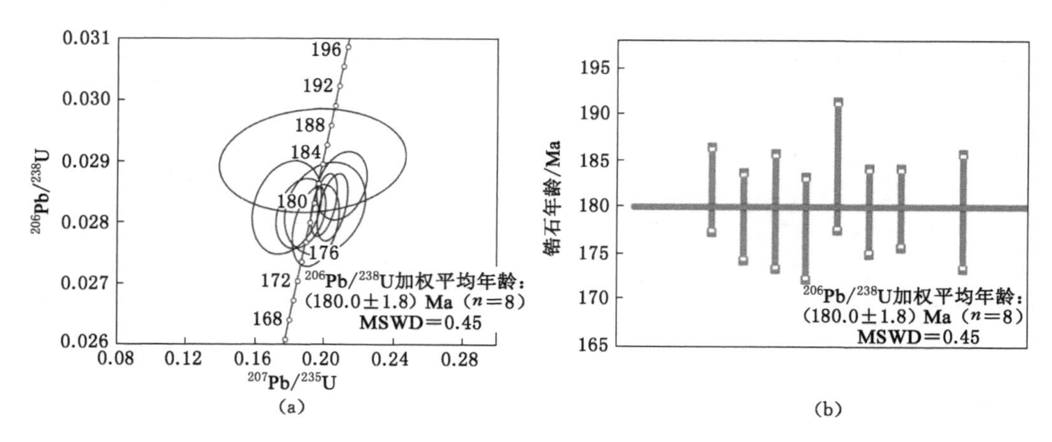

图 4-6　早侏罗世中粗粒二长花岗岩(RT-04)锆石 U-Pb 年龄和谐图与加权平均图

明显晚于加权平均年龄，代表该中粒二长花岗岩最后一次岩浆结晶时间为 164.2 Ma。

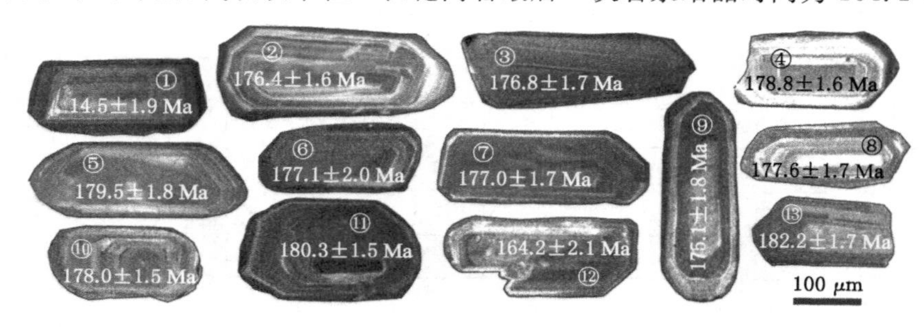

图 4-7　早侏罗世中粗粒二长花岗岩(RT-10)锆石阴极发光图

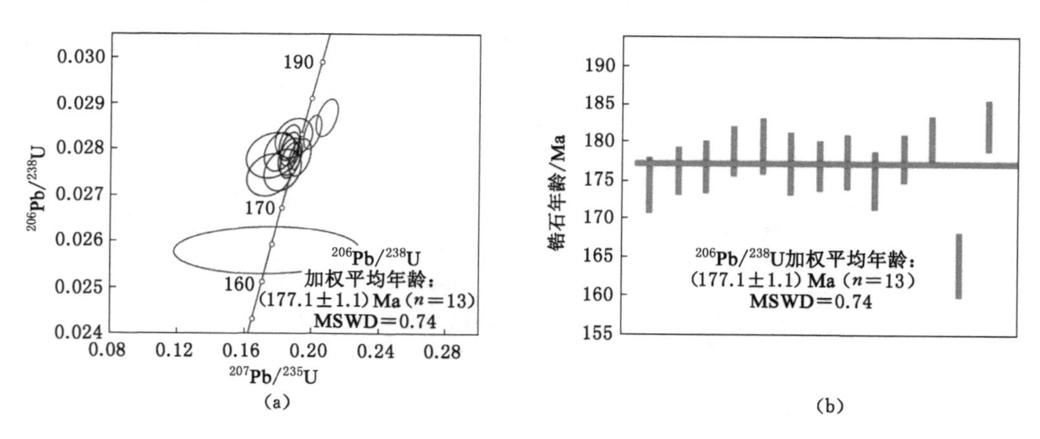

图 4-8　早侏罗世中粗粒二长花岗岩(RT-10)锆石 U-Pb 年龄和谐图与加权平均图

中粗粒二长花岗岩样品(RT-13)锆石结晶较好，为半自形～自形粒状，长、短轴长度均为 100～350 μm，震荡环带清晰(图 4-9)，锆石的 Th/U 比值为 0.15～0.44，平均值为 0.31(>0.1)(表 4-2)，为典型的岩浆成因锆石[194-197]。该样品共检测 13 颗锆石颗粒，所有测点均位于谐和线上或其附近(图 4-10)，$^{206}Pb/^{238}U$ 年龄变化于 159.0 Ma 至 183.5 Ma，加权平均年龄为(179.6±1.2) Ma(MSWD=1.7)。其中 1 号锆石表面年龄为 159.0 Ma，孤立存在且明显晚于加权年龄，代表最晚一次岩浆结晶时间为 159.0 Ma。

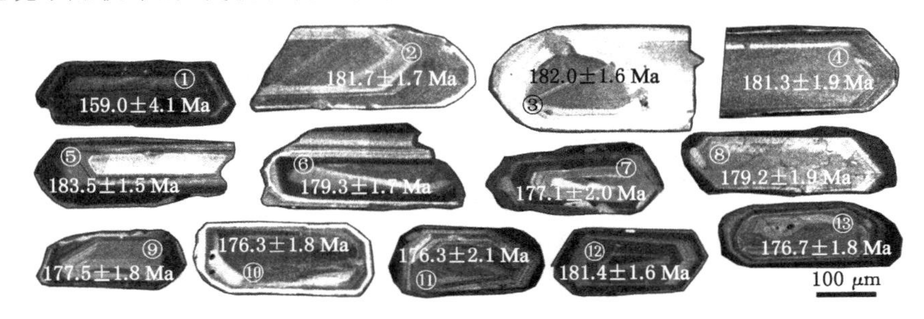

图 4-9 早侏罗世中粗粒二长花岗岩(RT-13)锆石阴极发光图

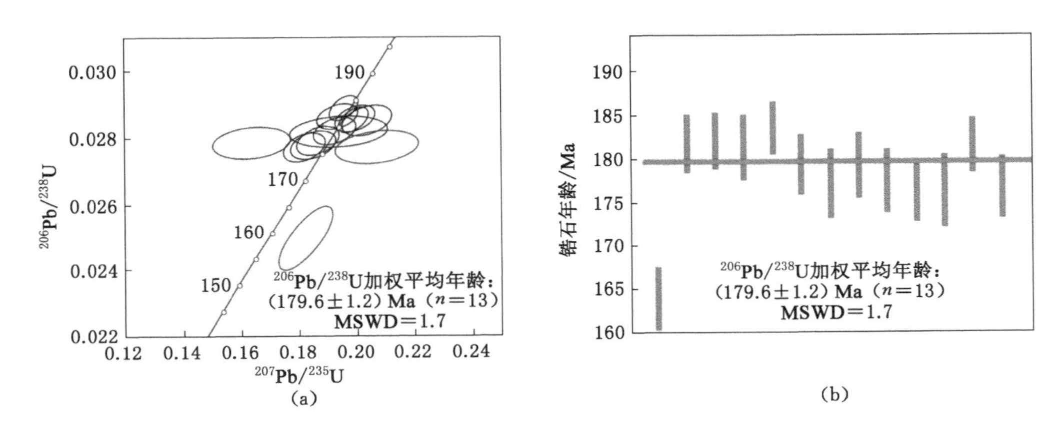

图 4-10 早侏罗世中粗粒二长花岗岩(RT-13)锆石 U-Pb 年龄和谐图与加权平均图

(3) 似斑状中粗粒花岗闪长岩

似斑状中粗粒花岗闪长岩(RT-16)采自保安村南部一带，测年样品的 SHRIMP 锆石 U-Pb 测试结果见表 4-3。测年样品(RT-16)的锆石自形程度相对较好，为半自形～自形粒状，长、短轴长度均为 80～200 μm，震荡环带清晰(图 4-11)，锆石的 Th/U 比值为 0.24～0.60(>0.1)(表 4-3)，为典型的岩浆成因锆石[194-197]。该样品共检测 31 颗锆石颗粒，所有测点均位于谐和线上或其附近(图 4-12)，$^{206}Pb/^{238}U$ 年龄变化于 177.2 Ma 至 200.7 Ma，加权平均年龄为(186.9±1.3) Ma(MSWD=1.5)。

表 4-3 张广才岭南段早侏罗世似斑状中粗粒花岗闪长岩 SHIAMP 锆石 U-Pb 同位素分析结果

测试点	Th	U	Pb	Th/U	同位素比值						U-Pb 年龄/Ma					
					$^{206}Pb/^{238}U$	±%	$^{207}Pb/^{206}Pb$	±%	$^{207}Pb/^{235}U$	±%	$^{206}Pb/^{238}U$	±1σ	$^{207}Pb/^{206}Pb$	±1σ	$^{207}Pb/^{235}U$	±1σ
RZ16-01	191	594	17	0.32	0.028 8	0.000 8	0.050 8	0.000 9	0.201 0	0.006 0	182.8	4.8	232.2	39.7	186.0	5.6
RZ16-02	243	991	27	0.24	0.027 9	0.000 9	0.052 5	0.001 0	0.200 8	0.006 6	177.2	5.5	308.0	42.5	185.8	6.1
RZ16-03	68	179	5	0.38	0.029 7	0.000 7	0.051 4	0.001 3	0.208 7	0.006 8	188.6	4.6	260.1	59.8	192.5	6.3
RZ16-04	64	191	6	0.34	0.029 4	0.000 6	0.051 9	0.001 3	0.208 9	0.006 0	186.8	3.6	281.8	57.6	192.6	5.5

表 4-3(续)

测试点	Th	U	Pb	Th/U	同位素比值						U-Pb 年龄/Ma					
					$^{206}Pb/^{238}U$	±%	$^{207}Pb/^{206}Pb$	±%	$^{207}Pb/^{235}U$	±%	$^{206}Pb/^{238}U$	±1σ	$^{207}Pb/^{206}Pb$	±1σ	$^{207}Pb/^{235}U$	±1σ
RZ16-05	147	309	10	0.48	0.029 4	0.000 5	0.052 1	0.001 0	0.209 8	0.005 0	187.0	3.3	291.3	45.4	193.4	4.6
RZ16-06	160	413	13	0.39	0.029 9	0.000 5	0.052 1	0.001 0	0.213 1	0.004 5	189.8	3.0	289.5	42.6	196.1	4.1
RZ16-07	83	254	8	0.33	0.030 8	0.000 6	0.050 8	0.001 3	0.213 9	0.006 1	195.7	4.1	230.8	58.8	196.8	5.6
RZ16-08	144	311	10	0.46	0.029 4	0.000 5	0.051 2	0.001 2	0.207 6	0.005 6	187.1	2.9	250.6	51.8	191.5	5.2
RZ16-09	235	511	16	0.46	0.029 2	0.000 5	0.051 4	0.000 9	0.206 5	0.004 6	185.8	2.9	256.8	39.7	190.6	4.3
RZ16-10	148	320	10	0.46	0.029 8	0.000 7	0.051 1	0.001 0	0.209 5	0.006 2	189.6	4.5	244.3	44.2	193.2	5.7
RZ16-11	219	469	15	0.47	0.031 0	0.000 8	0.049 4	0.001 0	0.208 2	0.005 7	197.0	5.0	166.0	46.7	192.1	5.2
RZ16-12	63	198	6	0.32	0.029 2	0.000 7	0.048 7	0.001 2	0.196 4	0.006 4	185.8	4.2	135.6	57.3	182.1	6.0
RZ16-13	58	142	4	0.41	0.029 0	0.000 4	0.054 1	0.001 5	0.216 3	0.006 1	184.6	2.4	376.6	61.1	198.8	5.6
RZ16-14	69	167	5	0.42	0.030 2	0.000 9	0.050 4	0.001 4	0.206 8	0.007 5	191.9	5.4	212.0	65.2	190.9	6.9
RZ16-15	167	304	10	0.55	0.030 5	0.000 8	0.049 6	0.001 1	0.208 6	0.006 7	193.7	4.9	175.4	51.2	192.4	6.2
RZ16-16	95	206	6	0.46	0.029 3	0.000 6	0.049 5	0.001 4	0.198 1	0.006 5	185.9	4.0	173.0	65.0	183.5	6.0
RZ16-17	80	207	6	0.39	0.029 6	0.000 6	0.049 7	0.001 3	0.200 1	0.006 3	187.8	4.0	178.8	59.4	185.2	5.8
RZ16-18	167	303	10	0.55	0.030 0	0.000 6	0.049 9	0.001 0	0.204 3	0.005 6	190.3	4.1	189.3	48.9	188.7	5.2
RZ16-19	70	151	5	0.46	0.030 0	0.000 7	0.052 4	0.001 5	0.218 3	0.008 1	190.8	4.2	303.6	65.6	200.5	7.4
RZ16-20	293	488	17	0.60	0.031 6	0.000 9	0.049 9	0.001 1	0.215 6	0.007 2	200.7	5.7	191.3	51.9	198.2	6.6
RZ16-21	23	74	2	0.31	0.028 9	0.000 8	0.051 9	0.002 7	0.207 2	0.012 8	184.0	5.3	281.9	119.6	191.2	11.8
RZ16-22	116	256	8	0.45	0.029 5	0.000 5	0.051 3	0.001 0	0.208 0	0.005 4	187.2	3.4	254.7	45.3	191.9	5.0
RZ16-23	59	135	4	0.44	0.031 5	0.000 4	0.052 3	0.001 7	0.225 8	0.007 7	199.9	2.5	297.4	76.1	206.7	7.0
RZ16-24	96	248	8	0.39	0.030 4	0.000 6	0.051 6	0.001 2	0.214 4	0.005 6	193.3	3.7	266.0	54.0	197.2	5.2
RZ16-25	169	324	10	0.52	0.029 6	0.000 2	0.051 6	0.000 9	0.210 4	0.003 8	188.2	1.6	269.2	40.2	193.9	3.5
RZ16-26	72	215	6	0.33	0.029 3	0.000 2	0.051 4	0.001 1	0.207 1	0.004 6	186.1	1.6	260.8	50.9	191.1	4.2
RZ16-27	36	117	3	0.30	0.028 2	0.000 4	0.052 0	0.001 8	0.199 6	0.006 5	179.2	2.5	286.1	79.8	184.8	6.0
RZ16-28	108	205	6	0.53	0.029 5	0.000 3	0.049 5	0.001 1	0.200 1	0.004 2	187.5	1.9	171.8	51.0	185.2	3.9
RZ16-29	168	352	11	0.48	0.029 8	0.000 3	0.051 3	0.001 3	0.210 4	0.005 4	189.1	1.9	253.0	58.4	193.9	5.0
RZ16-30	250	435	14	0.57	0.029 2	0.000 3	0.050 8	0.000 9	0.204 7	0.004 0	185.6	1.7	233.7	42.9	189.1	3.7
RZ16-31	214	383	11	0.56	0.028 4	0.000 3	0.049 2	0.000 9	0.192 3	0.003 8	180.7	2.2	155.9	44.2	178.6	3.6

(4) 中细粒二长花岗岩

中细粒二长花岗岩样品(RT-09)采自新安水库一带,测年样品的 SHRIMP 锆石 U-Pb 测试结果见表 4-4。中细粒二长花岗岩样品(RT-09)的锆石结晶较好,为半自形～自形粒状,长、短轴长度均为 85～260 μm,震荡环带清晰(图 4-13),锆石的 Th/U 比值为 0.19～0.39(>0.1)(表 4-4),为典型的岩浆成因锆石[194-197]。该样品共检测 8 颗锆石颗粒,所有测点均位于谐和线上或其附近(图 4-14),$^{206}Pb/^{238}U$ 年龄变化于 174.6 Ma 至 177.9 Ma,加权

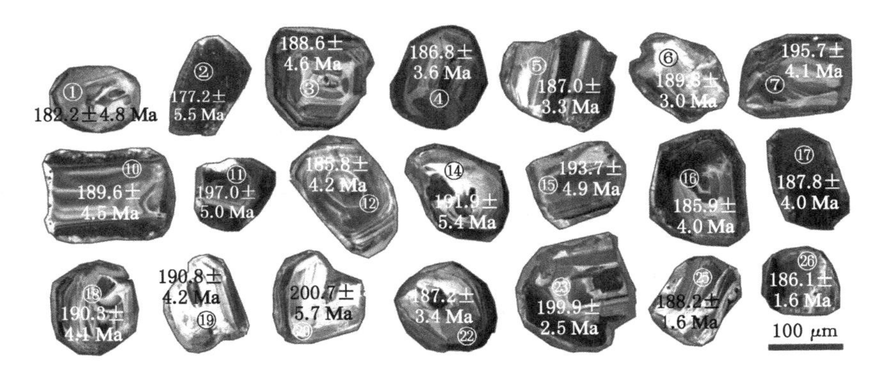

图 4-11 早侏罗世似斑状中粗粒花岗闪长岩(RT-16)锆石阴极发光图

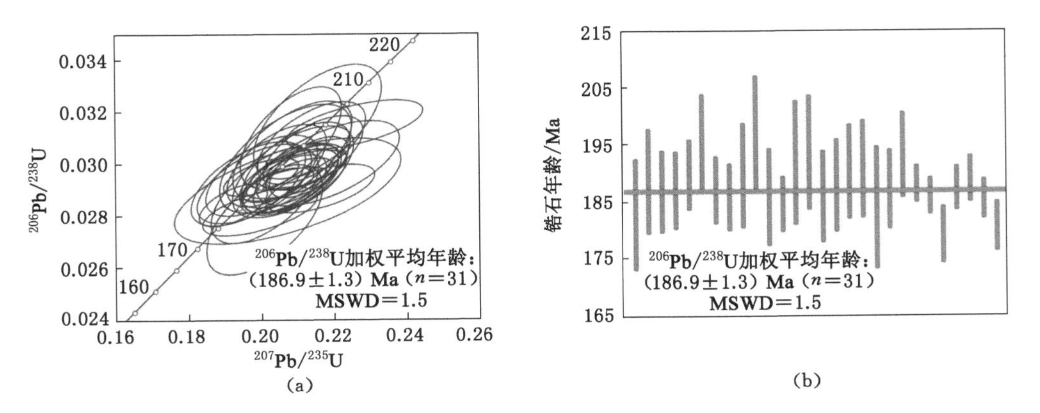

图 4-12 早侏罗世似斑状中粗粒花岗闪长岩(RT-16)锆石 U-Pb 年龄和谐图与加权平均图

平均年龄为(176.4±1.1) Ma(MSWD=0.72)。

表 4-4 张广才岭南段早侏罗世中细粒二长花岗岩 SHIAMP 锆石 U-Pb 同位素分析结果

测试点	Th	U	Pb	Th/U	同位素比值						U-Pb 年龄/Ma					
					^{206}Pb/^{238}U	±%	^{207}Pb/^{206}Pb	±%	^{207}Pb/^{235}U	±%	^{206}Pb/^{238}U	±1σ	^{207}Pb/^{206}Pb	±1σ	^{208}Pb/^{232}Th	±1σ
RT09-1	341	1573	38	0.22	0.027 99	0.9	0.047 6	1.9	0.183 8	2.1	178.0	1.6	81.0	45.0	166.7	5.2
RT09-3	421	2 142	51	0.20	0.027 46	0.9	0.048 5	1.2	0.183 6	1.5	174.6	1.5	124.0	29.0	162.5	3.2
RT09-4	248	653	16	0.39	0.027 72	1.0	0.049 0	2.3	0.187 4	2.5	176.3	1.8	149.0	55.0	181.4	4.3
RT09-8	361	1 993	48	0.19	0.027 79	1.0	0.049 7	1.3	0.190 6	1.6	176.7	1.7	183.0	30.0	172.1	3.9
RT09-9	284	939	23	0.31	0.027 99	1.0	0.048 5	2.0	0.186 9	2.2	177.9	1.7	121.0	46.0	174.2	4.1
RT09-11	240	831	20	0.30	0.027 82	1.0	0.049 3	1.9	0.189 1	2.1	176.9	1.7	162.0	44.0	170.7	3.9
RT09-13	585	2 589	61	0.23	0.027 45	0.9	0.048 8	1.6	0.184 8	1.8	174.6	1.5	139.0	38.0	172.7	4.7
RT09-14	412	2 187	52	0.19	0.027 83	0.9	0.048 5	1.4	0.186 2	1.7	177.0	1.6	124.0	34.0	170.3	4.3
RT08-1	267	840	21	0.33	0.028 55	1.0	0.050 0	1.8	0.196 7	2.0	181.5	1.7	193.0	41.0	183.1	3.7
RT08-2	259	650	16	0.41	0.028 37	1.9	0.053 6	3.4	0.209 5	3.9	180.4	3.5	353.0	76.0	202.3	8.1

表 4-4(续)

测试点	Th	U	Pb	Th/U	同位素比值 $^{206}Pb/^{238}U$	±%	$^{207}Pb/^{206}Pb$	±%	$^{207}Pb/^{235}U$	±%	U-Pb 年龄/Ma $^{206}Pb/^{238}U$	±1σ	$^{207}Pb/^{206}Pb$	±1σ	$^{208}Pb/^{232}Th$	±1σ
RT08-3	368	820	21	0.46	0.029 12	1.0	0.049 2	2.2	0.197 6	2.4	185.0	1.8	158.0	52.0	181.2	3.9
RT08-4	477	1 331	33	0.37	0.029 01	0.9	0.050 3	1.4	0.201 2	1.7	184.4	1.6	209.0	34.0	181.5	4.0
RT08-5	364	966	23	0.39	0.026 87	1.6	0.045 6	9.1	0.169 0	9.3	170.9	2.7	22.0	220.0	146.0	16.0
RT08-6	232	920	22	0.26	0.028 14	0.9	0.049 4	1.6	0.191 7	1.9	178.9	1.7	167.0	38.0	188.2	3.7
RT08-7	667	1 978	50	0.35	0.029 20	0.9	0.050 2	1.3	0.202 2	1.5	185.6	1.6	205.0	30.0	184.7	2.9
RT08-8	174	687	17	0.26	0.028 10	1.0	0.050 1	2.1	0.194 1	2.3	178.6	1.8	200.0	49.0	182.7	4.1
RT08-9	230	1 038	25	0.23	0.028 05	0.9	0.047 5	1.9	0.183 7	2.1	178.3	1.6	75.0	46.0	167.2	4.8
RT08-10	166	743	18	0.23	0.028 47	1.0	0.049 9	2.2	0.195 9	2.4	180.9	1.7	191.0	51.0	172.4	5.7
RT08-11	260	1 075	26	0.25	0.028 33	0.9	0.048 5	1.7	0.189 3	1.9	180.1	1.6	123.0	39.0	173.5	3.9
RT08-12	425	1 339	33	0.33	0.028 76	0.9	0.049 0	2.4	0.194 3	2.5	182.8	1.6	148.0	56.0	178.2	5.2
RT08-13	485	1 559	39	0.32	0.028 72	0.9	0.049 6	2.0	0.196 5	2.2	182.5	1.7	177.0	47.0	177.6	5.5

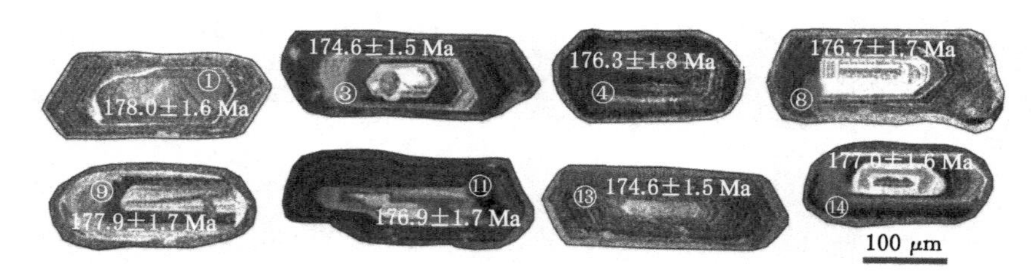

图 4-13　早侏罗世中细粒二长花岗岩(RT-09)锆石阴极发光图

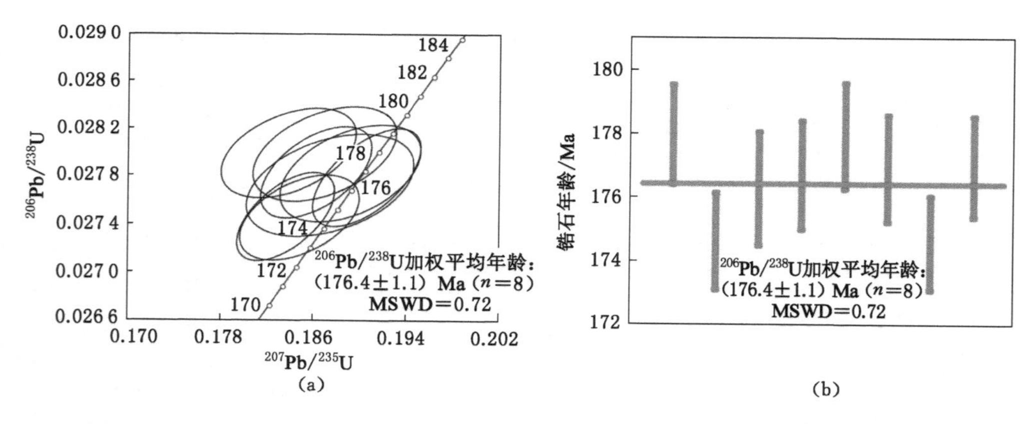

图 4-14　早侏罗世中细粒二长花岗岩(RT-09)锆石 U-Pb 年龄和谐图与加权平均图

(5) 中细粒花岗闪长岩

中细粒花岗闪长岩(RT-08)采自秀水村一带,SHRIMP 锆石 U-Pb 测试结果见表 4-5。测年样品(RT-08)的锆石自形程度相对较高,为半自形～自形粒状,长、短轴长度均为 90～

230 μm,震荡环带清晰(图 4-15),锆石的 Th/U 比值为 0.23～0.46(>0.1)(表 4-5),为典型岩的浆成因锆石[194-197]。该样品共检测 13 颗锆石颗粒,所有测点均位于谐和线上或其附近(图 4-16),$^{206}Pb/^{238}U$ 年龄变化于 171.9 Ma 至 185.6 Ma,加权平均年龄为(181.6±1.1) Ma(MSWD=1.8)。其中 5 号锆石表面年龄为 170.9 Ma,孤立存在且明显晚于加权年龄,代表最晚一次岩浆结晶时间为 170.9 Ma。

表 4-5 张广才岭南段早侏罗世中细粒花岗闪长岩 SHIAMP 锆石 U-Pb 同位素分析结果

测试点	Th	U	Pb	Th/U	同位素比值						U-Pb 年龄/Ma					
					$^{206}Pb/^{238}U$	±%	$^{207}Pb/^{206}Pb$	±%	$^{207}Pb/^{235}U$	±%	$^{206}Pb/^{238}U$	±1σ	$^{207}Pb/^{206}Pb$	±1σ	$^{208}Pb/^{232}Th$	±1σ
RT08-1	267	840	21	0.33	0.02855	1.0	0.0500	1.8	0.1967	2.0	181.5	1.7	193.0	41.0	183.1	3.7
RT08-2	259	650	16	0.41	0.02837	1.9	0.0536	3.4	0.2095	3.9	180.4	3.5	353.0	76.0	202.3	8.1
RT08-3	368	820	21	0.46	0.02912	1.0	0.0492	2.2	0.1976	2.4	185.0	1.8	158.0	52.0	181.2	3.9
RT08-4	477	1331	33	0.37	0.02901	0.9	0.0503	1.4	0.2012	1.7	184.4	1.6	209.0	34.0	181.5	4.0
RT08-5	364	966	23	0.39	0.02687	1.6	0.0456	9.1	0.1690	9.3	170.9	2.7	22.0	220.0	146.0	16.0
RT08-6	232	920	22	0.26	0.02814	0.9	0.0494	1.6	0.1917	1.9	178.9	1.7	167.0	38.0	188.2	3.7
RT08-7	667	1978	50	0.35	0.02920	0.9	0.0502	1.3	0.2022	1.5	185.6	1.6	205.0	30.0	184.7	2.9
RT08-8	174	687	17	0.26	0.02810	1.0	0.0501	2.1	0.1941	2.3	178.6	1.8	200.0	49.0	182.7	4.1
RT08-9	230	1038	25	0.23	0.02805	0.9	0.0475	1.9	0.1837	2.1	178.3	1.6	75.0	46.0	167.2	4.8
RT08-10	166	743	18	0.23	0.02847	1.0	0.0499	2.2	0.1959	2.4	180.9	1.7	191.0	51.0	172.4	5.7
RT08-11	260	1075	26	0.25	0.02833	0.9	0.0485	1.7	0.1893	1.9	180.1	1.6	123.0	39.0	173.5	3.9
RT08-12	425	1339	33	0.33	0.02876	0.9	0.0490	2.4	0.1943	2.5	182.8	1.6	148.0	56.0	178.2	5.2
RT08-13	485	1559	39	0.32	0.02872	0.9	0.0496	2.0	0.1965	2.2	182.5	1.7	177.0	47.0	177.6	5.5

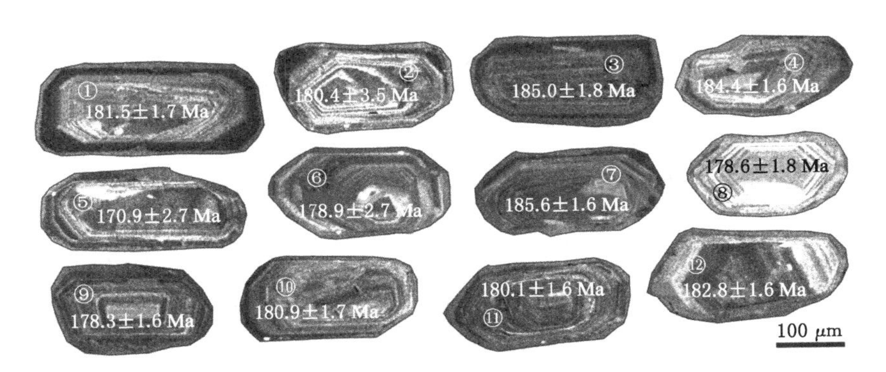

图 4-15 早侏罗世中细粒花岗闪长岩(RT-08)锆石阴极发光图

(6) 中细粒闪长岩

中细粒闪长岩(RT-17)采自新安水库一带,测年样品(RT-17)的 SHRIMP 锆石 U-Pb 测试结果见表 4-6。测年样品(RT-17)的锆石自形程度相对较高,为半自形～自形粒状,长、短轴长度均为 80～200 μm,震荡环带清晰(图 4-17),锆石的 Th/U 比值为 0.11～0.68,平

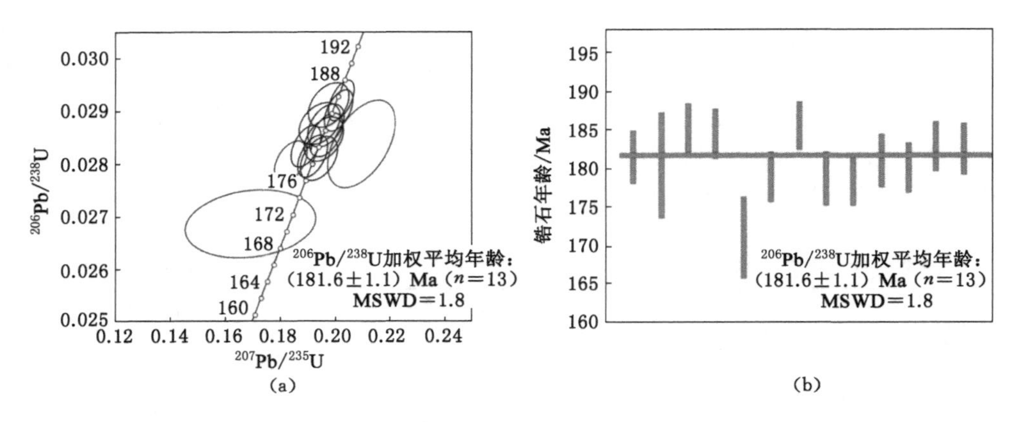

图 4-16　早侏罗世中细粒花岗闪长岩(RT-08)锆石 U-Pb 年龄和谐图与加权平均图

均值为 0.31(>0.1)(表 4-6)，为典型的岩浆成因锆石[194-197]。该样品共测得 27 颗锆石颗粒，所有测点均位于谐和线上或其附近(图 4-18)，^{206}Pb/^{238}U 年龄变化于 178.0 Ma 至 210.1 Ma，加权平均年龄为(190.3±5.9) Ma(MSWD=3.0)。

表 4-6　张广才岭南段早侏罗世中细粒闪长岩 SHIAMP 锆石 U-Pb 同位素分析结果

测试点	Th	U	Pb	Th/U	同位素比值						U-Pb 年龄/Ma					
					^{206}Pb/^{238}U	±%	^{207}Pb/^{206}Pb	±%	^{207}Pb/^{235}U	±%	^{206}Pb/^{238}U	±1σ	^{207}Pb/^{206}Pb	±1σ	^{207}Pb/^{235}U	±1σ
RZ17-1	49	142	4	0.34	0.030 0	0.000 5	0.051 2	0.002 0	0.210 6	0.008 2	190.4	3.2	250.5	89.9	194.1	7.5
RZ17-2	448	1 545	47	0.29	0.028 0	0.000 3	0.095 0	0.001 1	0.365 8	0.005 3	178.0	2.2	1 527.9	22.5	316.5	4.6
RZ17-3	796	6 501	193	0.12	0.030 1	0.000 5	0.065 4	0.001 0	0.272 4	0.006 4	191.1	3.0	786.7	31.5	244.6	5.7
RZ17-4	495	4 473	131	0.11	0.028 6	0.000 4	0.085 9	0.000 9	0.338 0	0.005 5	182.0	2.8	1 336.2	21.0	295.7	4.8
RZ17-5	1 852	6 933	212	0.27	0.029 6	0.000 4	0.079 1	0.001 3	0.323 0	0.007 0	187.9	2.7	1 173.8	32.7	284.2	6.1
RZ17-6	1 373	4 829	143	0.28	0.028 5	0.000 2	0.079 3	0.001 2	0.312 8	0.005 3	181.4	1.3	1 178.8	29.7	276.3	4.7
RZ17-7	2 434	7 030	271	0.35	0.030 2	0.000 2	0.169 3	0.001 5	0.704 5	0.007 7	191.5	1.6	2 550.7	14.9	541.5	5.9
RZ17-8	1 258	5 045	170	0.25	0.030 5	0.000 2	0.113 4	0.001 3	0.477 5	0.006 1	193.5	1.1	1 853.9	19.9	396.3	5.1
RZ17-9	2 696	14 363	408	0.19	0.029 5	0.000 2	0.050 8	0.000 4	0.206 6	0.001 7	187.6	1.3	230.0	17.2	190.7	1.5
RZ17-12	3 910	9 343	294	0.42	0.028 3	0.000 3	0.107 2	0.001 1	0.417 2	0.005 1	179.7	1.8	1 751.7	19.5	354.1	4.3
RZ17-15	1 160	5 836	175	0.20	0.030 2	0.000 4	0.061 6	0.001 3	0.254 6	0.003 5	192.1	2.3	661.6	45.2	230.3	3.1
RZ17-16	301	1 283	38	0.23	0.029 7	0.000 3	0.064 2	0.000 8	0.263 1	0.004 0	188.5	2.0	747.0	27.7	237.1	3.6
RZ17-18	53	123	4	0.43	0.031 2	0.000 6	0.085 0	0.003 4	0.365 4	0.015 7	198.0	4.0	1 315.0	77.4	316.2	13.5
RZ17-19	4 836	12 528	433	0.39	0.033 1	0.000 5	0.070 7	0.000 9	0.324 4	0.005 7	210.1	3.3	949.7	25.3	285.3	5.1
RZ17-20	2 195	4 747	180	0.46	0.031 9	0.000 5	0.140 2	0.001 5	0.619 1	0.010 3	202.2	3.0	2 230.2	18.3	489.3	8.2
RZ17-21	375	1 371	40	0.27	0.029 6	0.000 4	0.054 4	0.000 7	0.222 3	0.003 7	187.9	2.6	386.0	29.0	203.8	3.4
RZ17-22	1 235	3 195	106	0.39	0.030 5	0.000 4	0.106 2	0.001 1	0.448 1	0.006 7	193.4	2.4	1 734.8	18.6	375.9	5.6
RZ17-23	112	545	16	0.21	0.030 3	0.000 3	0.053 5	0.000 9	0.224 4	0.004 1	192.6	2.2	350.3	36.5	205.6	3.8
RZ17-25	1 500	3 164	104	0.47	0.030 0	0.000 3	0.074 5	0.000 9	0.308 9	0.004 6	190.3	1.9	1 056.1	24.7	273.3	4.19

表 4-6(续)

测试点	Th	U	Pb	Th/U	同位素比值						U-Pb 年龄/Ma					
					$^{206}Pb/^{238}U$	±%	$^{207}Pb/^{206}Pb$	±%	$^{207}Pb/^{235}U$	±%	$^{206}Pb/^{238}U$	±1σ	$^{207}Pb/^{206}Pb$	±1σ	$^{207}Pb/^{235}U$	±1σ
RZ17-26	2 415	10 726	337	0.23	0.030 8	0.000 3	0.072 1	0.000 8	0.307 1	0.004 2	195.6	2.0	988.1	22.2	271.9	3.7
RZ17-27	1 371	3 638	137	0.38	0.030 8	0.000 4	0.141 8	0.001 8	0.605 3	0.011 1	195.4	2.3	2 248.7	21.8	480.6	8.8
RZ17-28	1 370	7 988	256	0.17	0.031 1	0.000 3	0.075 3	0.000 9	0.324 4	0.004 8	197.7	2.1	1 077.1	22.7	285.3	4.2
RZ17-29	7 391	15 608	606	0.47	0.031 6	0.000 6	0.148 0	0.010 4	0.610 0	0.008 1	200.8	3.7	2 322.5	120.2	483.6	6.4
RZ17-30	531	3 847	141	0.14	0.030 8	0.000 3	0.149 5	0.002 2	0.639 3	0.012 8	195.4	1.9	2 339.9	25.4	501.9	10.0
RZ17-31	1 303	5 275	181	0.25	0.028 8	0.000 4	0.130 3	0.003 5	0.525 7	0.018 6	183.1	2.3	2 102.6	47.2	429.0	15.2
RZ17-33	2 227	9 003	267	0.25	0.028 9	0.000 4	0.084 3	0.012 3	0.286 9	0.004 8	183.5	2.5	1 300.5	282.9	256.1	4.3
RZ17-34	4 481	13 891	504	0.32	0.029 6	0.000 5	0.149 5	0.002 3	0.600 5	0.007 6	188.2	3.1	2 340.3	26.9	477.5	6.1

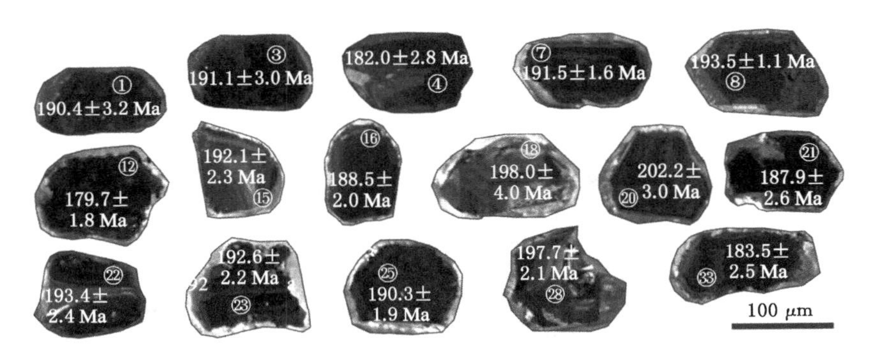

图 4-17　早侏罗世中细粒闪长岩(RT-17)锆石阴极发光图

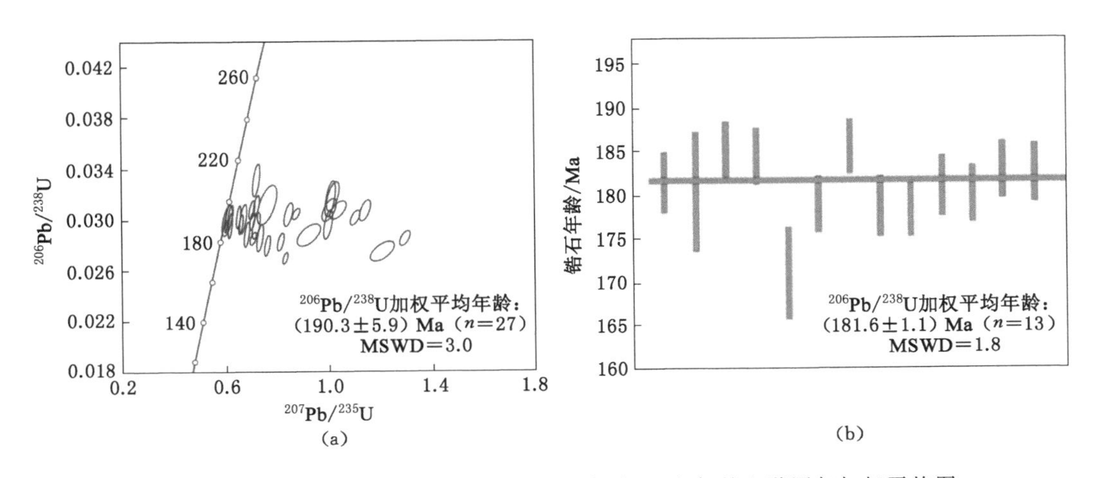

图 4-18　早侏罗世中细粒闪长岩(RT-17)锆石 U-Pb 年龄和谐图与加权平均图

4.2.2　中侏罗世花岗岩年代学

(1) 细粒碱长花岗岩

细粒碱长花岗岩样品(RT-05)采自红石砬子及万寿山一带，锆石 U-Pb 结果见表 4-7。测年样品(RT-05)的锆石自形程度相对较高，为半自形～自形粒状，长、短轴长度均为 65～220 μm，震荡环带清晰(图 4-19)，锆石的 Th/U 比值为 0.36～0.75(>0.1)(表 4-7)，为典型的岩浆成因锆石[194-197]。该样品共测得 9 颗锆石颗粒，均位于谐和线上或其附近(图 4-20)，$^{206}Pb/^{238}U$ 年龄变化于 167.5 Ma 至 174.7 Ma，加权平均年龄为(170.3±1.8) Ma(MSWD=1.3)。

表 4-7　张广才岭南段中侏罗世细粒碱长花岗岩 SHIAMP 锆石 U-Pb 同位素分析结果

测试点	Th	U	Pb	Th/U	同位素比值						U-Pb 年龄/Ma					
					$^{206}Pb/^{238}U$	±%	$^{207}Pb/^{206}Pb$	±%	$^{207}Pb/^{235}U$	±%	$^{206}Pb/^{238}U$	±1σ	$^{207}Pb/^{206}Pb$	±1σ	$^{208}Pb/^{232}Th$	±1σ
RT05-1	143	412	10	0.36	0.027 47	1.3	0.047 2	4.8	0.178 8	5.0	174.7	2.2	59.0	110.0	154.9	8.8
RT05-2	1 080	1 483	38	0.75	0.026 32	1.4	0.053 9	14.0	0.196 0	14.0	167.5	2.3	369.0	320.0	138.0	20.0
RT05-4	400	929	21	0.45	0.026 81	1.2	0.049 5	1.7	0.183 0	2.0	170.5	2.0	172.0	39.0	168.9	3.1
RT05-5	438	969	23	0.47	0.027 23	1.2	0.048 9	3.8	0.183 7	3.9	173.2	2.1	144.0	88.0	165.6	6.6
RT05-6	441	930	21	0.49	0.026 62	1.2	0.048 4	1.7	0.177 7	2.0	169.4	2.0	120.0	39.0	161.8	2.9
RT05-7	628	1 100	25	0.59	0.026 53	1.2	0.051 0	1.7	0.186 5	2.1	168.8	2.0	241.0	39.0	164.8	3.5
RT05-9	802	1 245	29	0.67	0.026 66	1.4	0.050 9	2.0	0.187 1	2.5	169.6	2.3	236.0	47.0	168.7	3.4
RT05-11	408	896	22	0.47	0.026 97	1.4	0.055 5	17.0	0.206 0	17.0	171.5	2.4	432.0	380.0	189.0	26.0
RT05-12	640	1 165	27	0.57	0.026 39	1.2	0.050 3	5.7	0.183 0	5.8	167.9	2.0	211.0	130.0	162.3	7.2

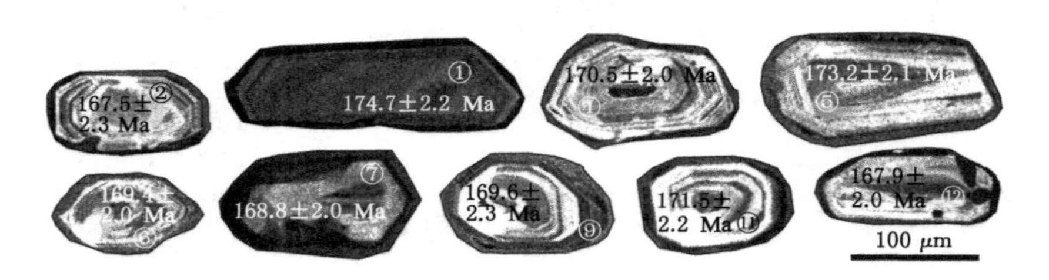

图 4-19　中侏罗世细粒碱长花岗岩样品(RT-05)锆石阴极发光图

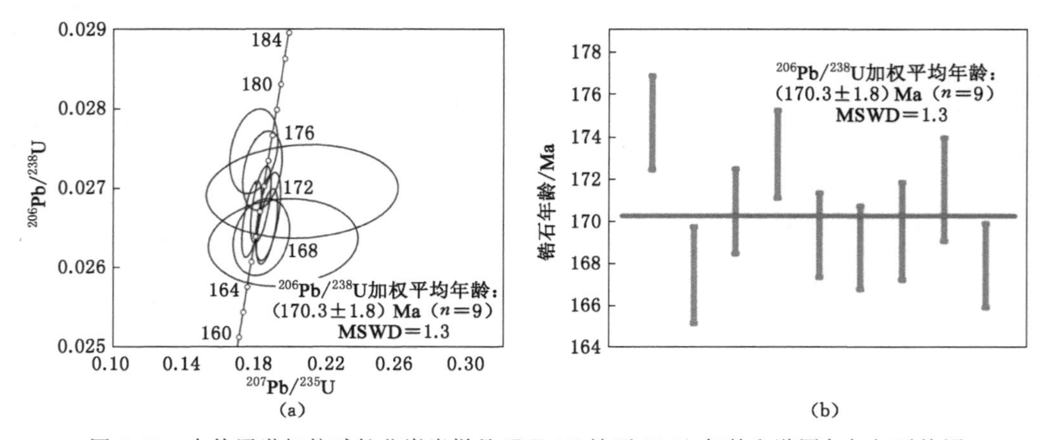

图 4-20　中侏罗世细粒碱长花岗岩样品(RT-05)锆石 U-Pb 年龄和谐图与加权平均图

(2) 中细粒花岗闪长岩

中细粒花岗闪长岩(RT-01)采自仇家沟至四滴村一带,测年样品(RT-01)的 SHRIMP 锆石 U-Pb 测试结果见表 4-8。测年样品(RT-01)的锆石自形程度相对较高,为半自形～自形粒状,长、短轴长度均为 90～300 μm,震荡环带清晰(图 4-21),锆石的 Th/U 比值为 0.12～0.52,平均值为 0.41(>0.1)(表 4-8),为典型的岩浆成因锆石[194-197]。该样品共测得 13 颗锆石颗粒,所有测点均位于谐和线上或其附近(图 4-22),$^{206}Pb/^{238}U$ 年龄变化于 164.7 Ma 至 175.8 Ma,加权平均年龄为(168.1±1.6) Ma(MSWD=1.5)。

表 4-8 张广才岭南段中侏罗世中细粒花岗闪长岩 SHIAMP 锆石 U-Pb 同位素分析结果

测试点	Th	U	Pb	Th/U	同位素比值						U-Pb 年龄/Ma					
					$^{206}Pb/^{238}U$	±%	$^{207}Pb/^{206}Pb$	±%	$^{207}Pb/^{235}U$	±%	$^{206}Pb/^{238}U$	±1σ	$^{207}Pb/^{206}Pb$	±1σ	$^{208}Pb/^{232}Th$	±1σ
RT01-1	174	481	11	0.37	0.025 98	1.2	0.051 50	2.3	0.184 5	2.6	165.3	2.0	264.0	52.0	158.9	3.9
RT01-2	130	358	8	0.38	0.025 88	1.3	0.048 00	3.5	0.171 1	3.7	164.7	2.1	98.0	82.0	148.0	5.6
RT01-3	197	536	12	0.38	0.026 80	1.3	0.048 80	3.0	0.180 3	3.2	170.5	2.1	137.0	69.0	161.4	4.9
RT01-4	232	546	13	0.44	0.027 65	1.2	0.047 80	3.2	0.182 1	3.5	175.8	2.1	88.0	77.0	169.2	4.4
RT01-5	154	1 336	31	0.12	0.026 59	1.2	0.048 44	1.4	0.177 6	1.8	169.2	1.9	121.0	34.0	164.2	5.3
RT01-6	222	545	13	0.42	0.026 67	1.2	0.051 40	2.0	0.189 0	2.3	169.7	2.0	258.0	46.0	171.2	3.7
RT01-7	273	545	12	0.52	0.026 11	1.2	0.050 70	2.0	0.182 4	2.4	166.2	2.0	225.0	47.0	165.8	3.4
RT01-8	216	481	11	0.46	0.026 15	1.3	0.047 70	4.6	0.172 0	4.8	166.4	2.1	85.0	110.0	156.6	6.7
RT01-9	183	398	9	0.47	0.025 92	1.3	0.050 50	4.8	0.180 5	5.0	164.9	2.1	219.0	110.0	168.6	4.6
RT01-10	236	576	13	0.42	0.026 75	1.2	0.049 33	2.0	0.182 0	2.3	170.2	2.1	164.0	46.0	164.7	3.5
RT01-11	216	534	12	0.42	0.026 57	1.2	0.049 30	2.8	0.180 6	3.1	169.0	2.1	161.0	66.0	164.4	4.8
RT01-12	206	445	10	0.48	0.027 18	1.3	0.050 70	2.8	0.189 9	3.1	172.8	2.1	226.0	65.0	169.4	4.7
RT01-13	285	663	15	0.44	0.026 46	1.2	0.052 00	3.0	0.189 7	3.2	168.3	2.0	285.0	69.0	169.0	5.1

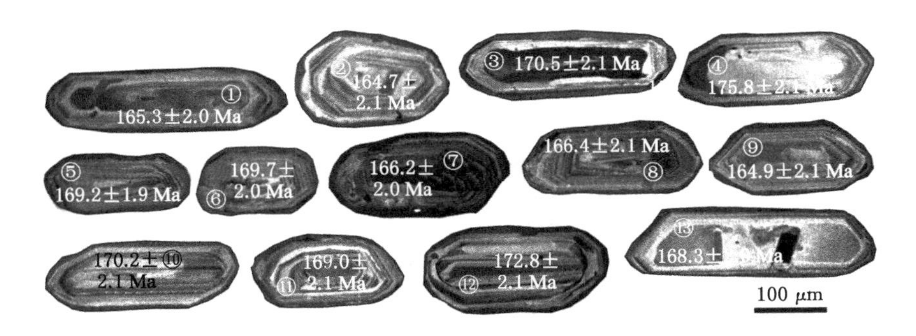

图 4-21 中侏罗世中细粒花岗闪长岩(RT-01)锆石阴极发光图

(3) 似斑状中细粒二长花岗岩

似斑状中细粒二长花岗岩(RT-07)采自家崴子附近,测年样品(RT-07)的 SHRIMP 锆石 U-Pb 测试结果见表 4-9。测年样品(RT-07)的锆石自形程度相对较高,为半自形～自形

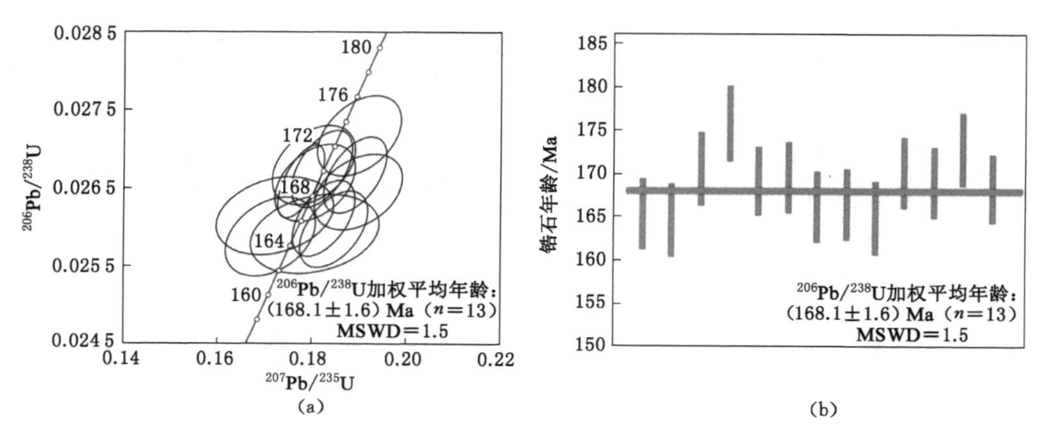

图 4-22 中侏罗世中细粒花岗闪长岩(RT-01)锆石 U-Pb 年龄和谐图与加权平均图

粒状，长、短轴长度均为 90～350 μm，震荡环带清晰(图 4-23)，锆石的 Th/U 比值为 0.21～0.56，平均值为 0.41(>0.1)(表 4-9)，为典型的岩浆成因锆石[194-197]。该样品共测得 12 颗锆石颗粒，所有测点均位于谐和线上或其附近(图 4-24)，^{206}Pb/^{238}U 年龄变化于 163.1 Ma 至 176.4 Ma，加权平均年龄为(172.1±1.3) Ma(MSWD=0.53)。

表 4-9 张广才岭南段中侏罗世似斑状中细粒二长花岗岩 SHIAMP 锆石 U-Pb 同位素分析结果

测试点	Th	U	Pb	Th/U	同位素比值						U-Pb 年龄/Ma					
					^{206}Pb/^{238}U	±%	^{207}Pb/^{206}Pb	±%	^{207}Pb/^{235}U	±%	^{206}Pb/^{238}U	±1σ	^{207}Pb/^{206}Pb	±1σ	^{208}Pb/^{232}Th	±1σ
RT07-2	42	177	4	0.25	0.027 33	1.4	0.041 8	12.0	0.158 0	12.0	173.8	2.4	238.0	310.0	118.0	26.0
RT07-4	152	505	12	0.31	0.027 02	1.0	0.046 7	5.2	0.174 2	5.3	171.9	1.7	36.0	130.0	149.5	8.4
RT07-5	546	2 609	57	0.22	0.025 63	0.8	0.050 1	1.5	0.177 1	1.7	163.1	1.3	201.0	34.0	170.4	5.4
RT07-6	108	309	7	0.36	0.027 74	1.1	0.050 9	4.1	0.194 5	4.2	176.4	1.8	235.0	95.0	186.5	7.0
RT07-8	199	514	12	0.40	0.027 26	10.0	0.047 8	3.9	0.179 6	4.0	173.4	1.7	88.0	92.0	172.7	5.3
RT07-9	156	289	7	0.56	0.026 82	1.1	0.046 0	8.1	0.170 0	8.1	170.6	1.9	4.0	190.0	166.6	9.5
RT07-11	64	315	7	0.21	0.027 25	1.2	0.051 3	5.0	0.192 9	5.1	173.3	2.1	256.0	110.0	181.0	13.0
RT07-12	268	1 038	24	0.27	0.026 85	0.9	0.046 4	3.8	0.171 9	3.9	170.8	1.5	20.0	91.0	151.8	8.1
RT07-13	307	667	15	0.47	0.026 26	1.0	0.047 3	5.3	0.171 1	5.4	167.1	1.6	62.0	130.0	96.2	6.8
RT07-14	114	217	5	0.54	0.026 93	1.2	0.047 2	9.1	0.175 0	9.1	171.3	2.1	61.0	220.0	168.0	11.0
RT07-15	515	1 437	34	0.37	0.027 25	0.8	0.051 1	1.8	0.192 0	2.0	173.3	1.4	245.0	42.0	115.9	2.0
RT07-16	771	2 929	65	0.27	0.025 70	0.8	0.049 0	3.2	0.173 7	3.3	163.6	1.3	149.0	75.0	157.6	5.2

(4) 似斑状中粗粒二长花岗岩

似斑状中粗粒二长花岗岩(RT-02、RT-03、RT-12)采自仇家沟采石场及新开村至五滴村一带，测年样品(RT-02、RT-03、RT-12)的 SHRIMP 锆石 U-Pb 测试结果见表 4-10。

似斑状中粗粒二长花岗岩(RT-02)的锆石自形程度相对较高，为半自形～自形粒状，长、短轴长度均为 90～360 μm，震荡环带清晰(图 4-25)，锆石的 Th/U 比值为 0.25～0.96，平

图 4-23 中侏罗世似斑状中细粒二长花岗岩(RT-07)锆石阴极发光图

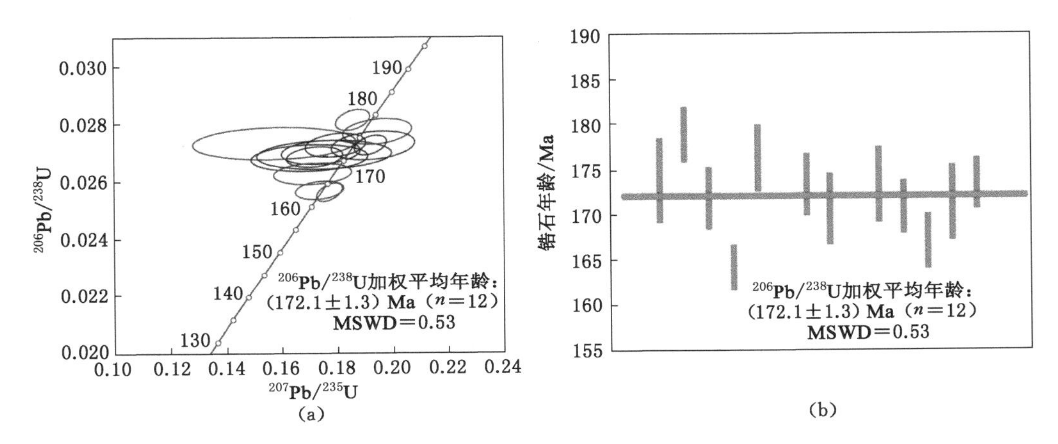

图 4-24 中侏罗世似斑状中细粒二长花岗岩(RT-07)锆石 U-Pb 年龄和谐图与加权平均图

均值为 0.44(>0.1)(表 4-10)，为典型的岩浆成因锆石[194-197]。该样品共测得 12 颗锆石颗粒，所有测点均位于谐和线上或其附近(图 4-26)，$^{206}Pb/^{238}U$ 年龄变化于 170.5 Ma 至 175.0 Ma，加权平均年龄为(172.1±1.2) Ma(MSWD=0.65)。

表 4-10 张广才岭南段中侏罗世似斑状中粗粒二长花岗岩 SHIAMP 锆石 U-Pb 同位素分析结果

测试点	Th	U	Pb	Th/U	同位素比值						U-Pb 年龄/Ma					
					$^{206}Pb/^{238}U$	±%	$^{207}Pb/^{206}Pb$	±%	$^{207}Pb/^{235}U$	±%	$^{206}Pb/^{238}U$	±1σ	$^{207}Pb/^{206}Pb$	±1σ	$^{208}Pb/^{232}Th$	±1σ
RT02-1	581	1 335	31	0.45	0.026 73	1.2	0.048 6	2.3	0.179 3	2.6	170.0	2.0	131.0	53.0	163.7	3.8
RT02-2	223	910	21	0.25	0.027 13	1.2	0.049 5	1.6	0.185 3	2.0	172.5	2.0	173.0	38.0	171.3	5.0
RT02-3	320	500	12	0.66	0.027 26	1.2	0.050 7	2.8	0.190 4	3.1	173.4	2.1	226.0	66.0	168.5	3.9
RT02-4	228	723	17	0.33	0.027 29	1.2	0.050 5	2.6	0.190 0	2.9	173.6	2.1	217.0	61.0	179.9	4.8
RT02-5	417	1 001	23	0.43	0.026 92	1.2	0.047 8	2.1	0.177 4	2.4	171.2	2.0	89.0	50.0	166.1	3.4
RT02-6	444	986	23	0.46	0.026 83	1.2	0.050 6	1.6	0.187 0	2.0	170.7	2.0	220.0	36.0	169.3	3.0
RT02-7	525	567	13	0.96	0.026 72	1.2	0.050 8	2.1	0.187 3	2.4	170.0	2.1	233.0	49.0	163.0	2.9
RT02-8	352	951	23	0.38	0.027 53	1.2	0.048 1	1.8	0.182 7	2.1	175.1	2.0	105.0	42.0	176.1	3.6
RT02-9	290	818	19	0.37	0.027 02	1.2	0.050 9	1.9	0.189 7	2.2	171.9	2.0	237.0	43.0	163.5	3.9

表 4-10(续)

测试点	Th	U	Pb	Th/U	同位素比值						U-Pb 年龄/Ma					
					$^{206}Pb/^{238}U$	±%	$^{207}Pb/^{206}Pb$	±%	$^{207}Pb/^{235}U$	±%	$^{206}Pb/^{238}U$	±1σ	$^{207}Pb/^{206}Pb$	±1σ	$^{208}Pb/^{232}Th$	±1σ
RT02-10	217	669	16	0.33	0.027 07	1.2	0.050 0	2.9	0.186 7	3.2	172.2	2.1	195.0	68.0	165.5	6.0
RT02-11	254	858	20	0.31	0.026 96	1.2	0.050 0	2.1	0.185 9	2.4	171.5	2.0	195.0	48.0	173.0	4.7
RT02-12	304	842	20	0.37	0.027 44	1.3	0.050 2	3.7	0.190 0	3.9	174.5	2.3	204.0	86.0	169.4	7.3
RT03-1	337	831	19	0.42	0.026 76	1.4	0.047 9	3.1	0.176 8	3.4	170.2	2.4	96.0	74.0	158.9	5.3
RT03-2	348	991	23	0.36	0.027 09	1.2	0.050 6	1.5	0.189 1	1.9	172.3	2.0	225.0	35.0	170.3	3.2
RT03-3	367	768	18	0.49	0.027 44	1.2	0.050 9	2.5	0.192 7	2.8	174.5	2.1	237.0	58.0	176.3	4.3
RT03-4	267	897	21	0.31	0.027 27	1.2	0.050 5	2.0	0.189 9	2.3	173.5	2.0	218.0	46.0	170.6	4.5
RT03-5	201	511	12	0.41	0.027 46	1.3	0.049 1	5.6	0.186 0	5.8	174.7	2.2	153.0	130.0	161.3	9.8
RT03-6	185	393	9	0.48	0.027 44	1.3	0.048 2	5.8	0.182 0	6.0	174.5	2.2	109.0	140.0	167.0	8.5
RT03-7	464	967	23	0.50	0.027 13	1.2	0.047 8	2.5	0.178 8	2.8	172.6	2.0	90.0	60.0	161.0	3.9
RT03-8	264	869	20	0.31	0.026 91	1.2	0.049 2	1.7	0.182 7	2.1	171.2	2.0	159.0	40.0	162.7	4.6
RT03-9	633	1 321	30	0.50	0.026 69	1.2	0.049 8	1.5	0.183 3	1.9	169.8	2.0	186.0	34.0	164.6	3.3
RT03-10	182	368	9	0.51	0.027 56	1.5	0.050 0	2.6	0.190 0	3.0	175.2	2.6	196.0	60.0	170.9	4.3
RT03-11	335	917	21	0.38	0.026 95	1.2	0.049 2	2.0	0.182 7	2.3	171.5	2.0	156.0	47.0	167.8	3.9
RT03-12	748	934	21	0.83	0.026 62	1.4	0.049 0	2.0	0.179 8	2.4	169.4	2.3	148.0	48.0	160.0	2.9
RT12-2	58	209	5	0.29	0.025 87	1.4	0.040 0	18.0	0.142 0	18.0	164.6	2.3	354.0	460.0	125.0	32.0
RT12-3	106	269	6	0.41	0.025 11	1.1	0.045 1	6.0	0.156 0	6.1	159.9	1.7	52.0	150.0	154.7	7.2
RT12-4	384	1 294	30	0.31	0.026 97	0.9	0.049 7	1.9	0.184 7	2.1	171.6	1.4	180.0	45.0	173.4	2.9
RT12-5	76	220	5	0.36	0.026 33	1.3	0.047 2	9.6	0.171 0	9.6	167.5	2.2	58.0	230.0	156.0	16.0
RT12-6	261	500	12	0.54	0.027 69	1.0	0.046 6	3.5	0.178 0	3.6	176.1	1.6	30.0	84.0	171.2	3.9
RT12-7	467	739	17	0.65	0.026 00	1.0	0.046 3	4.0	0.166 0	4.1	165.5	1.6	13.0	95.0	161.9	4.1
RT12-8	15	93	2	0.17	0.025 36	1.6	0.042 4	14.0	0.148 0	14.0	161.5	2.6	204.0	360.0	130.0	40.0
RT12-9	210	467	11	0.46	0.026 52	1.0	0.047 4	4.5	0.173 2	4.6	168.8	1.6	68.0	110.0	160.1	5.5
RT12-10	136	371	9	0.38	0.027 26	1.0	0.050 8	4.0	0.191 0	4.1	173.4	1.7	233.0	92.0	173.0	5.7
RT12-11	509	764	18	0.69	0.026 59	0.9	0.049 8	2.9	0.182 5	3.0	169.2	1.5	185.0	68.0	170.4	3.5
RT12-12	180	378	9	0.49	0.027 09	1.0	0.049 9	4.6	0.186 4	4.7	172.3	1.7	191.0	110.0	171.8	5.7

似斑状中粗粒二长花岗岩(RT-03)的锆石自形程度相对较高,为半自形～自形粒状,长、短轴长度均为 100～230 μm,震荡环带清晰(图 4-27),锆石的 Th/U 比值为 0.31～0.83,平均值为 0.46(>0.1)(表 4-10),为典型的岩浆成因锆石[194-197]。该样品共测得 12 颗锆石颗粒,所有测点均位于谐和线上或其附近(图 4-28),$^{206}Pb/^{238}U$ 年龄变化于 170.2 Ma

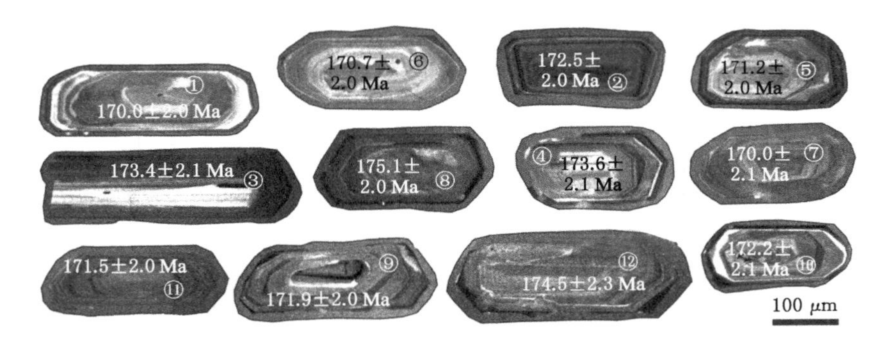

图 4-25　中侏罗世似斑状中粗粒二长花岗岩(RT-02)锆石阴极发光图

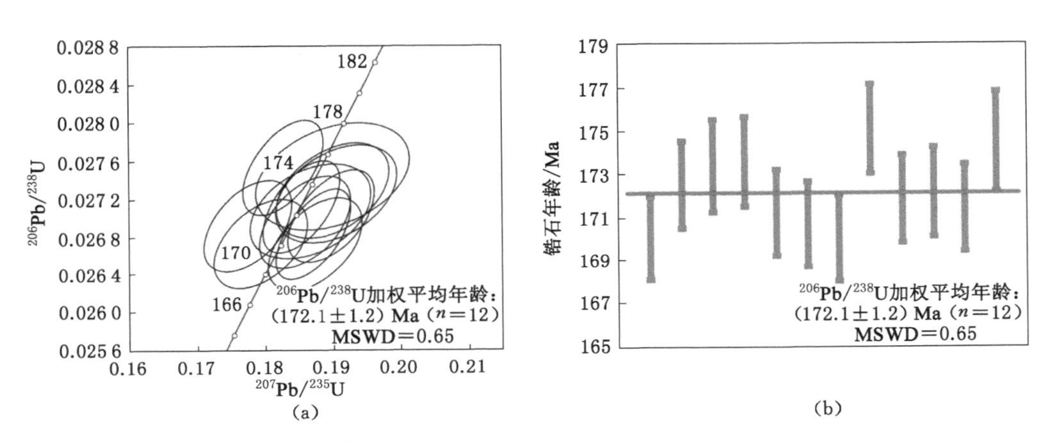

图 4-26　中侏罗世似斑状中粗粒二长花岗岩(RT-02)锆石 U-Pb 年龄和谐图与加权平均图

至 175.6 Ma,加权平均年龄为(172.4±1.2) Ma(MSWD=0.85)。

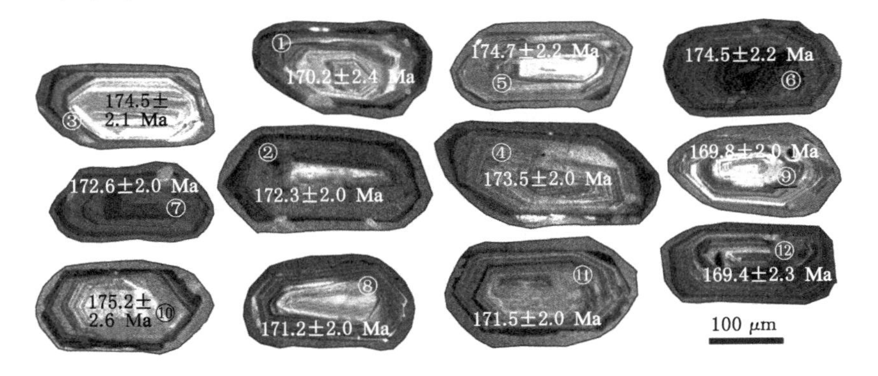

图 4-27　中侏罗世似斑状中粗粒二长花岗岩(RT-03)锆石阴极发光图

似斑状中粗粒二长花岗岩(RT-12)的锆石自形程度相对较高,为半自形～自形粒状,长、短轴长度均为 90～330 μm,震荡环带清晰(图 4-29),锆石的 Th/U 比值为 0.17～0.69,平均值为 0.43(>0.1)(表 4-10),为典型的岩浆成因锆石[194-197]。该样品共测得 12 颗锆石颗粒,所有测点均位于谐和线上或其附近(图 4-30),^{206}Pb/^{238}U 年龄变化于 159.9 Ma 至 176.1 Ma,加权平均年龄为(172.2±1.7) Ma(MSWD=0.22)。

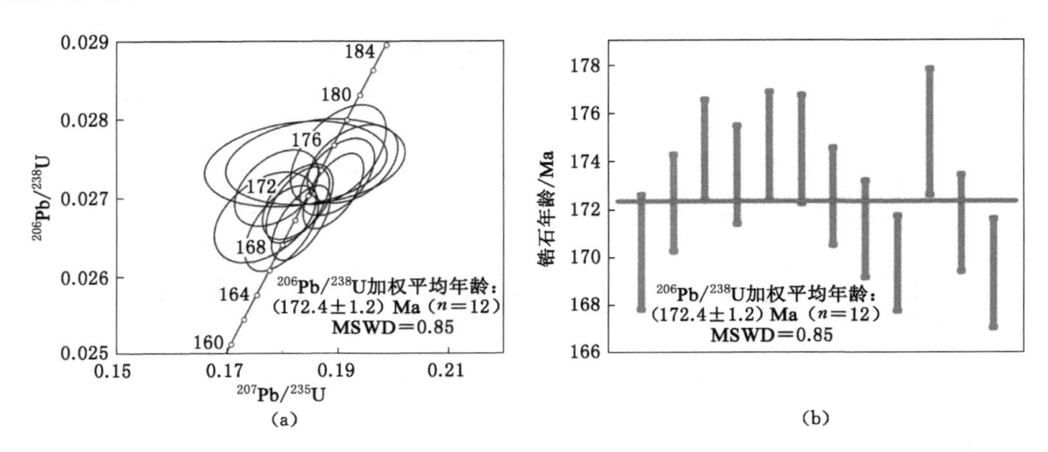

图 4-28　中侏罗世似斑状中粗粒二长花岗岩(RT-03)锆石 U-Pb 年龄和谐图和加权平均图

表 4-11　张广才岭南段中细粒花岗闪长岩中含斑细粒闪长岩包体 SHIAMP 锆石 U-Pb 同位素分析结果

测试点	Th	U	Pb	Th/U	同位素比值						U-Pb 年龄/Ma					
					^{206}Pb/^{238}U	±%	^{207}Pb/^{206}Pb	±%	^{207}Pb/^{235}U	±%	^{206}Pb/^{238}U	±1σ	^{207}Pb/^{206}Pb	±1σ	^{207}Pb/^{235}U	±1σ
RZ15-1	175	393	12	0.44	0.029 1	0.000 4	0.050 5	0.001 1	0.202 7	0.004 9	185.0	2.4	217.9	49.2	187.4	4.5
RZ15-2	249	543	16	0.46	0.028 2	0.000 5	0.053 3	0.001 2	0.207 7	0.005 8	179.6	3.2	343.3	51.8	191.7	5.4
RZ15-3	184	473	14	0.39	0.028 1	0.000 4	0.050 4	0.001 6	0.195 3	0.007 6	178.8	2.8	212.2	72.9	181.2	7.1
RZ15-4	182	444	13	0.41	0.028 5	0.000 3	0.052 2	0.000 9	0.204 8	0.004 0	181.0	2.1	292.7	41.5	189.1	3.7
RZ15-5	363	613	20	0.59	0.026 8	0.000 3	0.054 5	0.001 6	0.201 4	0.007 1	170.5	1.9	391.5	67.0	186.3	6.6
RZ15-6	117	255	8	0.46	0.027 6	0.000 3	0.052 1	0.001 9	0.198 4	0.009 0	175.6	2.2	290.0	82.3	183.8	8.3
RZ15-7	81	187	6	0.43	0.028 4	0.000 6	0.050 8	0.001 4	0.196 8	0.005 9	180.7	3.6	232.0	65.5	182.4	5.5
RZ15-8	463	1 527	48	0.30	0.029 6	0.000 3	0.050 6	0.001 0	0.207 0	0.004 7	188.3	2.0	224.6	46.5	191.0	4.3
RZ15-9	165	444	13	0.37	0.028 6	0.000 3	0.053 1	0.001 1	0.209 6	0.004 4	181.9	1.7	334.3	46.7	193.2	4.0
RZ15-11	250	598	18	0.42	0.028 8	0.000 4	0.052 2	0.001 0	0.207 3	0.004 2	183.1	2.2	293.6	42.6	191.3	3.9
RZ15-12	174	401	13	0.43	0.031 1	0.000 5	0.052 8	0.001 0	0.225 6	0.005 2	197.5	3.5	318.7	43.4	206.6	4.8
RZ15-14	137	374	11	0.36	0.028 7	0.000 5	0.052 0	0.001 2	0.205 9	0.005 9	182.5	3.2	284.9	52.7	190.1	5.4
RZ15-15	160	377	13	0.43	0.029 1	0.000 4	0.093 5	0.002 6	0.375 2	0.011 4	184.7	2.2	1 498.8	52.1	323.5	9.9
RZ15-16	137	405	12	0.34	0.028 9	0.000 4	0.051 1	0.001 1	0.203 7	0.005 1	183.7	2.4	245.7	48.9	188.2	4.7
RZ15-17	235	511	16	0.46	0.028 7	0.000 5	0.052 3	0.001 6	0.207 1	0.007 6	182.4	3.0	300.3	68.5	191.1	7.0
RZ15-19	177	370	11	0.48	0.028 6	0.000 4	0.051 3	0.001 0	0.202 8	0.004 8	182.0	2.6	253.2	46.9	187.5	4.4
RZ15-20	168	406	12	0.41	0.028 2	0.000 4	0.051 6	0.001 1	0.201 3	0.004 7	179.4	2.4	268.2	48.2	186.3	4.4
RZ15-21	81	185	5	0.44	0.028 0	0.000 4	0.051 4	0.001 7	0.198 6	0.006 3	178.2	2.6	257.8	75.9	183.9	5.9
RZ15-22	281	640	19	0.44	0.028 3	0.000 3	0.053 4	0.000 9	0.208 9	0.003 6	179.9	1.8	344.6	37.0	192.6	3.3
RZ15-23	215	480	15	0.45	0.028 2	0.000 3	0.053 7	0.001 3	0.208 9	0.005 3	179.5	2.0	356.6	55.2	192.6	4.9
RZ15-24	141	342	10	0.41	0.027 7	0.000 3	0.048 1	0.001 1	0.184 0	0.004 3	176.4	2.0	105.4	56.0	171.5	4.0
RZ15-25	153	423	12	0.36	0.028 3	0.000 3	0.049 2	0.000 9	0.192 6	0.003 6	180.1	2.0	158.9	44.5	178.9	3.3

表 4-11(续)

测试点	Th	U	Pb	Th/U	同位素比值						U-Pb 年龄/Ma					
					$^{206}Pb/^{238}U$	±%	$^{207}Pb/^{206}Pb$	±%	$^{207}Pb/^{235}U$	±%	$^{206}Pb/^{238}U$	±1σ	$^{207}Pb/^{206}Pb$	±1σ	$^{207}Pb/^{235}U$	±1σ
RZ15-26	336	844	25	0.40	0.028 4	0.000 3	0.051 7	0.001 0	0.202 7	0.003 9	180.7	1.6	273.4	46.2	187.4	3.6
RZ15-27	158	425	13	0.37	0.028 6	0.000 3	0.051 8	0.002 0	0.203 7	0.009 2	181.5	1.9	274.4	90.6	188.3	8.5
RZ15-28	430	838	26	0.51	0.028 7	0.000 2	0.051 4	0.000 8	0.203 2	0.003 3	182.2	1.4	258.6	36.7	187.8	3.1
RZ15-29	179	408	12	0.44	0.028 4	0.000 2	0.049 0	0.000 8	0.192 8	0.003 4	180.8	1.5	145.6	39.1	179.0	3.2
RZ15-30	190	472	15	0.40	0.029 8	0.000 3	0.049 9	0.001 0	0.205 1	0.004 1	189.2	1.6	191.4	45.9	189.4	3.8

图 4-29 中侏罗世似斑状中粗粒二长花岗岩(RT-12)锆石阴极发光图

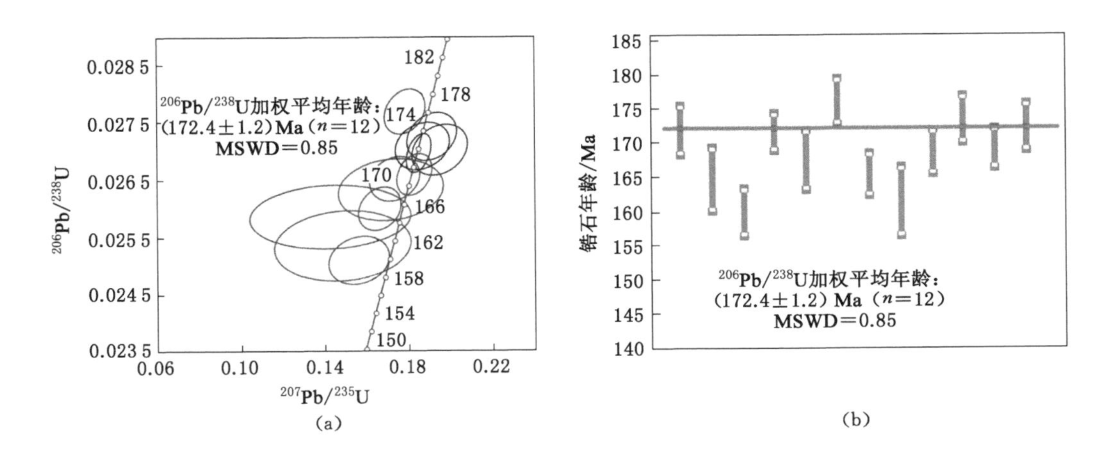

图 4-30 中侏罗世似斑状中粗粒二长花岗岩(RT-12)锆石 U-Pb 年龄和谐图和加权平均图

4.2.3 中侏罗世侵入岩中镁铁质包体年代学

本书选取最有代表性的中细粒花岗闪长岩中镁铁质包体进行研究,镁铁质包体岩性为含斑细粒闪长岩。中细粒花岗闪长岩中含斑细粒闪长岩包体采自向阳村一带,经人工重砂挑选,从阴极发光图像来看,锆石自形程度相对较高,为半自形～自形,长柱状或短柱状,长、短轴长度均为 80～200 μm，震荡环带清晰(图 4-31)，锆石的 Th/U 比值为 0.30～0.59，平均值为 0.43(＞0.1)(表 4-11)，为典型的岩浆成因锆石[194-197]。该样品共测得 28 颗锆石颗粒，所有测点均位于谐和线上或其附近(图 4-32)，$^{206}Pb/^{238}U$ 年龄变化于 170.5 Ma 至 197.5 Ma，加权平均年龄为(182.0±1.3) Ma(MSWD＝2.0)，属于早侏罗世，与寄主岩体中细粒花岗闪长岩年龄[(168.1±1.6) Ma]相比，包体形成时代明显早于寄主岩体。

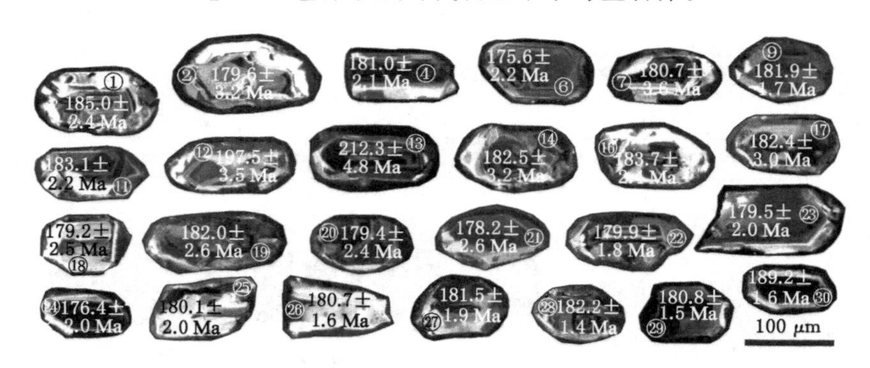

图 4-31　中细粒花岗闪长岩中含斑细粒闪长岩包体(RT-15)锆石阴极发光图

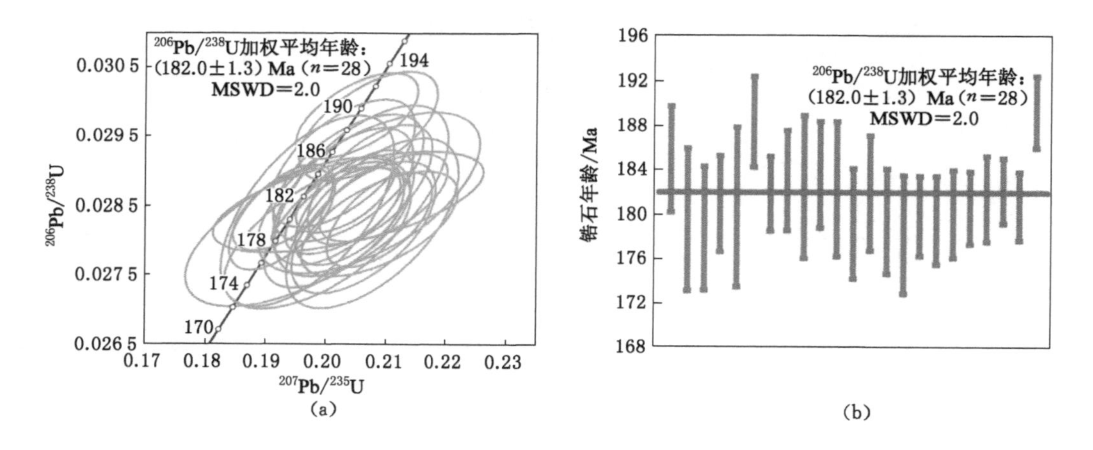

图 4-32　中细粒花岗闪长岩中含斑细粒闪长岩包体(RT-15)的锆石 U-Pb 年龄和谐图和加权平均图

4.3　本章小结

作者对张广才岭南段中生代 10 个侵入体和 1 个镁铁质包体共计 16 个样品进行 SHRIMP 锆石 U-Pb 同位素测试，测试结果如下：

(1) 早侏罗世 6 个侵入岩单元的形成时代分别为：中粒二长花岗岩的加权平均年龄(178.7±1.3) Ma 和(177.7±1.1) Ma，中粗粒二长花岗岩的加权平均年龄为(180.0±1.8) Ma、(177.1±1.1) Ma 和(179.6±1.2) Ma，似斑状中粗粒花岗闪长岩的加权平均年龄为(186.9±1.3) Ma，中细粒二长花岗岩的加权平均年龄为(176.4±1.1) Ma，中细粒花岗闪长岩的加权平均年龄为(181.6±1.1) Ma，中细粒闪长岩的加权平均年龄为(190.3±

5.9) Ma。

(2) 中侏罗世 4 个侵入岩单元的形成时代分别为:细粒碱长花岗岩样品的加权平均年龄为(170.3±1.8) Ma,中细粒花岗闪长岩的加权平均年龄为(168.1±1.6) Ma,似斑状中细粒二长花岗岩的加权平均年龄为(172.1±1.3) Ma,似斑状中粗粒二长花岗岩的加权平均年龄为(172.1±1.2) Ma、(172.4±1.2) Ma 和(172.2±1.7) Ma。

(3) 中细粒花岗闪长岩中含斑细粒闪长岩包体的加权平均年龄为(182.0±1.3) Ma,形成于早侏罗世,与寄主中细粒花岗闪长岩年龄[(168.1±1.6) Ma]相比,包体形成时代明显早于寄主岩体。

5 中生代花岗岩地球化学特征

根据花岗岩的岩石组合、岩石地球化学特征、物质来源、演化方式，可以判断其形成时的构造背景。基于此，本书对张广才岭南段花岗岩进行了岩石地球化学特征研究，分析花岗岩岩石组合及成因类型，分析岩浆形成环境，探讨花岗岩形成的动力学背景。

5.1 分析方法

本书对张广才岭南段中生代10个具有代表性的花岗质岩体进行了岩石地球化学研究。挑选新鲜无蚀变的花岗岩样品用玛瑙钵捣碎至60～80目，此后将粉末放到自动研磨机中磨至200目，然后将样品装入小纸袋进行主微量元素测试，研磨过程中应尽量避免样品间的交叉污染。所有的花岗岩样品的主微量元素和稀土元素测试工作均在化工地质矿山第三实验室完成。

（1）主量元素

主量元素在火成岩的分类命名中应用普遍，主量元素可以构筑协变图解，通过在协变图解上反映的元素间的关系可以推测岩石形成的可能地球化学过程[197-198]。火山岩中主量元素的特征是研究岩浆起源、演化机理和制约岩浆形成环境的重要因素。根据主量元素的含量可以进行系列划分，同时可以根据主量元素氧化物含量的变化来研究岩浆的起源以及岩浆上升过程中所经历的各种变化[199-200]。采用高压密封消解ICP-MS法，在美国热电公司XSeries Ⅱ等离子体质谱仪上，对岩石进行微量元素分析。准确称取0.1 g样品并置于消解罐中，加入1 mL氢氟酸、1 mL浓硝酸，将消解罐置于烘箱中加热，升温至180 ℃保持10～12 h，取出消解罐敞开并置于电热板上120 ℃加热，当消解液剩下2～3 mL时升温至240 ℃，复溶后用0.5%的稀硝酸定容至刻度待测。对样品处理全流程空白进行12次测定，利用3倍标准偏差计算各元素的方法检出限，分析偏差均小于5%。

（2）微量元素

微量元素在岩石中含量较低，主要呈类质同象占据矿物晶格内化学性质相近的其他元素位置。但是通过对岩石中微量元素分布、含量、组合及迁移、变化等特征进行研究，可以划分岩石类型，分析岩石形成的物理化学条件和构造背景，探讨岩浆的形成机制和演化规律[197,201]，并有助于恢复其形成时的大地构造环境[197-198]。火山岩中的各类微量元素丰度变化指示着岩浆源区的性质，同时也反映了岩浆在上升过程中所经历的分离结晶作用、同化混染作用以及岩浆混合作用[202]。对于矿石微量元素的分析，我们采用高压密封罐消解ICP-MS法。高压密封罐消解法与传统的酸溶法、碱溶法相比，具有试剂消耗少、分解完全、环境污染低等优点，对ICP-MS配套分析来讲其突出优点是能够有效降低试剂空白及环境干扰带来的空白，这对于通常需要稀释500～1 000倍的ICP-MS前处理方法来讲是十分重要的[197]。

首先利用标样考察了取样量的影响(0.05 g,0.1 g),大部分元素在2种取样量下都可以得到满意的回收率,只有Cs、U元素回收率随取样量减少而增加,说明溶解效果增强,所以本次实验称样量选择0.05 g。然后考察了不同酸体系的影响,分别加1 mL HF+1 mL HNO_3+1 mL H_2SO_4,2 mL HF+2 mL HNO_3,1 mL HF+1 mL HNO_3+1 mL $HClO_4$,1 mL HF+1 mL HNO_3,各种加酸条件下的结果并无显著差别,考虑到试剂空白、环保、多原子离子干扰及硫酸盐易形成沉淀等问题,确定加酸体系为1 mL HF+1 mL HNO_3。

实验方法:准确称取0.1 g样品置于消解罐中,加入1 mL氢氟酸和1 mL浓硝酸。将消解罐置于烘箱中加热,升温至180 ℃保持10~12 h,取出消解罐敞开置于电热板上120 ℃加热,当消解液剩下2~3 mL时升温至240 ℃,复溶后用0.5%的稀硝酸定容至刻度待测。

采用美国热电公司Xseries Ⅱ等离子体质谱仪进行测试。对样品处理全流程空白进行12次测定,利用3倍标准偏差计算各元素的方法检出限。利用水系、岩石和土壤的8个标准样品,进行12次重复测定来确定方法的准确度和精密度。方法准确度满足地质行业规范《地质矿产实验室测试质量管理规范》(DZ/T 0130—2006)的要求,方法精密度均小于10%,合格率大于95%。

5.2 早侏罗世花岗岩地球化学特征

5.2.1 中粒二长花岗岩地球化学特征

中粒二长花岗岩地球化学样品采至二人班一带及龙头山采石场一带,共采集岩石地球化学样品13件,测试分析数据见表5-1。13件中粒二长花岗岩样品的SiO_2含量在71.58%~77.56%之间(平均值为75.83%),Al_2O_3含量为10.84%~13.11%(平均值为11.92%),Na_2O含量为2.80%~3.43%(平均值为3.14%),K_2O含量为3.74%~4.32%(平均值为3.96%),碱(Na_2O+K_2O)总量为6.55%~7.75%(平均值为7.10%),K_2O/Na_2O(物质的量比值,下同)为1.21~1.34(平均值为1.26),A/NK为1.18~1.45(平均值为1.26),A/CNK为1.04~1.20(平均值为1.10),里特曼指数(δ)为1.30~2.10(平均值为1.54),具有较低的MnO、P_2O_5、TiO_2含量。样品在TAS图解中均落入亚碱性花岗岩范围内[图5-1(a)、图5-1(b)],在K_2O-SiO_2图解中落入高钾钙碱系列中[图5-1(c)],在A/NK-ACNK图解中均落入过铝质系列中[图5-1(d)]。由此可知研究区域中粒二长花岗岩属于亚碱性过铝质高钾钙碱系列岩石。

表5-1 张广才岭南段早侏罗世中粒二长花岗岩石地球化学分析结果

样品号	GS13	GS10	GS81	GS15	GS19	GS23	GS39	GS30	GS32	GS35	GS36	GS57	GS40
岩石名称	中粒二长花岗岩												
SiO_2	75.90	75.17	77.56	75.55	75.78	71.58	75.85	76.56	76.75	75.86	76.87	75.86	76.57
Al_2O_3	12.55	12.95	10.84	12.30	11.60	13.11	11.75	11.64	12.36	11.71	10.85	11.73	11.61
Fe_2O_3	1.27	1.40	1.15	1.56	1.46	2.25	1.43	1.38	1.49	1.47	1.34	1.54	1.36
FeO	0.57	0.94	0.62	0.90	0.76	1.35	0.76	0.83	0.74	0.88	0.42	0.80	0.46

表 5-1(续)

样品号	GS13	GS10	GS81	GS15	GS19	GS23	GS39	GS30	GS32	GS35	GS36	GS57	GS40
岩石名称	中粒二长花岗岩												
MgO	0.34	0.35	0.11	0.14	0.12	0.32	0.12	0.10	0.13	0.13	0.12	0.11	0.10
CaO	0.97	1.15	0.67	0.78	0.69	1.12	0.55	0.48	0.71	0.74	0.66	0.53	0.56
Na_2O	2.80	3.04	3.03	3.27	3.17	3.43	3.19	3.10	3.17	3.24	2.95	3.19	3.25
K_2O	3.74	3.79	3.85	3.95	3.92	4.32	4.12	3.94	3.89	3.94	3.88	4.07	4.04
MnO	0.04	0.05	0.05	0.08	0.07	0.06	0.07	0.07	0.05	0.07	0.07	0.06	0.08
P_2O_5	0.01	0.01	0.01	0.02	0.02	0.05	0.02	0.01	0.01	0.01	0.02	0.02	0.01
TiO_2	0.09	0.09	0.08	0.11	0.10	0.23	0.09	0.09	0.12	0.11	0.10	0.10	0.08
烧失量	1.07	0.80	1.36	0.79	1.60	1.53	1.38	1.34	1.04	1.42	2.05	1.27	1.13
总量	99.30	99.70	99.32	99.42	99.29	99.35	99.32	99.53	100.45	99.58	99.32	99.27	99.25
La	17.70	16.14	31.28	41.20	30.30	24.40	20.00	33.90	22.50	32.90	30.10	33.40	31.20
Ce	66.00	40.98	61.01	96.90	60.30	68.30	47.70	73.10	63.50	73.40	72.20	65.70	70.50
Pr	4.83	4.05	6.33	9.34	7.03	5.90	4.85	7.20	5.53	7.04	7.91	10.30	7.45
Nd	19.50	14.09	21.56	31.40	24.00	21.60	17.70	25.90	19.90	24.40	27.70	39.70	27.20
Sm	4.95	3.47	3.87	6.41	5.52	4.92	4.31	5.75	4.65	4.96	6.71	11.16	6.47
Eu	1.23	0.29	0.62	0.83	0.50	0.76	0.78	0.39	0.89	0.68	0.47	0.18	0.61
Gd	4.06	2.70	3.17	5.09	4.16	3.83	1.65	4.54	3.56	3.99	5.01	8.30	5.12
Tb	0.68	0.53	0.56	0.82	0.72	0.65	0.63	0.91	0.63	0.69	0.94	1.73	0.98
Dy	4.31	3.53	3.53	4.98	4.45	4.22	3.73	5.59	3.57	4.20	6.00	11.30	6.41
Ho	0.89	0.78	0.75	1.04	0.94	0.88	0.78	1.19	0.76	0.88	1.26	2.48	1.29
Er	2.42	2.28	2.09	2.81	2.69	2.50	2.17	3.05	2.02	2.56	3.29	7.15	3.49
Tm	0.43	0.46	0.41	0.52	0.52	0.48	0.42	0.55	0.37	0.44	0.60	1.40	0.62
Yb	2.81	3.17	2.36	3.59	3.20	3.07	2.85	3.37	2.42	3.07	3.87	9.27	3.87
Lu	0.41	0.48	0.39	0.51	0.49	0.45	0.40	0.48	0.36	0.46	0.56	1.43	0.57
Y	24.60	22.55	20.78	29.60	26.40	25.60	22.30	29.50	21.10	25.30	33.80	80.10	34.80
Rb	245.55	255.62	352.00	244.00	260.00	269.00	197.00	242.00	204.00	233.00	247.00	188.00	282.00
Ba	80.40	90.60	56.43	89.55	90.78	61.94	84.73	82.29	115.50	88.60	91.90	298.10	53.97
Th	33.74	34.09	48.70	28.90	25.80	36.10	37.80	34.10	37.10	26.20	27.90	28.20	36.20
U	6.43	9.58	14.90	5.16	6.42	6.28	8.59	5.34	4.40	4.24	4.73	3.33	6.01
Nb	10.19	10.08	22.80	16.80	15.30	13.50	14.20	12.20	11.60	10.40	10.90	10.20	8.43
Sr	69.70	84.30	34.26	42.81	35.78	28.06	31.73	34.05	58.49	42.75	36.68	128.50	29.00
Hf	5.56	3.87	83.90	9.00	10.20	58.20	9.35	92.90	73.90	9.93	8.11	74.10	43.00
Ta	2.29	2.20	4.83	2.80	2.36	1.79	1.74	1.48	1.36	1.06	1.11	0.82	0.20
Zr	220.00	253.00	3 186.00	288.00	324.00	1 699.00	306.00	2 755.00	2 178.00	284.00	238.00	2 202.00	1 559.00
δ_{Eu}	0.82	0.28	0.53	0.43	0.31	0.52	0.75	0.23	0.64	0.45	0.24	0.05	0.31
δ_{Ce}	1.69	1.19	0.99	1.15	0.96	1.33	1.13	1.07	1.33	1.11	1.10	0.85	1.08

表 5-1(续)

样品号	GS13	GS10	GS81	GS15	GS19	GS23	GS39	GS30	GS32	GS35	GS36	GS57	GS40
岩石名称	中粒二长花岗岩												
ANK	1.45	1.42	1.18	1.27	1.23	1.27	1.21	1.24	1.31	1.22	1.20	1.21	1.19
ACNK	1.20	1.16	1.04	1.11	1.08	1.06	1.10	1.14	1.15	1.07	1.06	1.10	1.08
LREE	114.21	79.02	124.67	186.08	127.65	125.88	95.34	146.24	116.97	143.38	145.09	160.44	143.43
HREE	16.01	13.93	13.26	19.36	17.17	16.08	12.63	19.68	13.69	16.29	21.53	43.06	22.35
ΣREE	130.22	92.95	137.93	205.44	144.82	141.96	107.97	165.92	130.66	159.67	166.62	203.50	165.78
Zr/Hf	39.57	65.37	37.97	32.00	31.76	29.19	32.73	29.66	29.47	28.60	29.35	29.72	36.26
Rb/Sr	3.52	3.03	10.27	5.70	7.27	9.59	6.21	7.11	3.49	5.45	6.73	1.46	9.72
Nb/Ta	4.45	4.58	4.72	6.00	6.48	7.54	8.16	8.24	8.53	9.81	9.82	12.44	12.15
Y/Nb	2.41	2.24	0.91	1.76	1.73	1.90	1.57	2.42	1.82	2.43	3.10	7.85	4.13
Yb/Ta	1.23	1.44	0.49	1.28	1.36	1.72	1.64	2.28	1.78	2.90	3.49	11.30	19.35

注：主要元素单位为%，稀土与微量元素单位为 10^{-6}。

中粒二长花岗岩样品的轻稀土元素总量(LREE)为 $79.02\times10^{-6}\sim186.06\times10^{-6}$(平均值为 131.42×10^{-6})，重稀土元素总量(HREE)为 $12.63\times10^{-6}\sim43.06\times10^{-6}$(平均值为 18.85×10^{-6})，稀土元素总量(ΣREE)为 $92.95\times10^{-6}\sim205.44\times10^{-6}$(平均值为 150.26×10^{-6})，稀土元素配分模式为轻稀土富集、重稀土亏损的右倾型[图 5-2(a)]。轻、重稀土分馏程度中等，LREE/HREE=3.73～9.61(平均值为 7.41)，$(La/Yb)_N$=2.43～8.94(平均值为 5.71)，重稀土元素相对平坦，$(Gd/Yb)_N$=0.47～1.19，具有较强的铕负异常(δ_{Eu}=0.05～0.82，平均值为 0.43)，无铈异常(δ_{Ce}=0.85～1.69，平均值为 1.15)。微量元素原始地幔标准化蛛网图[图 5-2(b)]中，岩石样品富集 Rb、K、Th、U、Zr、Hf、La、Ce 等元素，相对亏损高场强元素 Ba、Sr、Nb、P、Ti 等。中粒二长花岗岩样品的 Zr/Hf 为 28.60～65.37(平均值为 34.75)，绝大多数比值介于地幔平均值(30.74)与地壳平均值(44.68)之间[196,203]，Rb/Sr 为 1.46～10.27(平均值为 6.12)，均高于上地幔值(0.034)和地壳值(0.35)[196,204]，Nb/Ta 为 4.46～12.44(平均值为 10.23)，低于地幔平均值(17.5)，而与地壳平均值(12.3)接近[196,205]，反映中粒二长花岗岩岩浆可能来源于壳源源区。

5.2.2 中粗粒二长花岗岩地球化学特征

中粗粒二长花岗岩地球化学样品采至烟筒砬子、帽山、神仙洞一带，共采集岩石地球化学样品 17 件，测试分析数据表详见表 5-2。17 件中粗粒二长花岗岩样品的 SiO_2 含量在 71.89%～79.33%之间(平均值为 75.07%)，Al_2O_3 含量为 10.43%～13.94%(平均值为 12.09%)，Na_2O 含量为 2.28%～3.60%(平均值为 3.12%)，K_2O 含量为 3.36%～4.56%(平均值为 3.84%)，碱(Na_2O+K_2O)总量为 5.38%～7.90%(平均值为 6.92%)，K_2O/Na_2O 为 0.97～1.81(平均值为 1.23)，A/NK 在 1.15～1.79 之间(平均值为1.31)，A/CNK 在 1.00～1.32 之间(平均值为 1.10)，里特曼指数(δ)为 0.88～2.06(平均值为 1.52)，具有较低的 MnO、P_2O_5、TiO_2 含量。样品在 TAS 图解中均落入亚碱性花岗岩范围内[图 5-3(a)、图 5-3(b)]，在 K_2O-SiO_2图解中落入高钾钙碱系列中[图 5-3(c)]，在 A/NK-

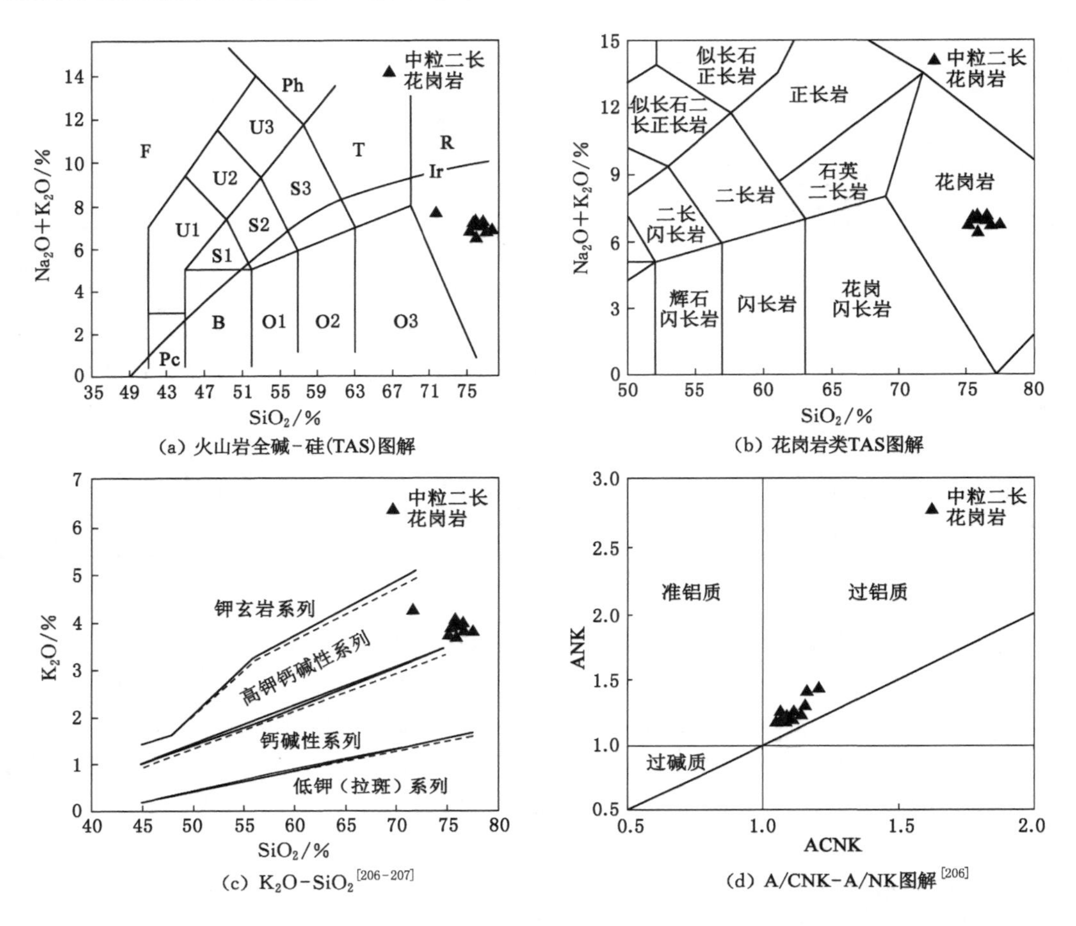

(a) 火山岩全碱-硅(TAS)图解

(b) 花岗岩类TAS图解

(c) K_2O-SiO_2 [206-207]

(d) A/CNK-A/NK图解 [206]

图 5-1 早侏罗世中粒二长花岗岩的火山岩全碱-硅(TAS)图解、花岗岩类 TAS 图解、K_2O-SiO_2 图解、A/CNK-A/NK 图解

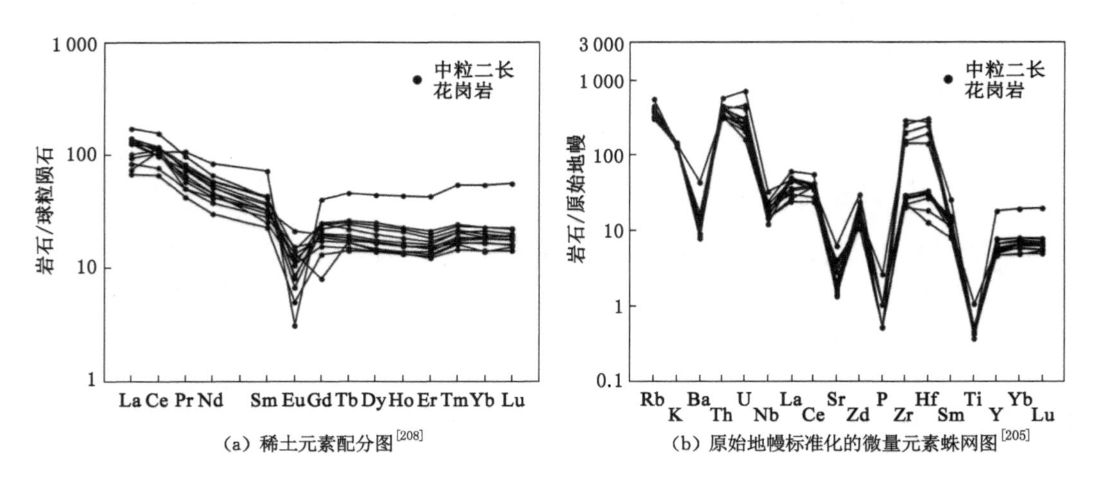

(a) 稀土元素配分图 [208]

(b) 原始地幔标准化的微量元素蛛网图 [205]

图 5-2 早侏罗世中粒二长花岗岩样品球粒陨石标准化的稀土元素配分图及原始地幔标准化的微量元素蛛网图

ACNK 图解中均落入过铝质系列中[图 5-3(d)]。由此可知研究区域中粗粒二长花岗岩属于亚碱性过铝质高钾钙碱系列岩石。

表 5-2　张广才岭南段早侏罗世中粗粒二长花岗岩石地球化学分析结果

样品号	GS49	GS57	GS30	GS001	GS39	GS03	GS2408	GS57	GS5408
岩石名称	中粗粒二长花岗岩								
SiO_2	77.36	71.89	77.72	73.77	74.96	72.98	77.11	75.12	75.66
Al_2O_3	11.37	12.68	11.93	12.68	11.85	12.52	10.43	13.08	11.93
Fe_2O_3	1.08	2.73	1.15	2.08	1.61	2.20	1.95	2.29	1.67
FeO	0.45	1.73	0.50	0.96	0.78	1.62	0.97	1.63	0.76
MgO	0.05	0.39	0.07	0.23	0.12	0.32	0.24	0.49	0.17
CaO	0.40	1.25	0.26	0.84	0.57	1.25	0.94	1.45	0.77
Na_2O	3.31	3.36	3.60	3.34	3.37	3.24	3.00	2.62	3.11
K_2O	3.98	4.12	3.50	3.61	4.39	4.02	3.60	3.36	4.08
MnO	0.05	0.08	0.04	0.06	0.08	0.07	0.06	0.08	0.06
P_2O_5	0.03	0.07	0.01	0.03	0.02	0.05	0.04	0.08	0.04
TiO_2	0.06	0.26	0.11	0.18	0.10	0.20	0.19	0.23	0.13
烧失量	1.38	0.92	0.83	1.64	1.47	1.23	0.82	1.22	1.07
总量	99.51	99.47	99.73	99.41	99.32	99.70	99.35	100.65	99.45
La	17.80	30.20	26.50	22.60	24.50	17.10	13.30	22.30	9.29
Ce	63.10	54.00	77.80	48.40	72.00	55.50	53.60	62.00	31.50
Pr	4.24	6.72	5.06	5.58	4.53	4.30	3.48	4.41	1.71
Nd	14.60	22.90	16.40	19.30	15.40	15.10	13.90	15.20	6.56
Sm	3.40	4.70	2.68	4.30	3.09	3.79	3.90	3.16	1.80
Eu	0.67	0.59	0.27	0.60	0.61	0.33	0.88	0.55	0.29
Gd	2.86	3.60	2.07	3.28	2.51	3.17	3.14	2.45	1.76
Tb	0.49	0.62	0.29	0.58	0.43	0.61	0.58	0.44	0.39
Dy	3.20	3.88	1.52	3.62	2.62	4.40	3.55	2.62	2.84
Ho	0.71	0.81	0.32	0.74	0.56	0.98	0.73	0.58	0.63
Er	2.04	2.39	0.86	2.10	1.54	2.96	2.02	1.58	1.87
Tm	0.39	0.44	0.16	0.38	0.29	0.60	0.37	0.29	0.37
Yb	2.66	3.09	1.06	2.67	1.85	4.22	2.36	1.91	2.63
Lu	0.38	0.47	0.17	0.39	0.28	0.62	0.38	0.31	0.39
Y	19.10	23.00	6.71	20.90	14.60	26.00	20.90	15.30	18.30
Rb	346.00	208.00	112.00	208.00	274.00	262.00	187.00	272.00	215.00
Ba	20.95	297.50	1569.00	223.90	112.40	290.60	228.30	3568.00	146.50
Th	60.60	22.70	11.90	23.60	31.80	31.50	25.40	33.70	41.20
U	17.40	3.59	1.97	2.57	5.71	4.12	2.41	2.92	6.10

表 5-2(续)

样品号	GS49	GS57	GS30	GS001	GS39	GS03	GS2408	GS57	GS5408
岩石名称	中粗粒二长花岗岩								
Nb	29.30	12.70	7.28	21.60	15.80	15.60	10.40	9.78	11.00
Sr	9.70	113.70	6.80	81.74	35.00	122.00	86.38	161.00	63.04
Hf	76.30	13.50	9.82	4.08	52.20	83.30	40.90	4.97	3.64
Ta	2.36	1.07	0.65	1.97	1.45	1.61	1.27	1.25	1.46
Zr	2247.00	436.00	417.00	155.00	1534.00	2509.00	1252.00	236.00	144.00
δ_{Eu}	0.64	0.42	0.34	0.47	0.65	0.28	0.75	0.58	0.49
δ_{Ce}	1.69	0.88	1.52	1.01	1.53	1.52	1.86	1.42	2.27
ANK	1.16	1.27	1.23	1.35	1.15	1.29	1.18	1.79	1.25
ACNK	1.08	1.03	1.17	1.16	1.04	1.05	1.00	1.32	1.09
LREE	103.81	119.11	128.71	100.78	120.13	96.12	89.06	107.62	51.15
HREE	12.73	15.30	6.45	13.76	10.08	17.56	13.13	10.18	10.88
∑REE	116.54	134.41	135.16	114.54	130.21	113.68	102.19	117.80	62.03
Zr/Hf	29.45	32.30	42.46	37.99	29.39	30.12	30.61	46.48	39.56
Rb/Sr	35.67	1.83	16.47	2.54	7.83	2.15	2.16	1.69	3.41
Nb/Ta	12.42	11.87	11.20	10.96	10.90	9.69	8.19	7.82	7.53
Y/Nb	0.65	1.81	0.92	0.97	0.92	1.67	2.01	1.56	1.66
Yb/Ta	1.13	2.89	1.63	1.36	1.28	2.62	1.86	1.53	1.80
SiO_2	72.56	79.33	72.59	75.36	74.37	71.98	79.24	74.23	
Al_2O_3	12.38	10.75	13.28	11.87	13.94	12.25	10.56	11.99	
Fe_2O_3	2.37	1.35	2.22	1.68	1.32	2.88	1.13	2.22	
FeO	1.43	0.85	1.68	0.88	0.68	1.59	0.77	1.37	
MgO	0.57	0.12	0.56	0.23	0.31	0.73	0.06	0.38	
CaO	1.72	0.31	1.64	1.10	1.01	1.82	0.48	1.30	
Na_2O	3.02	2.28	3.58	3.04	3.34	3.04	2.94	2.93	
K_2O	3.49	4.12	4.23	3.80	4.56	3.43	3.50	3.41	
MnO	0.06	0.05	0.08	0.04	0.04	0.08	0.04	0.06	
P_2O_5	0.07	0.01	0.08	0.04	0.01	0.09	0.01	0.07	
TiO_2	0.26	0.09	0.22	0.15	0.04	0.34	0.06	0.22	
烧失量	1.52	0.79	1.14	1.37	0.91	1.13	1.06	1.17	
总量	99.44	100.06	100.30	99.55	100.53	99.37	99.84	99.35	
La	28.00	11.30	24.00	8.65	15.69	20.30	18.60	16.40	
Ce	58.40	46.60	54.50	28.10	36.99	64.00	49.40	48.40	
Pr	6.10	2.77	5.03	2.48	4.02	4.63	4.30	3.80	
Nd	20.40	10.90	17.70	9.31	15.05	15.80	14.80	13.20	
Sm	3.96	2.84	3.69	2.54	3.79	3.61	3.24	2.85	

表 5-2(续)

样品号	GS49	GS57	GS30	GS001	GS39	GS03	GS2408	GS57	GS5408
岩石名称	中粗粒二长花岗岩								
Eu	0.62	0.78	0.33	0.24	0.36	0.52	0.58	0.59	
Gd	3.00	2.48	2.72	1.96	2.72	3.05	2.54	2.28	
Tb	0.47	0.49	0.51	0.42	0.59	0.57	0.47	0.40	
Dy	2.85	3.09	3.08	2.95	3.79	3.65	2.93	2.43	
Ho	0.61	0.66	0.64	0.69	0.82	0.76	0.64	0.51	
Er	1.67	1.86	1.68	2.04	2.29	2.26	1.83	1.48	
Tm	0.31	0.35	0.29	0.40	0.46	0.44	0.36	0.26	
Yb	2.01	2.30	1.78	2.79	2.97	2.94	2.29	1.82	
Lu	0.31	0.34	0.26	0.40	0.44	0.43	0.35	0.27	
Y	16.50	18.80	16.10	19.80	21.82	21.80	17.70	14.20	
Rb	151.00	159.00	251.00	179.00	217.02	152.00	214.00	154.00	
Ba	251.60	337.90	3615.00	177.20	246.00	315.20	112.80	263.00	
Th	19.70	20.40	30.40	21.70	24.00	16.90	21.40	22.20	
U	3.54	2.09	3.22	3.41	4.26	1.42	3.49	1.22	
Nb	10.00	10.40	8.68	9.01	9.19	10.80	9.88	8.74	
Sr	134.70	124.50	175.00	102.40	101.00	191.00	67.86	175.90	
Hf	3.52	75.10	7.06	28.60	3.16	29.90	74.00	49.40	
Ta	1.33	1.40	1.19	1.25	1.51	1.78	1.74	1.66	
Zr	161.00	2420.00	331.00	905.00	195.00	910.00	2377.00	1706.00	
δ_{Eu}	0.53	0.88	0.31	0.32	0.33	0.47	0.60	0.69	
δ_{Ce}	1.03	1.95	1.14	1.44	1.10	1.53	1.28	1.43	
ANK	1.41	1.31	1.27	1.30	1.33	1.40	1.22	1.41	
ACNK	1.04	1.22	1.00	1.07	1.13	1.02	1.11	1.10	
LREE	117.48	75.19	105.25	51.32	75.90	108.86	90.92	85.24	
HREE	11.23	11.57	10.96	11.65	14.08	14.10	11.41	9.45	
∑REE	128.71	86.76	116.21	62.97	89.98	122.96	102.33	94.69	
Zr/Hf	45.74	32.22	46.88	31.64	46.71	30.43	32.12	34.53	
Rb/Sr	1.12	1.28	1.43	1.75	2.15	0.80	3.15	0.88	
Nb/Ta	7.52	7.43	7.29	7.21	6.09	6.07	5.68	5.27	
Y/Nb	1.65	1.81	1.85	2.20	2.37	2.02	1.79	1.62	
Yb/Ta	1.51	1.64	1.50	2.23	1.97	1.65	1.32	1.10	

注：主要元素单位为%，稀土与微量元素单位为 10^{-6}。

中粗粒二长花岗岩样品的轻稀土元素总量(LREE)为 51.15×10^{-6}～128.71×10^{-6}(平均值为 95.51×10^{-6})，重稀土元素总量(HREE)为 6.45×10^{-6}～17.56×10^{-6}(平均值为 12.03×10^{-6})，稀土元素总量(∑REE)为 62.03×10^{-6}～135.16×10^{-6}(平均值为 107.55×

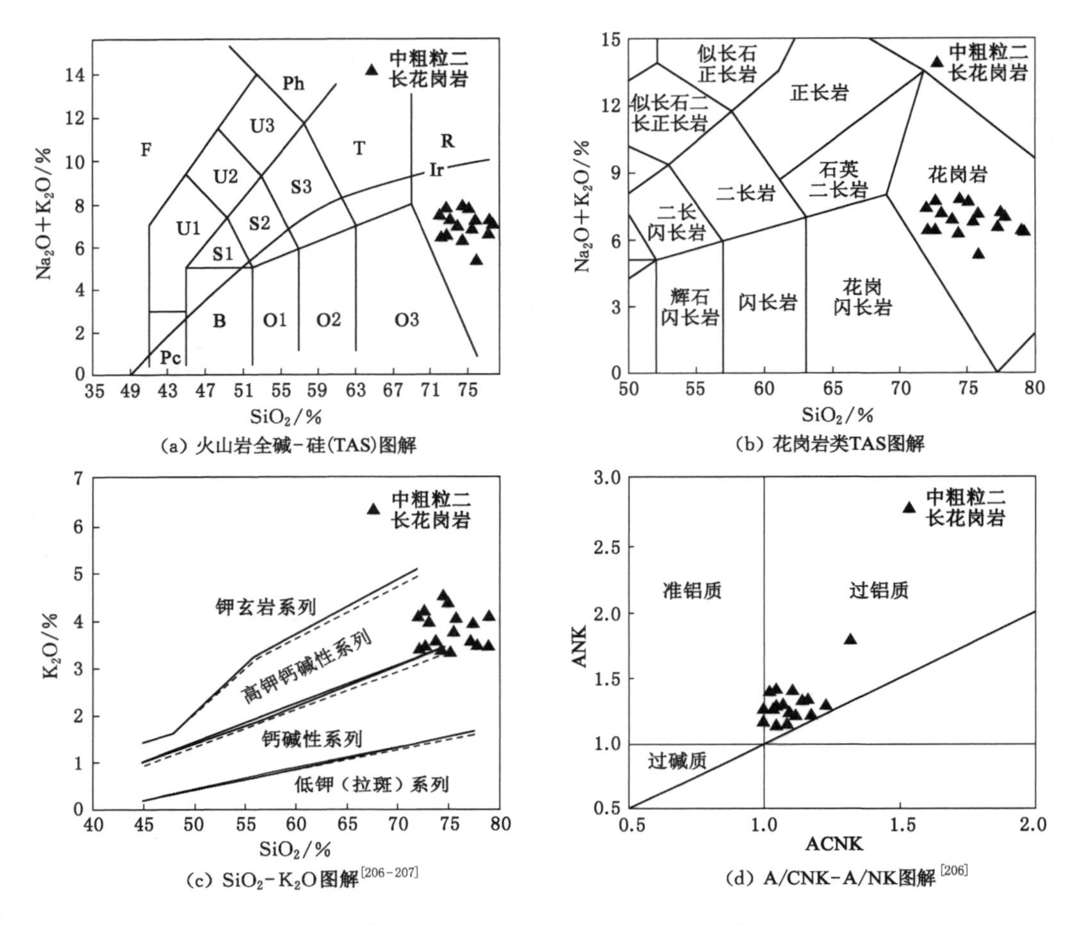

(a) 火山岩全碱-硅(TAS)图解

(b) 花岗岩类TAS图解

(c) SiO_2-K_2O图解[206-207]

(d) A/CNK-A/NK图解[206]

图 5-3 早侏罗世中粗粒二长花岗岩的火山岩全碱-硅(TAS)图解、花岗岩类 TAS 图解、SiO_2-K_2O 图解及 A/CNK-A/NK 图解

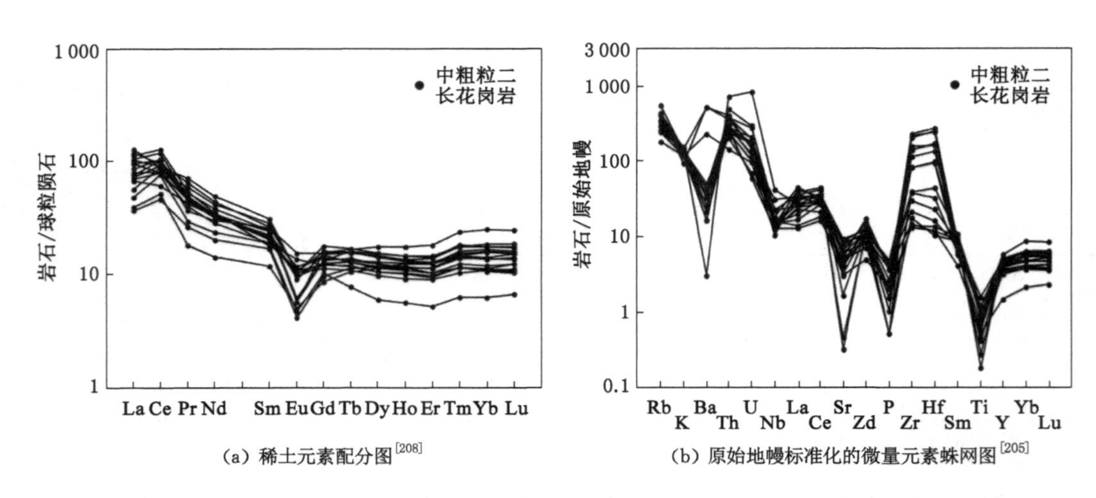

(a) 稀土元素配分图[208]

(b) 原始地幔标准化的微量元素蛛网图[205]

图 5-4 早侏罗世中粗粒二长花岗岩样品球粒陨石标准化的稀土元素配分图及原始地幔标准化的微量元素蛛网图

10^{-6})，稀土元素配分模式为轻稀土富集、重稀土亏损的右倾型[图 5-4(a)]。轻、重稀土分馏程度中等，LREE/HREE=4.41～19.96(平均值为 8.44)，$(La/Yb)_N$=1.61～16.85(平均值为 6.02)，重稀土元素相对平坦，$(Gd/Yb)_N$=0.55～1.58，具有较强的铕负异常(δ_{Eu}=0.28～0.88，平均值为 0.51)，弱的铈正异常(δ_{Ce}=0.88～2.27，平均值为 1.45)。微量元素原始地幔标准化蛛网图中[图 5-4(b)]，岩石样品富集 Rb、K、U、Th、Zr、Hf 等元素，相对亏损高场强元素 Ba、Sr、Nb、P、Ti、Yb 等元素。中粗粒二长花岗岩样品的 Zr/Hf 为29.39～46.88(平均值为 37.33)，绝大多数比值介于地幔平均值(30.74)与地壳平均值(44.68)之间[196,204]，Rb/Sr 为 0.80～35.67(平均值为 5.08)，均高于上地幔值(0.034)和地壳值(0.35)[196,203]，Nb/Ta 为 5.27～12.42(平均值为 8.43)，低于地幔平均值(17.5)，而与地壳平均值(12.3)接近[196,205]，反映中粗粒二长花岗岩岩浆可能来源于壳源源区。

5.2.3　似斑状中粗粒花岗闪长岩地球化学特征

似斑状中粗粒花岗闪长岩地球化学样品采至新安水库、永太村、万发一带，共采集岩石地球化学样品 13 件，测试分析数据详见表 5-3。13 件似斑状中粗粒花岗闪长岩样品的 SiO_2 含量在 66.05%～70.08%之间(平均值为 68.73%)，Al_2O_3 含量为 13.58%～16.28%(平均值为 14.89%)，Na_2O 含量为 3.01%～4.04%(平均值为 3.43%)，K_2O 含量为 3.20%～4.16%(平均值为 3.63%)，碱(Na_2O+K_2O)总量为 6.29%～7.71%(平均值为 7.02%)，K_2O/Na_2O 为 0.82～1.19(平均值为 1.07)，A/NK 比值在 1.31～1.77 之间(平均值为 1.49)，A/CNK 在 1.02～1.14 之间(平均值为 1.06)，里特曼指数(δ)为 1.39～2.39(平均值为 1.83)，具有较低的 MnO、P_2O_5、TiO_2 含量。样品在 TAS 图解中均落入亚碱性花岗闪长岩范围内[图 5-5(a)、图 5-5(b)]，在 K_2O-SiO_2 图解中落入高钾钙碱系列[图 5-5(c)]中，在 A/NK-ACNK 图解中均落入过铝质系列[图 5-5(d)]中。由此可知似斑状中粗粒花岗闪长岩属于亚碱性过铝质高钾钙碱系列岩石。

表 5-3　张广才岭南段早侏罗世似斑状中粗粒花岗闪长岩石地球化学分析结果

样品号	GS27	GS3395	GS001	GS06	GS06	GS04	GS08	GS2399	GS01	GS5330	GS02	GS04	GS0085
岩石名称	似斑状中粗粒花岗闪长岩												
SiO_2	69.55	69.33	69.02	67.62	69.55	69.85	68.87	69.55	66.86	69.35	66.05	67.85	70.08
Al_2O_3	16.11	13.80	15.55	16.28	15.30	13.70	15.47	14.03	15.60	13.58	14.56	14.90	14.63
Fe_2O_3	2.33	2.56	1.93	2.92	2.17	2.80	3.04	2.78	2.88	2.78	3.06	2.98	2.12
FeO	1.59	2.46	1.35	2.29	1.83	2.08	2.28	1.75	2.05	1.66	2.26	0.95	1.64
MgO	0.37	0.65	0.48	1.16	0.52	0.56	1.18	0.70	0.73	0.52	0.82	0.60	0.37
CaO	2.09	1.85	1.97	2.80	1.68	1.58	2.51	2.30	2.38	2.19	2.14	1.93	1.29
Na_2O	3.51	3.24	3.53	3.38	3.21	3.20	3.25	3.01	4.04	3.63	3.60	3.67	3.33
K_2O	3.90	3.20	4.16	3.36	3.82	3.73	3.50	3.28	3.30	3.51	3.62	4.04	3.75
MnO	0.05	0.07	0.07	0.06	0.07	0.07	0.06	0.07	0.08	0.07	0.10	0.08	0.08
P_2O_5	0.04	0.07	0.04	0.05	0.05	0.07	0.06	0.08	0.08	0.07	0.09	0.08	0.05
TiO_2	0.19	0.29	0.19	0.22	0.24	0.26	0.23	0.32	0.33	0.30	0.37	0.34	0.21

表 5-3(续)

样品号	GS27	GS3395	GS001	GS06	GS06	GS04	GS08	GS2399	GS01	GS5330	GS02	GS04	GS0085
岩石名称	似斑状中粗粒花岗闪长岩												
烧失量	0.68	1.80	1.36	0.91	1.36	1.85	1.14	1.61	1.32	1.67	2.61	2.05	1.76
总量	100.34	99.32	99.65	101.05	99.80	99.75	101.59	99.48	99.65	99.33	99.28	99.47	99.31
La	15.96	20.00	16.80	17.52	18.65	17.73	15.88	14.00	22.50	23.90	16.40	14.90	15.10
Ce	31.82	47.70	48.10	33.87	39.00	45.10	51.27	51.00	63.50	57.80	52.30	62.50	44.90
Pr	3.74	4.85	4.18	4.07	2.20	2.25	3.91	3.69	5.53	5.89	4.25	3.78	3.54
Nd	13.81	17.70	16.10	15.81	8.25	8.77	15.40	14.60	19.90	21.00	15.60	14.70	12.00
Sm	2.60	4.31	4.11	3.64	2.55	2.55	3.59	3.86	4.65	5.30	4.34	3.67	2.95
Eu	0.63	0.78	0.80	0.72	0.78	0.57	0.73	0.94	0.89	0.92	0.86	0.85	0.56
Gd	1.97	1.65	3.31	2.57	2.20	2.37	2.93	3.24	3.56	3.96	3.46	2.99	2.62
Tb	0.31	0.63	0.52	0.50	0.43	0.47	0.52	0.56	0.63	0.74	0.63	0.52	0.47
Dy	1.68	3.73	2.95	2.78	2.80	3.08	3.04	3.56	3.57	4.64	3.94	3.45	2.72
Ho	0.34	0.78	0.61	0.58	0.61	0.63	0.61	0.73	0.76	0.98	0.83	0.73	0.58
Er	0.88	2.17	1.66	1.60	1.70	1.82	1.76	2.05	2.02	2.65	2.11	2.02	1.56
Tm	0.15	0.42	0.31	0.28	0.33	0.38	0.32	0.35	0.37	0.51	0.38	0.37	0.28
Yb	1.07	2.85	2.09	1.69	2.24	2.59	1.91	2.32	2.42	3.42	2.53	2.46	1.91
Lu	0.18	0.40	0.25	0.27	0.34	0.39	0.29	0.33	0.36	0.48	0.38	0.36	0.29
Y	9.61	22.30	17.80	16.22	17.80	19.20	17.20	20.30	21.10	28.30	22.10	19.90	15.20
Rb	133.71	147.00	157.00	144.78	158.00	192.00	175.08	153.00	157.00	159.00	194.00	158.00	204.00
Ba	401.50	223.50	396.90	430.00	266.10	212.90	446.00	275.40	242.40	272.70	359.50	409.10	258.40
Th	11.74	14.70	16.50	13.46	14.80	18.70	18.80	14.30	22.20	20.60	16.80	23.30	21.50
U	3.15	3.97	3.62	2.32	1.60	2.86	2.03	1.66	4.33	2.34	2.74	1.91	4.20
Nb	4.14	9.60	6.35	8.04	8.12	9.39	10.19	10.60	11.20	10.60	11.50	10.50	12.90
Sr	215.40	186.00	206.10	287.00	172.70	134.20	295.00	194.20	231.90	163.10	217.10	202.60	124.80
Hf	2.22	75.90	59.10	6.54	85.30	83.30	5.42	29.80	3.96	5.36	114.00	47.90	117.00
Ta	0.98	1.63	0.98	1.20	1.18	1.32	1.43	1.45	1.25	1.14	1.18	0.98	1.03
Zr	91.28	2520.00	1837.00	277.00	2582.00	2442.00	225.00	901.00	125.00	197.00	3361.00	1433.00	3514.00
δ_{Eu}	0.82	0.75	0.64	0.69	0.98	0.70	0.67	0.79	0.64	0.59	0.66	0.76	0.60
δ_{Ce}	0.96	1.13	1.35	0.93	2.10	2.57	1.52	1.67	1.33	1.14	1.48	1.96	1.43
ANK	1.41	1.45	1.41	1.77	1.41	1.36	1.69	1.53	1.53	1.40	1.48	1.43	1.31
ACNK	1.02	1.05	1.05	1.14	1.07	1.04	1.13	1.11	1.07	1.05	1.06	1.07	1.05
LREE	68.56	95.34	90.09	75.63	61.43	66.97	90.78	88.09	116.97	114.81	93.75	100.40	79.05
HREE	6.58	12.63	11.70	10.27	10.65	11.73	11.38	13.14	13.69	17.38	14.26	12.90	10.43
ΣREE	75.14	107.97	101.79	85.90	72.08	78.70	102.16	101.23	130.66	132.19	108.01	113.30	89.48
Zr/Hf	41.12	33.20	31.08	42.35	30.27	29.32	41.51	30.23	31.57	36.75	29.48	29.92	30.03
Rb/Sr	0.62	0.79	0.76	0.50	0.91	1.43	0.59	0.79	0.68	0.97	0.89	0.78	1.63

表 5-3(续)

样品号	GS27	GS3395	GS001	GS06	GS06	GS04	GS08	GS2399	GS01	GS5330	GS02	GS04	GS0085
岩石名称	似斑状中粗粒花岗闪长岩												
Nb/Ta	4.22	5.89	6.48	6.70	6.88	7.11	7.13	7.31	8.96	9.30	9.75	10.71	12.52
Y/Nb	2.32	2.32	2.80	2.02	2.19	2.04	1.69	1.92	1.88	2.67	1.92	1.90	1.18
Yb/Ta	1.09	1.75	2.13	1.41	1.90	1.96	1.34	1.60	1.94	3.00	2.14	2.51	1.85

注：主要元素单位为%，稀土与微量元素单位为 10^{-6}。

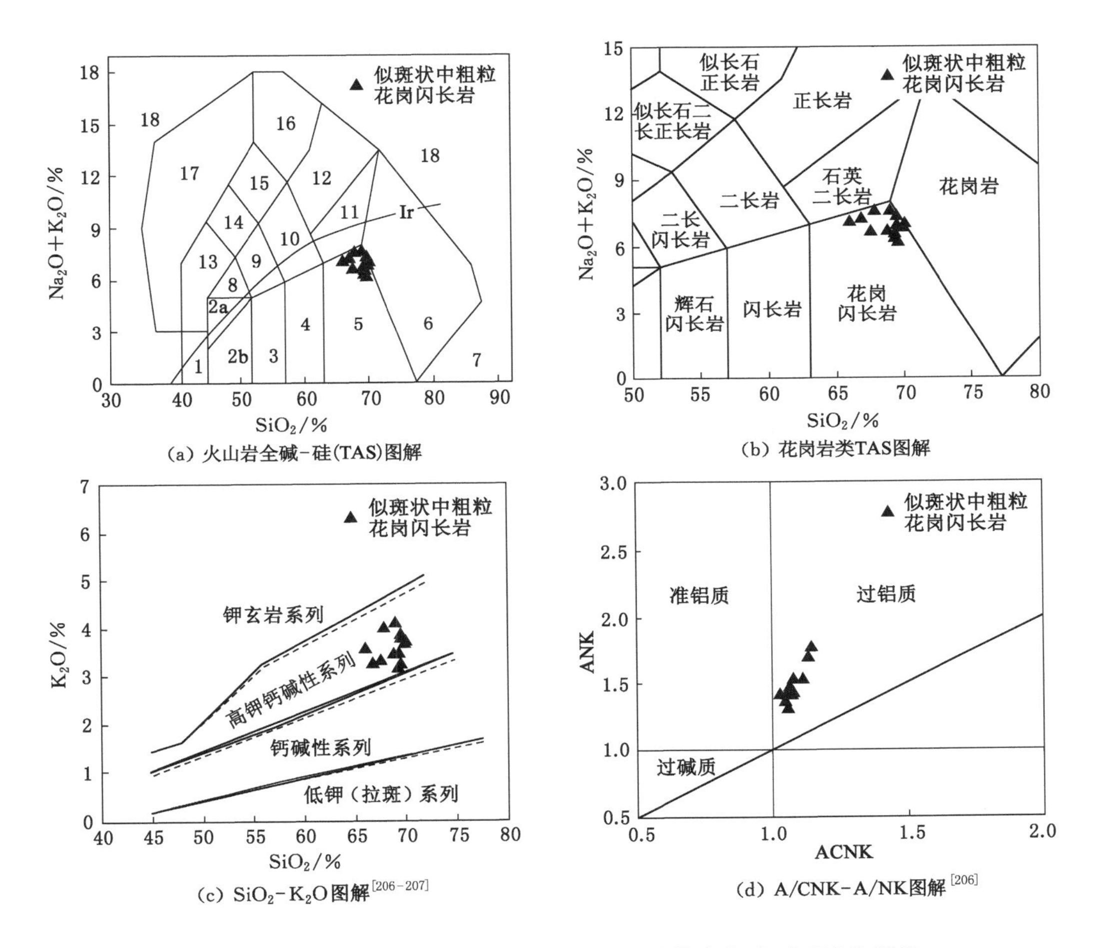

(a) 火山岩全碱-硅(TAS)图解

(b) 花岗岩类TAS图解

(c) SiO_2-K_2O图解[206-207]

(d) A/CNK-A/NK图解[206]

图 5-5 早侏罗世似斑状中粗粒花岗闪长岩的岩浆岩全碱-硅(TAS)图解、花岗岩类 TAS 图解、SiO_2-K_2O 图解及 A/CNK-A/NK 图解

似斑状中粗粒花岗闪长岩样品的轻稀土元素总量(LREE)为 61.43×10^{-6}～116.97×10^{-6}(平均值为 87.84×10^{-6})，重稀土元素总量(HREE)为 6.58×10^{-6}～17.38×10^{-6}(平均值为 12.06×10^{-6})，稀土元素总量(∑REE)为 72.08×10^{-6}～132.19×10^{-6}(平均值为 99.89×10^{-6})，稀土元素配分模式为轻稀土富集、重稀土亏损的右倾型[图 5-6(a)]。轻、重稀土分馏程度较弱，LREE/HREE＝5.71～10.41(平均值为 7.41)，$(La/Yb)_N$＝2.01～

10.06(平均值为5.10),重稀土元素相对平坦,$(Gd/Yb)_N$=0.46~1.49,具有中等铕负异常(δ_{Eu}=0.59~0.98,平均值为0.71),弱的铈正异常(δ_{Ce}=0.93~2.57,平均值为1.51)。微量元素原始地幔标准化蛛网图[图5-6(b)]中,岩石样品富集Rb、K、U、Th、Zr、Hf、Sm等元素,相对亏损高场强元素Ba、Nb、Sr、P、Ti等。似斑状中粗粒花岗闪长岩样品的Zr/Hf为29.32~42.35(平均值为33.60),绝大多数比值介于地幔平均值(30.74)与地壳平均值(44.68)之间[196,203],Rb/Sr为0.50~1.63(平均值为0.87),均高于上地幔值(0.034)和地壳值(0.35)[196,204],Nb/Ta为4.22~12.52(平均值为7.92),低于地幔平均值(17.5),而与地壳平均值(12.3)接近[200,203],反映似斑状中粗粒花岗闪长岩岩浆可能来源于壳源源区。

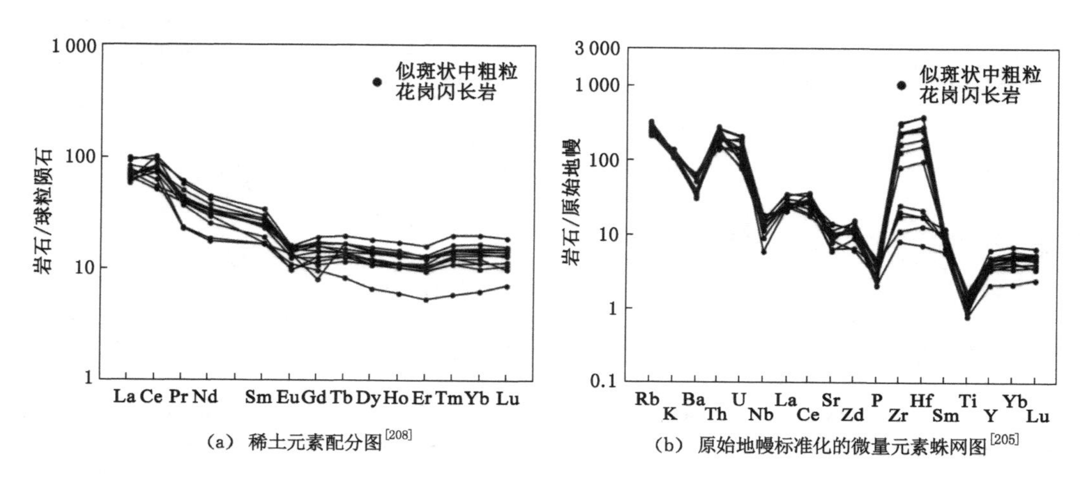

图5-6 早侏罗世似斑状中粗粒花岗闪长岩样品球粒陨石标准化的稀土元素配分图及原始地幔标准化的微量元素蛛网图

5.2.4 中细粒二长花岗岩地球化学特征

中细粒二长花岗岩地球化学样品采至烟筒砬子、二人班、新安水库东侧一带,共采集岩石地球化学样品17件,测试分析数据详见表5-4。17件中细粒二长花岗岩样品的SiO_2含量在70.54%~78.62%之间(平均值为76.75%),Al_2O_3含量为10.37%~13.18%(平均值为11.41%),Na_2O含量为2.56%~3.48%(平均值为3.04%),K_2O含量为3.41%~4.61%(平均值为3.97%),碱(Na_2O+K_2O)总量为6.46%~8.09%(平均值为7.01%),K_2O/Na_2O比值为1.11~1.19(平均值为1.07),A/NK比值在1.08~1.51之间(平均值为1.23),A/CNK为1.00~1.17(平均值为1.07),里特曼指数(δ)为1.17~1.98(平均值为1.46),具有较低的MnO、P_2O_5、TiO_2含量。样品在TAS图解中均落入亚碱性花岗岩范围内[图5-7(a)、图5-7(b)],在K_2O-SiO_2图解中落入高钾钙碱系列中[图5-7(c)],在A/NK-ACNK图解中均落入过铝质系列中[图5-7(d)]。由此可知中细粒二长花岗岩属于亚碱性过铝质高钾钙碱系列岩石。

表 5-4 张广才岭南段早侏罗世中细粒二长花岗岩石地球化学分析结果

样品号	GS05	GS07	GS1403	GS6078	GS6025	GS32	GS5227	GS03	GS7111
岩石名称	中细粒二长花岗岩								
SiO_2	76.12	76.84	77.25	78.25	77.66	77.12	76.85	77.68	71.94
Al_2O_3	12.23	12.00	11.21	10.65	10.67	11.27	10.84	11.21	13.18
Fe_2O_3	1.00	0.87	1.18	1.14	1.21	1.18	1.55	0.97	3.05
FeO	0.46	0.23	0.72	0.46	0.65	0.56	0.88	0.52	1.66
MgO	0.07	0.06	0.10	0.09	0.10	0.08	0.13	0.08	0.87
CaO	0.71	0.68	0.55	0.56	0.57	0.62	0.84	0.67	0.95
Na_2O	3.48	3.06	2.74	2.93	3.35	2.98	2.81	3.16	3.06
K_2O	4.61	4.40	4.11	3.83	4.03	3.81	4.10	4.11	3.41
MnO	0.06	0.04	0.06	0.06	0.06	0.06	0.05	0.06	0.07
P_2O_5	0.01	0.01	0.01	0.01	0.02	0.02	0.43	0.01	0.11
TiO_2	0.08	0.06	0.08	0.07	0.08	0.07	0.10	0.07	0.39
烧失量	1.42	1.41	1.32	1.22	0.88	1.52	0.87	1.05	0.93
总量	100.22	99.66	99.31	99.27	99.28	99.29	99.45	99.58	99.32
La	5.91	6.07	7.11	9.40	14.00	7.68	14.00	5.76	5.76
Ce	25.50	25.30	28.60	38.80	32.90	28.50	49.60	29.70	26.30
Pr	1.80	2.24	2.00	2.90	3.97	2.50	3.97	1.72	1.74
Nd	6.82	8.36	7.13	10.70	14.80	9.07	14.80	6.15	6.57
Sm	1.95	2.58	2.15	3.12	4.07	2.70	4.06	1.62	1.89
Eu	0.14	0.16	0.19	0.18	0.18	0.21	0.37	0.18	0.18
Gd	1.84	2.20	1.90	2.77	3.08	2.42	3.09	1.47	1.78
Tb	0.47	0.53	0.41	0.64	0.63	0.58	0.63	0.31	0.37
Dy	3.61	4.20	3.15	4.60	4.32	4.32	4.30	2.33	2.65
Ho	0.80	0.95	0.73	1.04	0.97	0.98	0.90	0.55	0.59
Er	2.52	2.93	2.24	2.96	2.76	2.81	2.64	1.65	1.76
Tm	0.54	0.61	0.46	0.63	0.56	0.57	0.54	0.36	0.37
Yb	3.68	4.27	3.10	4.31	3.90	3.86	3.41	2.61	2.42
Lu	0.55	0.66	0.50	0.63	0.59	0.60	0.53	0.40	0.39
Y	26.10	27.90	22.60	30.80	27.80	28.00	26.70	17.20	18.20
Rb	242.00	212.00	257.00	240.00	260.00	371.00	240.00	227.00	255.00
Ba	32.07	25.02	53.44	45.00	151.90	44.85	140.20	31.06	50.42
Th	24.40	24.40	27.50	29.90	32.40	42.80	31.10	26.90	30.50
U	5.52	5.79	5.11	6.34	6.93	6.69	3.19	4.90	4.87
Nb	9.43	10.20	10.50	11.70	12.20	10.00	13.70	7.96	9.88
Sr	25.75	23.56	28.43	27.39	31.50	26.18	60.05	24.96	24.55
Hf	47.60	121.00	26.10	42.80	44.80	9.68	45.90	106.00	39.70

表 5-4(续)

样品号	GS05	GS07	GS1403	GS6078	GS6025	GS32	GS5227	GS03	GS7111
岩石名称	中细粒二长花岗岩								
Ta	2.12	2.26	2.31	2.50	2.58	2.02	2.68	1.53	1.88
Zr	1 349.00	3 508.00	801.00	1 381.00	1 360.00	294.00	1 384.00	3 077.00	1 219.00
δ_{Eu}	0.22	0.20	0.28	0.18	0.15	0.25	0.31	0.35	0.30
δ_{Ce}	1.87	1.65	1.80	1.78	1.05	1.56	1.58	2.25	1.98
ANK	1.14	1.22	1.25	1.19	1.08	1.25	1.19	1.16	1.51
ACNK	1.02	1.09	1.12	1.07	1.00	1.11	1.02	1.03	1.06
LREE	42.12	44.71	47.18	65.10	69.92	50.66	86.80	45.13	42.44
HREE	14.01	16.35	12.49	17.58	16.81	16.14	16.04	9.68	10.33
ΣREE	56.13	61.06	59.67	82.68	86.73	66.80	102.84	54.81	52.77
Zr/Hf	28.34	28.99	30.69	32.27	30.36	30.37	30.15	29.03	30.71
Rb/Sr	9.40	9.00	9.04	8.76	8.25	14.17	4.00	9.09	10.39
Nb/Ta	4.45	4.51	4.55	4.68	4.73	4.95	5.11	5.20	5.26
Y/Nb	2.77	2.74	2.15	2.63	2.28	2.80	1.95	2.16	1.84
Yb/Ta	1.74	1.89	1.34	1.72	1.51	1.91	1.27	1.71	1.29
SiO_2	77.86	75.54	75.86	77.86	78.62	77.65	74.86	77.96	
Al_2O_3	12.12	10.99	11.38	11.63	10.37	10.98	12.24	10.98	
Fe_2O_3	1.22	2.06	1.94	1.19	1.24	1.31	1.62	1.11	
FeO	0.52	1.27	0.90	0.59	0.62	0.62	0.75	0.86	
MgO	0.08	0.26	0.24	0.09	0.09	0.08	0.13	0.05	
CaO	0.58	0.98	0.93	0.59	0.50	0.50	0.56	0.53	
Na_2O	3.09	2.94	3.05	3.00	2.56	3.22	3.25	3.02	
K_2O	3.91	3.58	3.79	3.97	3.90	3.78	4.27	3.90	
MnO	0.06	0.06	0.07	0.08	0.04	0.07	0.07	0.06	
P_2O_5	0.01	0.07	0.14	0.01	0.32	0.01	0.22	0.01	
TiO_2	0.07	0.18	0.16	0.08	0.08	0.07	0.11	0.05	
烧失量	0.77	1.33	0.82	1.03	1.04	1.27	1.25	0.88	
总量	100.29	99.26	99.27	100.12	99.38	99.55	99.31	99.40	
La	9.29	16.00	30.90	23.30	23.90	19.50	17.00	23.20	
Ce	26.40	56.30	49.90	48.70	64.10	42.50	49.40	51.90	
Pr	2.68	4.01	7.46	5.63	5.56	5.53	4.38	5.91	
Nd	9.96	13.30	26.70	19.30	18.90	20.60	14.50	21.90	
Sm	2.68	3.49	5.61	4.21	3.90	6.10	3.60	5.87	
Eu	0.18	0.27	0.46	0.23	0.40	0.16	0.23	0.17	
Gd	2.17	3.14	4.13	3.23	3.11	4.89	2.74	4.56	
Tb	0.49	0.64	0.74	0.64	0.56	1.01	0.53	0.96	

表 5-4(续)

样品号	GS05	GS07	GS1403	GS6078	GS6025	GS32	GS5227	GS03	GS7111
岩石名称	中细粒二长花岗岩								
Dy	3.34	4.41	4.76	4.05	3.34	6.63	3.74	7.07	
Ho	0.83	0.97	1.01	0.90	0.76	1.36	0.84	1.55	
Er	2.47	2.80	2.80	2.59	2.10	3.72	2.62	4.36	
Tm	0.53	0.57	0.52	0.53	0.41	0.71	0.55	0.83	
Yb	3.75	3.92	3.31	3.56	2.70	4.57	3.82	5.35	
Lu	0.58	0.59	0.50	0.56	0.42	0.66	0.57	0.79	
Y	25.10	29.60	29.20	25.60	22.10	39.70	24.40	42.00	
Rb	285.00	239.00	219.00	243.00	230.00	257.00	311.00	219.00	
Ba	51.93	91.43	186.70	50.19	70.47	53.01	87.74	45.24	
Th	28.50	31.30	25.30	30.00	37.20	31.20	36.40	28.40	
U	5.52	6.01	3.82	5.22	3.69	5.12	10.80	3.28	
Nb	12.60	12.40	13.50	9.68	7.57	12.50	15.30	14.40	
Sr	23.30	30.32	79.13	30.82	36.82	18.07	36.81	15.08	
Hf	12.60	4.44	37.60	38.50	3.38	127.00	12.80	4.28	
Ta	2.38	2.12	2.10	1.39	0.93	1.53	1.55	0.81	
Zr	386.00	140.00	1 174.00	1 233.00	114.00	3 779.00	417.00	114.00	
δ_{Eu}	0.22	0.24	0.28	0.18	0.34	0.09	0.22	0.10	
δ_{Ce}	1.26	1.65	0.77	0.99	1.29	0.97	1.35	1.04	
ANK	1.30	1.26	1.25	1.26	1.23	1.17	1.23	1.19	
ACNK	1.17	1.05	1.05	1.13	1.11	1.07	1.11	1.08	
LREE	51.19	93.37	121.03	101.37	116.76	94.39	89.11	108.95	
HREE	14.16	17.04	17.77	16.06	13.40	23.55	15.41	25.47	
∑REE	65.35	110.41	138.80	117.43	130.16	117.94	104.52	134.42	
Zr/Hf	30.63	31.53	31.22	32.03	33.73	29.76	32.58	26.64	
Rb/Sr	12.23	7.88	2.77	7.88	6.25	14.22	8.45	14.52	
Nb/Ta	5.29	5.85	6.43	6.96	8.14	8.17	9.87	17.78	
Y/Nb	1.99	2.39	2.16	2.64	2.92	3.18	1.59	2.92	
Yb/Ta	1.58	1.85	1.58	2.56	2.90	2.99	2.46	6.60	

注：主要元素单位为%，稀土与微量元素单位为 10^{-6}。

中细粒二长花岗岩样品的轻稀土元素总量(LREE)为 $42.13\times10^{-6}\sim121.03\times10^{-6}$(平均值为 75.12×10^{-6})，重稀土元素总量(HREE)为 $9.68\times10^{-6}\sim25.46\times10^{-6}$(平均值为 16.02×10^{-6})，稀土元素总量(∑REE)为 $52.77\times10^{-6}\sim138.80\times10^{-6}$(平均值为 90.75×10^{-6})，稀土元素配分模式为稍微右倾的燕式型[图 5-8(a)]。轻、重稀土分馏程度中等，LREE/HREE=2.73～8.71(平均值为 4.69)，$(La/Yb)_N$=0.96～6.29(平均值为 2.62)，重稀土元素相对平坦，$(Gd/Yb)_N$=0.40～1.01，具有较强的铕负异常(δ_{Eu}=0.09～0.35，平均

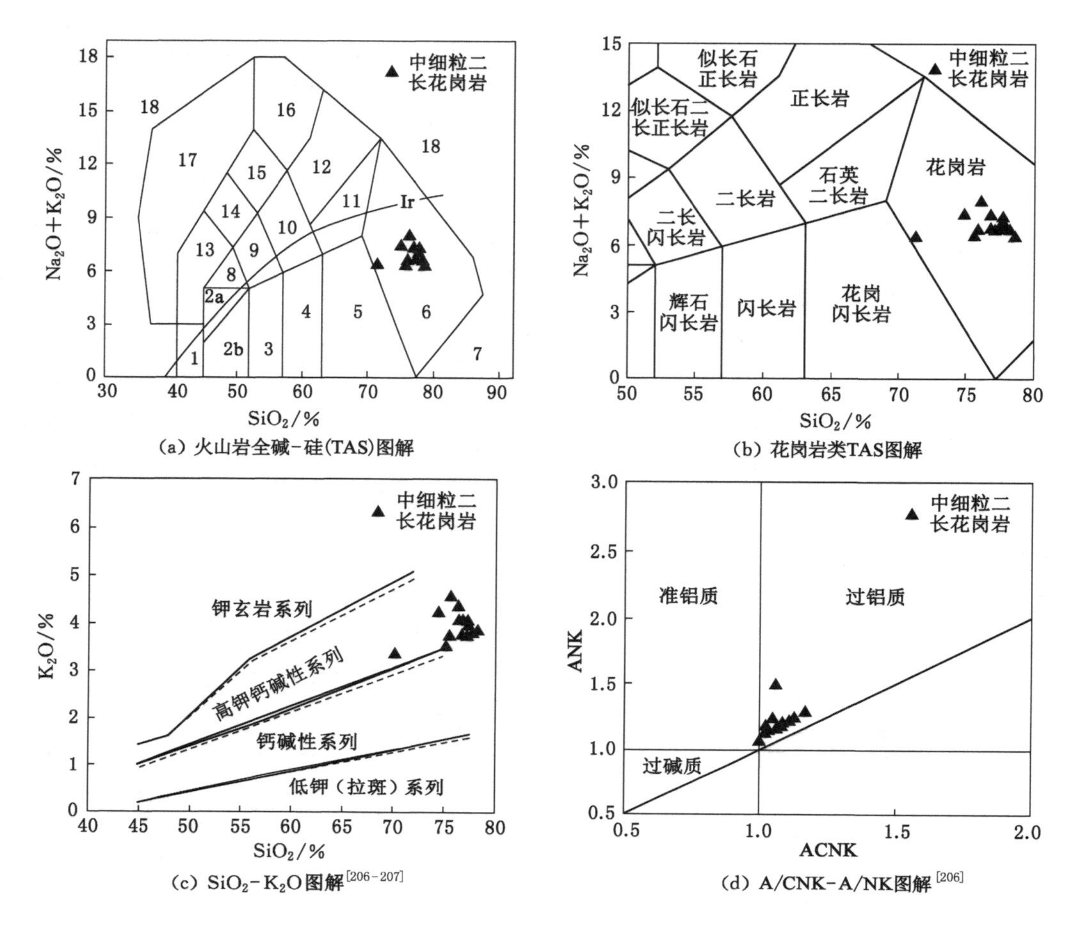

(a) 火山岩全碱-硅(TAS)图解

(b) 花岗岩类TAS图解

(c) SiO_2-K_2O图解[206-207]

(d) A/CNK-A/NK图解[206]

图 5-7 早侏罗世中细粒二长花岗岩的岩浆岩全碱-硅(TAS)图解、花岗岩类 TAS 图解、SiO_2-K_2O 图解及 A/CNK-A/NK 图解

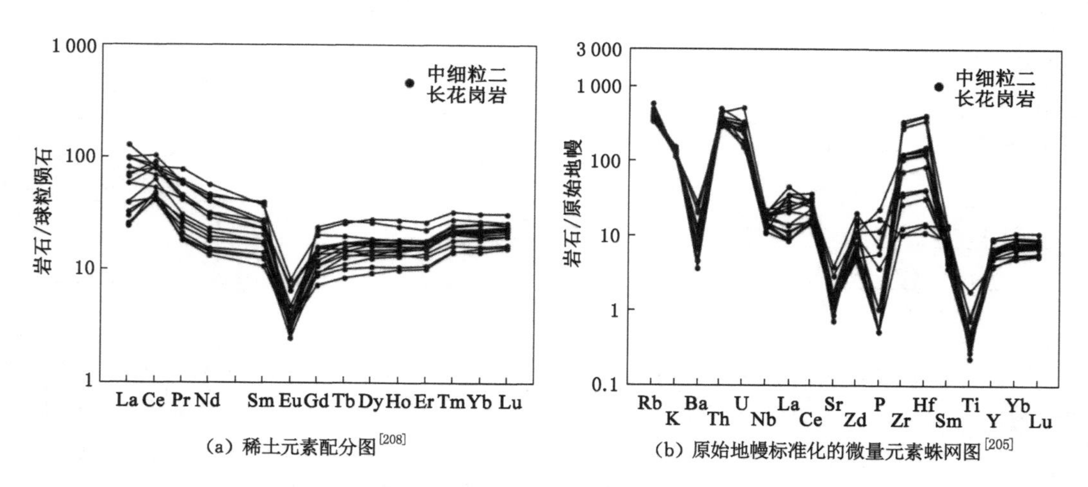

(a) 稀土元素配分图[208]

(b) 原始地幔标准化的微量元素蛛网图[205]

图 5-8 早侏罗世中细粒二长花岗岩样品球粒陨石标准化的稀土元素配分图及原始地幔标准化的微量元素蛛网图

值为 0.23)，弱的铈正异常(δ_{Ce}=0.77～2.25，平均值为 1.46)。微量元素原始地幔标准化蛛网图[图 5-8(b)]中，岩石样品富集 Rb、K、U、Th、Zr、Hf、Nd 等元素，相对亏损高场强元素 Ba、Nb、Sr、P、Ti 等。中细粒二长花岗岩样品的 Zr/Hf 为 26.64～33.73(平均值为 30.53)，绝大多数比值介于地幔平均值(30.74)与地壳平均值(44.68)之间[196,203]，Rb/Sr 为 2.77～14.51(平均值为 9.19)，均高于上地幔值(0.034)和地壳值(0.35)值[196,204]，Nb/Ta 比值为 4.46～17.78(平均值为 6.58)，低于地幔平均值(17.5)，而与地壳平均值(12.3)接近[196,205]，反映中细粒二长花岗岩岩浆可能来源于壳源源区。

5.2.5 中细粒花岗闪长岩地球化学特征

中细粒花岗闪长岩地球化学样品采至霍伦河河谷北侧秀水村、朝阳村一带，共采集岩石地球化学样品 9 件，测试分析数据详见表 5-5。9 件中细粒花岗闪长岩样品的 SiO_2 含量在 66.33%～71.12%之间(平均值为 68.03%)，Al_2O_3 含量为 12.51%～16.00%(平均值为 13.77%)，Na_2O 含量为 3.05%～3.45%(平均值为 3.27%)，K_2O 含量为 3.00%～3.95%(平均值为 3.29%)，碱(Na_2O+K_2O)总量在 5.17%～7.25%之间(平均值为 6.56%)，K_2O/Na_2O 为 0.69～1.43(平均值为 1.01)，A/NK 在 1.25～1.81 之间(平均值为1.55)，A/CNK 在 0.85～1.11 之间(平均值为 0.99)，里特曼指数(δ)为 0.92～2.23(平均值为 1.71)，具有较低的 MnO、P_2O_5、TiO_2 含量。样品在 TAS 图解中均落入亚碱性花岗闪长岩范围内[图 5-9(a)、图 5-9(b)]，在 K_2O-SiO_2 图解中落入高钾钙碱系列中[图 5-9(c)]，在 A/NK-ACNK 图解中均落入准铝质-过铝质系列中[图 5-9(d)]。由此可知中细粒花岗闪长岩属于亚碱性准铝质-过铝质高钾钙碱系列岩石。

表 5-5 张广才岭南段早侏罗世中细粒花岗闪长岩石地球化学分析结果

样品号	GS4252	GS07	GS031	15GS24	15GS23	15GS21	15GS19	GS1336	15GS20
岩石名称	中细粒花岗闪长岩								
SiO_2	70.36	66.39	67.45	66.55	67.25	68.22	71.12	68.56	66.33
Al_2O_3	14.38	16.00	14.12	14.65	14.44	14.17	12.51	13.31	14.39
Fe_2O_3	2.94	3.57	3.30	3.74	4.10	3.98	2.80	3.83	4.52
FeO	2.30	2.59	2.39	1.84	2.57	1.82	2.06	2.45	2.84
MgO	0.24	1.55	0.99	1.47	1.32	1.34	1.14	1.30	1.54
CaO	0.93	3.08	2.49	2.95	3.21	3.02	3.38	2.61	3.35
Na_2O	3.05	3.34	3.34	3.30	3.45	3.42	3.06	3.06	3.41
K_2O	3.79	3.10	3.26	3.95	3.46	3.71	3.11	3.00	3.22
MnO	0.07	0.06	0.08	0.09	0.07	0.07	0.05	0.08	0.08
P_2O_5	0.04	0.07	0.11	0.16	0.15	0.15	0.16	0.13	0.17
TiO_2	0.16	0.29	0.40	0.49	0.45	0.47	0.52	0.51	0.54
烧失量	1.12	0.55	1.52	0.48	0.26	0.37	0.63	0.63	0.30
总量	99.47	100.59	99.45	99.67	100.72	100.73	100.54	99.46	100.69
La	30.90	40.55	34.40	26.61	27.72	29.01	28.90	21.70	30.73

表 5-5(续)

样品号	GS4252	GS07	GS031	15GS24	15GS23	15GS21	15GS19	GS1336	15GS20
岩石名称	中细粒花岗闪长岩								
Ce	49.90	75.57	51.00	51.46	51.94	56.64	54.97	55.00	55.36
Pr	7.46	7.61	8.41	6.08	5.68	6.37	7.03	5.81	6.80
Nd	26.70	27.29	31.70	22.29	20.69	22.58	25.17	23.50	23.61
Sm	5.61	4.91	5.85	4.89	3.93	4.33	4.65	5.32	4.66
Eu	0.46	0.97	0.94	1.06	0.89	0.88	1.09	1.11	0.93
Gd	4.13	3.67	4.16	3.51	2.97	3.23	3.59	4.15	3.53
Tb	0.74	0.56	0.69	0.60	0.46	0.49	0.57	0.70	0.60
Dy	4.76	3.25	3.99	3.52	2.54	2.56	3.22	4.14	2.84
Ho	1.01	0.62	0.81	0.72	0.53	0.52	0.67	0.86	0.59
Er	2.80	1.77	2.27	2.01	1.32	1.28	1.76	2.27	1.54
Tm	0.52	0.30	0.41	0.33	0.22	0.22	0.27	0.41	0.25
Yb	3.31	1.89	2.64	2.30	1.45	1.54	1.73	2.71	1.63
Lu	0.50	0.29	0.40	0.32	0.22	0.23	0.24	0.39	0.23
Y	29.20	17.22	23.30	19.94	13.05	13.48	18.18	22.80	15.65
Rb	219.00	125.59	146.00	125.11	128.66	136.85	66.84	125.00	139.03
Ba	186.70	476.00	344.10	592.50	402.90	460.10	358.00	329.40	443.60
Th	25.30	20.02	16.60	12.58	14.56	15.34	7.84	14.20	17.96
U	3.82	2.76	3.15	1.39	2.78	1.75	2.59	2.18	2.53
Nb	13.50	8.41	10.30	7.35	8.74	8.52	7.43	10.30	9.58
Sr	79.13	360.00	248.70	327.80	308.60	314.70	413.30	265.70	311.20
Hf	5.60	6.79	8.90	3.21	5.21	4.27	2.52	7.20	2.38
Ta	2.10	1.17	1.29	0.90	1.03	0.97	0.81	1.03	0.88
Zr	114.00	108.00	106.00	111.40	111.41	114.92	109.02	109.00	98.99
δ_{Eu}	0.28	0.67	0.56	0.75	0.77	0.69	0.79	0.70	0.67
δ_{Ce}	0.77	0.97	0.70	0.94	0.95	0.96	0.90	1.16	0.88
ANK	1.25	1.81	1.56	1.51	1.53	1.47	1.57	1.61	1.58
ACNK	1.05	1.11	1.04	0.97	0.95	0.94	0.85	1.02	0.95
LREE	121.03	156.90	132.30	112.39	110.85	119.81	121.81	112.44	122.09
HREE	17.77	12.35	15.37	13.31	9.71	10.07	12.05	15.63	11.21
ΣREE	138.80	169.25	147.67	125.70	120.56	129.88	133.86	128.07	133.30
Zr/Hf	20.36	15.91	11.91	34.70	21.38	26.91	43.26	15.14	41.59
Rb/Sr	1.77	0.35	0.59	0.38	0.42	0.43	0.35	0.47	0.45
Nb/Ta	6.43	7.19	7.98	8.17	8.49	8.78	9.17	10.00	10.89
Y/Nb	2.16	2.05	2.26	2.71	1.49	1.58	2.45	2.21	1.63
Yb/Ta	1.58	1.62	2.05	2.56	1.41	1.59	2.14	2.63	1.85

注：主要元素单位为%，稀土与微量元素单位为 10^{-6}。

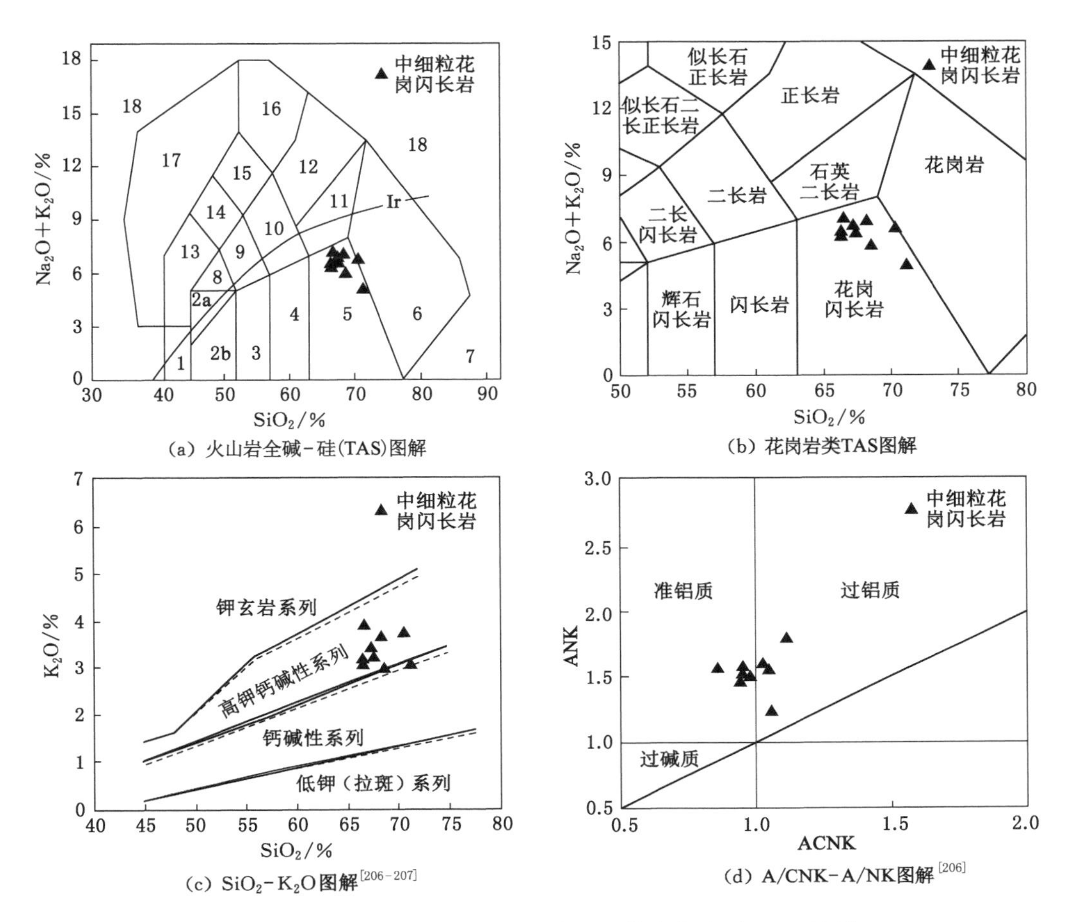

图 5-9 早侏罗世中细粒花岗闪长岩的岩浆岩全碱-硅(TAS)图解、花岗岩类 TAS 图解、SiO_2-K_2O 图解及 A/CNK-A/NK 图解

中细粒花岗闪长岩样品的轻稀土元素总量(LREE)为 $110.85\times10^{-6}\sim156.90\times10^{-6}$(平均值为 123.29×10^{-6}),重稀土元素总量(HREE)为 $9.71\times10^{-6}\sim17.77\times10^{-6}$(平均值为 13.05×10^{-6}),稀土元素总量($\sum$REE)为 $120.56\times10^{-6}\sim169.25\times10^{-6}$(平均值为 136.34×10^{-6}),稀土元素配分模式为轻稀土富集、重稀土亏损的右倾型[图 5-10(a)]。轻、重稀土分馏程度较弱,LREE/HREE＝6.81～12.70(平均值为 9.79),$(La/Yb)_N$＝5.4～14.46(平均值为 10.21),重稀土元素相对平坦,$(Gd/Yb)_N$＝1.01～1.75,具有较弱的铕负异常(δ_{Eu}＝0.28～0.79,平均值为 0.65),弱的铈正异常(δ_{Ce}＝0.70～1.16,平均值为 0.91)。微量元素原始地幔标准化蛛网图中[图 5-10(b)],岩石样品富集 Rb、K、U、Th、La、Hf、Nd 等元素,相对亏损 Ba、Nb、Sr、P、Ti 等元素。中细粒花岗闪长岩样品的 Zr/Hf 为11.91～43.26(平均值为 25.69),绝大多数比值低于地壳平均值(44.68),而与地幔平均值(30.74)接近[196,203]。Rb/Sr 为 0.35～1.77(平均值为 0.58),均高于上地幔值(0.034)和地壳值(0.35)[196,204]。Nb/Ta 为 6.43～10.89(平均值为 8.57),低于地幔平均值(17.5),而与地壳平均值(12.3)接近[203,205],反映中细粒花岗闪长岩岩浆可能来源于壳幔源区。

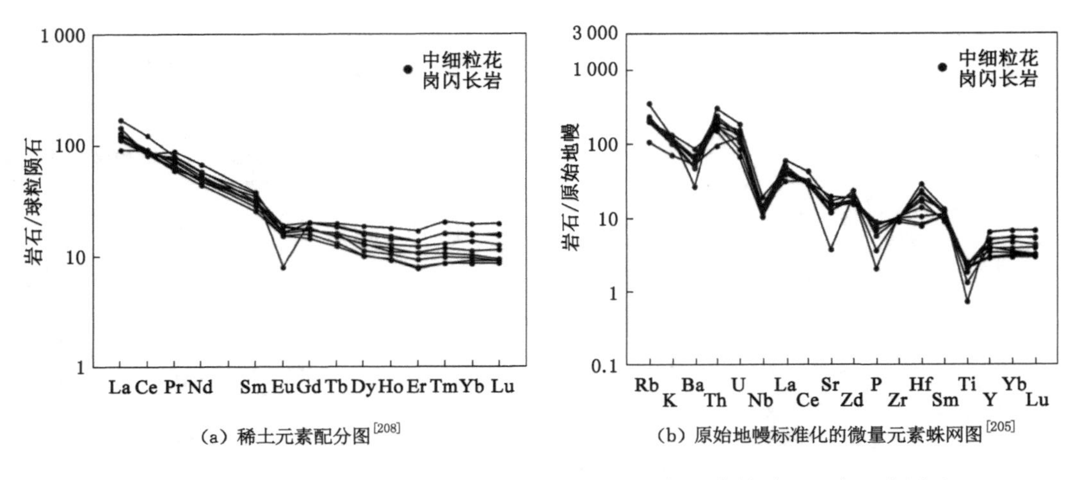

(a) 稀土元素配分图[208]　　(b) 原始地幔标准化的微量元素蛛网图[205]

图 5-10　早侏罗世中细粒花岗闪长岩样品球粒陨石标准化的稀土元素配分图及原始地幔标准化的微量元素蛛网图

5.2.6　中细粒闪长岩地球化学特征

中细粒闪长岩地球化学样品采至保安村南部、秀水村北部、一撮毛一带，共采集岩石地球化学样品 13 件，测试分析数据详见表 5-6。13 件中细粒闪长岩样品的 SiO_2 含量在 57.03%～63.32%之间(平均值为 60.09%)，Al_2O_3 含量为 14.07%～17.13%(平均值为 15.60%)，Na_2O 含量为 2.56%～4.03%(平均值为 3.26%)，K_2O 含量为 2.12%～3.25%(平均值为 2.59%)，碱(Na_2O+K_2O)总量为 4.88%～7.28%(平均值为 5.85%)，K_2O/Na_2O 为 0.59～1.01(平均值为 0.80)，A/NK 在 1.57～2.17 之间(平均值为1.93)，A/CNK 在 1.00～1.13 之间(平均值为 1.05)，里特曼指数(δ)为 1.34～2.75(平均值为 2.04)，具有较低的 MnO、P_2O_5、TiO_2 含量。样品在 TAS 图解中均落入亚碱性闪长岩范围内[图 5-11(a)、图 5-11(b)]，在 K_2O-SiO_2图解中落入高钾钙碱系列中[图 5-11(c)]，在 A/NK-ACNK 图解中均落入过铝质系列中[图 5-11(d)]。由此可知中细粒闪长岩属于亚碱性过铝质高钾钙碱系列岩石。

表 5-6　张广才岭南段早侏罗世中细粒闪长岩石地球化学分析结果

样品号	GS16	GS04	GS12	GS33	GS1339	GS02	GS08	GS16	GS06	GS02	GS09	GS02	GS07
岩石名称	中细粒闪长岩												
SiO_2	59.12	62.35	63.32	59.75	62.78	61.37	57.03	62.71	58.33	58.15	58.36	58.91	58.95
Al_2O_3	15.80	15.92	14.53	15.34	14.07	15.63	16.41	15.38	17.13	16.88	14.49	16.02	15.25
Fe_2O_3	7.09	5.46	5.53	6.46	5.82	5.42	8.02	5.87	6.17	5.53	7.61	5.38	7.36
FeO	3.79	2.36	3.90	3.74	3.56	3.95	5.28	3.38	3.12	3.83	4.31	3.64	5.06
MgO	3.16	2.26	2.69	3.49	1.89	2.92	2.56	2.08	3.15	3.04	4.50	2.99	2.93
CaO	3.33	2.91	3.74	3.02	3.81	3.74	4.10	3.23	4.33	4.60	4.02	3.07	4.25
Na_2O	3.36	4.03	2.77	3.23	2.56	3.43	3.09	3.37	3.53	3.55	2.68	3.73	3.02
K_2O	2.81	3.25	2.52	2.91	2.59	2.94	2.29	3.00	2.66	2.12	2.19	2.21	2.16

表 5-6(续)

样品号	GS16	GS04	GS12	GS33	GS1339	GS02	GS08	GS16	GS06	GS02	GS09	GS02	GS07
岩石名称	中细粒闪长岩												
MnO	0.12	0.11	0.08	0.13	0.10	0.09	0.12	0.10	0.14	0.15	0.22	0.13	0.13
P_2O_5	0.22	0.16	0.14	0.30	0.18	0.18	0.35	0.21	0.34	0.33	0.22	0.26	0.29
TiO_2	0.80	0.43	0.51	0.83	0.74	0.56	1.13	0.72	1.14	1.15	0.92	0.99	1.08
烧失量	0.58	1.24	0.48	1.22	1.21	0.33	0.37	0.43	0.52	0.56	0.58	2.73	0.25
总量	100.18	100.49	100.20	100.42	99.32	100.56	100.75	100.48	100.55	99.88	100.00	100.06	100.74
La	26.90	28.50	27.85	31.70	36.00	26.20	31.42	25.65	34.84	23.84	23.65	23.64	30.92
Ce	53.67	61.10	53.34	69.10	71.60	60.00	55.46	54.17	70.06	52.30	63.06	48.25	51.70
Pr	6.89	5.71	6.94	7.04	8.52	5.61	6.32	6.18	8.67	7.29	11.11	6.88	6.52
Nd	26.04	20.40	25.46	26.90	31.80	21.10	23.06	24.60	33.42	30.31	49.34	26.73	25.55
Sm	5.63	4.03	5.29	5.81	6.78	4.44	4.58	5.22	6.65	6.35	11.78	5.59	5.14
Eu	1.15	0.88	0.97	1.22	1.37	1.06	1.23	1.13	1.41	1.21	1.59	1.10	1.00
Gd	4.31	2.83	3.90	4.21	5.05	3.22	3.51	3.87	4.67	4.67	8.07	3.71	3.61
Tb	0.72	0.50	0.70	0.77	0.81	0.59	0.56	0.63	0.69	0.75	1.39	0.60	0.58
Dy	4.15	2.95	3.76	4.56	4.77	3.59	2.67	3.40	3.28	4.14	7.82	2.83	2.95
Ho	0.87	0.62	0.79	0.97	0.99	0.76	0.51	0.76	0.67	0.83	1.61	0.54	0.52
Er	2.23	1.63	2.06	2.49	2.56	1.99	1.35	1.87	1.68	1.98	3.92	1.40	1.23
Tm	0.37	0.30	0.37	0.43	0.42	0.35	0.23	0.31	0.24	0.34	0.65	0.22	0.19
Yb	2.61	1.86	2.26	2.59	2.55	2.09	1.44	2.03	1.64	2.18	4.12	1.50	1.18
Lu	0.40	0.29	0.31	0.40	0.37	0.32	0.24	0.29	0.26	0.32	0.60	0.20	0.17
Y	21.98	15.90	20.56	23.50	24.80	18.50	13.19	18.36	16.26	20.69	39.12	14.15	13.21
Rb	100.83	197.00	98.49	113.00	106.00	158.00	86.22	89.75	108.06	89.63	56.34	80.00	97.95
Ba	533.10	417.00	408.30	374.00	310.30	477.00	197.00	465.90	311.80	317.40	222.10	373.80	416.00
Th	14.65	23.60	13.17	13.40	12.90	18.50	9.06	12.31	6.85	6.79	3.14	10.21	6.31
U	4.62	2.17	2.39	1.75	2.07	1.68	2.86	1.70	2.29	1.86	2.03	3.33	2.20
Nb	9.58	8.68	8.71	9.94	11.30	9.13	11.68	9.69	11.58	12.42	10.88	11.19	9.15
Sr	326.30	310.00	272.20	417.00	288.30	350.00	361.10	335.90	398.10	369.40	307.60	398.50	342.30
Hf	1.19	6.81	3.04	7.60	8.80	8.47	5.28	2.07	2.76	0.38	4.79	4.36	5.32
Ta	1.22	0.99	0.85	0.96	1.09	0.87	1.05	0.86	0.92	0.92	0.77	0.76	0.55
Zr	70.63	323.00	127.43	340.00	347.00	406.00	227.29	86.58	122.13	21.74	210.62	190.77	231.52
δ_{Eu}	0.69	0.76	0.63	0.72	0.69	0.82	0.90	0.74	0.74	0.65	0.47	0.70	0.68
δ_{Ce}	0.93	1.09	0.90	1.07	0.95	1.14	0.90	1.01	0.95	0.95	0.93	0.90	0.84
ANK	1.84	1.57	1.99	1.81	2.00	1.77	2.17	1.75	1.97	2.07	2.14	1.88	2.09
ACNK	1.08	1.03	1.03	1.10	1.01	1.00	1.09	1.05	1.03	1.02	1.03	1.13	1.01
LREE	120.28	120.62	119.85	141.77	156.07	118.41	122.07	116.95	155.05	121.30	160.53	112.19	120.83
HREE	15.66	10.98	14.15	16.42	17.52	12.91	10.51	13.16	13.13	15.21	28.18	11.00	10.43

表 5-6(续)

样品号	GS16	GS04	GS12	GS33	GS1339	GS02	GS08	GS16	GS06	GS02	GS09	GS02	GS07
岩石名称	中细粒闪长岩												
∑REE	135.94	131.60	134.00	158.19	173.59	131.32	132.58	130.11	168.18	136.51	188.71	123.19	131.26
Zr/Hf	59.35	47.43	41.92	44.74	39.43	47.93	43.05	41.83	44.25	57.21	43.97	43.75	43.52
Rb/Sr	0.31	0.64	0.36	0.27	0.37	0.45	0.24	0.27	0.27	0.24	0.18	0.20	0.29
Nb/Ta	7.85	8.77	10.25	10.35	10.37	10.49	11.12	11.27	12.59	13.50	14.13	14.72	16.64
Y/Nb	2.29	1.83	2.36	2.36	2.19	2.03	1.13	1.89	1.40	1.67	3.60	1.26	1.44
Yb/Ta	2.14	1.88	2.66	2.70	2.34	2.40	1.37	2.36	1.78	2.37	5.35	1.97	2.15

注：主要元素单位为%，稀土与微量元素单位为 10^{-6}。

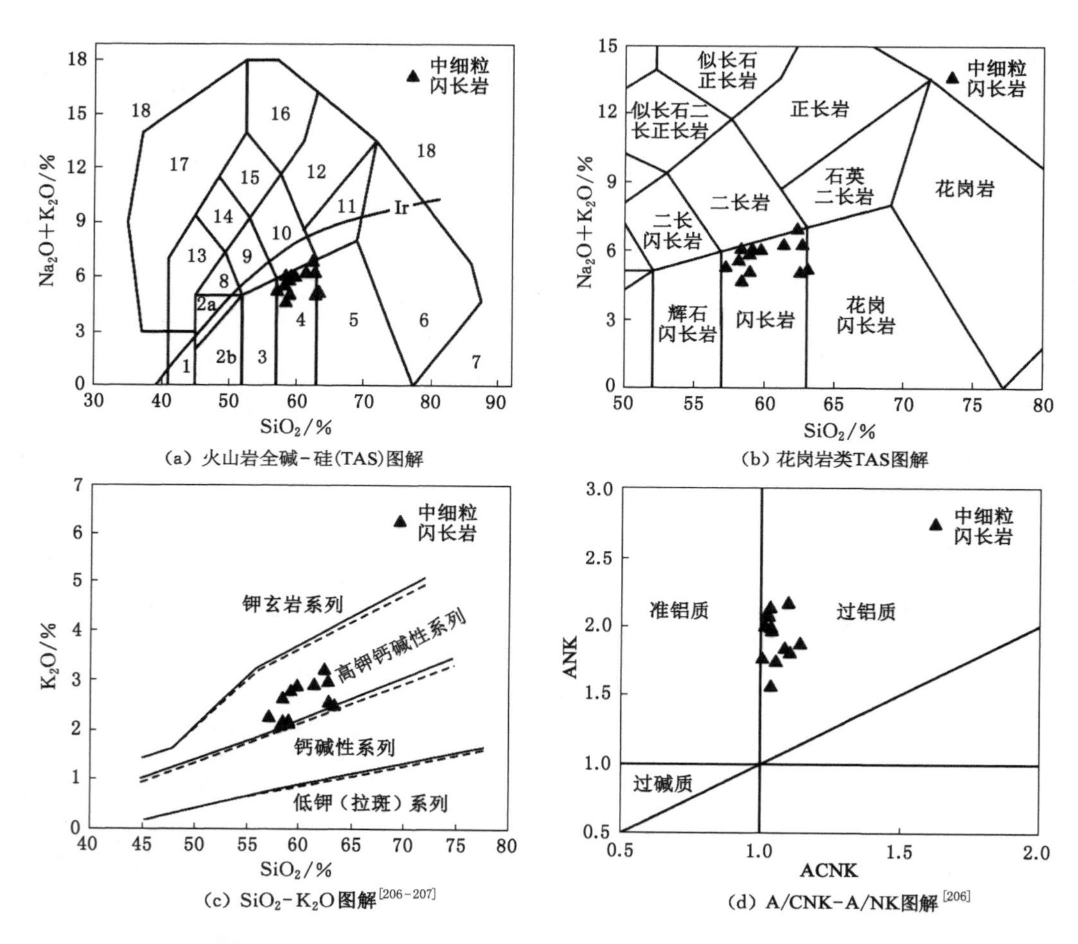

图 5-11 早侏罗世中细粒闪长岩的岩浆岩全碱-硅(TAS)图解、花岗岩类 TAS 图解、SiO_2-K_2O 图解及 A/CNK-A/NK 图解

中细粒闪长岩样品的轻稀土元素总量(LREE)为 $112.19\times10^{-6}\sim160.53\times10^{-6}$(平均值为 129.69×10^{-6})，重稀土元素总量(HREE)为 $10.43\times10^{-6}\sim28.18\times10^{-6}$(平均值为 14.56×10^{-6})，稀土元素总量(∑REE)为 $123.19\times10^{-6}\sim188.71\times10^{-6}$(平均值为 144.23×

10^{-6})，稀土元素配分模式为轻稀土富集、重稀土亏损的右倾型[图 5-12(a)]。轻、重稀土分馏程度中等，LREE/HREE＝5.70～11.81(平均值为 9.36)，$(La/Yb)_N$＝3.87～17.67(平均值为 9.91)，重稀土元素相对平坦，$(Gd/Yb)_N$＝1.23～2.46，具有较弱的铕负异常(δ_{Eu}＝0.46～0.90，平均值为 0.71)，无铈异常(δ_{Ce}＝0.85～1.14，平均值为 0.96)。微量元素原始地幔标准化蛛网图[图 5-12(b)]中，岩石样品富集 Rb、K、U、Th、La、Zr、Hf 等，相对亏损高场强元素 Ba、Nb、Sr、P、Ti 等。中细粒闪长岩样品的 Zr/Hf 为 39.43～59.35(平均值为 46.03)，绝大多数比值介于地幔平均值(30.74)和地壳平均值(44.68)之间[196,203]，Rb/Sr 为 0.18～0.46(平均值为 0.31)，绝大多数值介于上地幔值(0.034)和地壳值(0.35)之间[196,204]，Nb/Ta 为 7.85～16.64(平均值为 11.70)，低于地幔平均值(17.5)，而与地壳平均值(12.3)接近[196,205]，反映中细粒闪长岩浆可能来源于壳幔源区。

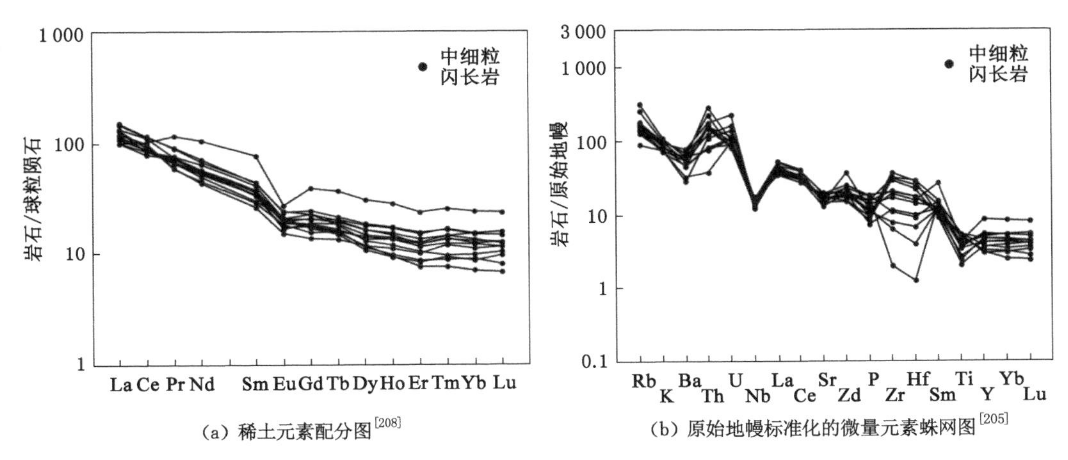

(a) 稀土元素配分图[208]　　(b) 原始地幔标准化的微量元素蛛网图[205]

图 5-12　早侏罗世中细粒闪长岩样品球粒陨石标准化的稀土元素配分图及原始地幔标准化的微量元素蛛网图

5.3　中侏罗世花岗岩地球化学特征

5.3.1　细粒碱长花岗岩地球化学特征

细粒碱长花岗岩地球化学样品采至红石砬子、万寿山、龙头山、安青岭一带，共采集岩石地球化学样品 10 件，测试分析数据详见表 5-7。10 件细粒碱长花岗岩样品的 SiO_2 含量为 75.26%～78.87%(平均值为 77.32%)，Al_2O_3 含量为 10.60%～12.41%(平均值为 11.58%)，Na_2O 含量为 2.86%～3.21%(平均值为 3.08%)，K_2O 含量为 3.93%～4.90%(平均值为 4.37%)，碱(Na_2O+K_2O)总量为 6.86%～7.90%(平均值为 7.46%)，K_2O/Na_2O 为 1.27～1.63(平均值为 1.41)，A/NK 在 1.14～1.23 之间(平均值为 1.18)，A/CNK 在 1.00～1.11 之间(平均值为 1.04)，里特曼指数(δ)为 1.35～1.82(平均值为 1.63)，具有较低的 MnO、P_2O_5、TiO_2 含量。样品在 TAS 图解中均落入亚碱性花岗岩范围内[图 5-13(a)、图 5-13(b)]，在 K_2O-SiO_2 图解中落入高钾钙碱系列中[图 5-13(c)]，在 A/NK-ACNK 图解中均落入过铝质系列中[图 5-13(d)]。由此可知细粒碱长花岗岩属于亚碱性过铝质高钾钙碱系列岩石。

表 5-7　张广才岭南段早侏罗世细粒碱长花岗岩石地球化学分析结果

样品号	15GS27	GS010	15GS25	GS59	GS42	GS20	GS20	GS49	GS05	GS63
岩石名称	细粒碱长花岗岩									
SiO_2	77.36	76.55	76.55	77.76	77.85	77.37	75.26	77.36	78.26	78.87
Al_2O_3	12.09	12.13	12.42	10.60	11.33	11.92	11.50	11.37	11.70	10.72
Fe_2O_3	1.03	0.82	1.01	1.78	0.71	1.99	1.85	1.08	1.55	1.21
FeO	0.47	0.21	0.77	1.12	0.23	0.90	0.30	0.45	0.50	0.26
MgO	0.18	0.07	0.16	0.29	0.05	0.17	0.15	0.05	0.28	0.15
CaO	0.84	0.80	0.90	0.79	0.63	0.84	0.93	0.40	0.46	0.53
Na_2O	3.00	3.21	3.19	2.93	3.18	3.11	3.09	3.21	3.04	2.86
K_2O	4.90	4.57	4.59	3.93	4.36	4.25	4.37	4.08	4.34	4.35
MnO	0.05	0.05	0.05	0.09	0.04	0.07	0.91	0.05	0.04	0.02
P_2O_5	0.01	0.01	0.01	0.05	0.02	0.04	0.03	0.03	0.02	0.04
TiO_2	0.06	0.06	0.06	0.12	0.05	0.15	0.12	0.06	0.08	0.06
烧失量	0.33	0.93	0.42	1.10	0.89	0.77	1.21	1.38	1.02	1.00
总量	100.32	99.41	100.13	100.56	99.32	101.58	99.72	99.52	101.29	100.07
La	10.36	10.30	8.07	14.70	8.44	58.20	42.80	33.40	16.50	10.70
Ce	18.66	28.80	16.10	54.50	32.90	115.00	97.40	65.70	41.90	23.20
Pr	2.91	2.84	2.01	3.24	2.39	9.96	7.77	10.30	4.17	2.83
Nd	10.70	10.70	7.39	10.40	8.96	32.50	27.30	39.70	15.90	10.60
Sm	2.77	2.59	1.85	2.37	2.78	5.24	5.08	11.16	4.03	3.06
Eu	0.21	0.19	0.17	0.28	0.15	0.54	0.70	0.18	0.18	0.11
Gd	2.00	2.13	1.58	2.01	2.41	4.10	4.01	8.30	3.22	2.56
Tb	0.44	0.47	0.32	0.43	0.55	0.60	0.68	1.73	0.72	0.66
Dy	2.88	3.48	2.18	2.98	4.08	3.24	3.87	11.30	4.84	4.79
Ho	0.65	0.78	0.53	0.67	0.94	0.66	0.82	2.48	1.10	1.10
Er	2.00	2.50	1.58	1.83	1.42	1.73	2.11	7.15	3.02	3.12
Tm	0.35	0.56	0.33	0.35	0.52	0.30	0.37	1.40	0.56	0.59
Yb	2.70	4.11	2.21	2.31	3.54	1.89	2.27	9.27	3.57	3.74
Lu	0.41	0.65	0.35	0.36	0.51	0.30	0.34	1.43	0.54	0.55
Y	19.43	22.60	14.33	16.80	25.90	15.60	20.00	80.10	27.40	25.90
Rb	218.96	161.00	195.37	301.00	149.00	119.00	103.00	346.00	196.00	246.00
Ba	330.66	322.25	328.97	1 204.00	321.82	710.00	644.00	220.95	775.00	582.00
Th	27.33	26.70	31.07	41.70	20.60	15.50	14.30	60.60	23.90	23.40
U	6.69	3.67	9.56	4.58	3.74	1.50	2.84	17.40	5.24	5.82
Nb	9.51	9.01	8.00	9.93	8.59	7.36	8.47	29.30	14.30	26.60
Sr	39.06	22.48	29.81	59.10	16.08	55.80	96.90	9.70	21.90	9.62
Hf	6.44	5.19	5.20	5.82	5.85	7.74	14.80	76.30	7.92	8.36

表 5-7(续)

样品号	15GS27	GS010	15GS25	GS59	GS42	GS20	GS20	GS49	GS05	GS63
岩石名称	细粒碱长花岗岩									
Ta	3.57	2.40	1.94	1.77	1.26	0.75	0.76	2.36	1.10	1.60
Zr	56.52	127.00	99.79	273.00	85.96	319.00	626.00	2 247.00	310.00	334.00
δ_{Eu}	0.26	0.24	0.30	0.38	0.17	0.34	0.46	0.05	0.15	0.12
δ_{Ce}	0.81	1.26	0.94	1.82	1.74	1.06	1.19	0.85	1.19	1.00
ANK	1.18	1.18	1.21	1.17	1.14	1.23	1.17	1.17	1.20	1.14
ACNK	1.03	1.04	1.05	1.01	1.02	1.06	1.00	1.09	1.11	1.03
LREE	45.61	55.42	35.59	85.49	55.62	221.44	181.05	160.44	82.68	50.50
HREE	11.43	14.68	9.08	10.94	13.97	12.82	14.47	43.06	17.57	17.11
∑REE	57.04	70.10	44.67	96.43	69.59	234.26	195.52	203.50	100.25	67.61
Zr/Hf	8.78	24.47	19.19	46.91	14.69	41.21	42.30	29.45	39.14	39.95
Rb/Sr	5.61	7.16	6.55	5.09	9.27	2.13	1.06	35.67	8.95	25.57
Nb/Ta	2.66	3.75	4.12	5.61	6.82	9.81	11.14	12.42	13.00	16.63
Y/Nb	2.04	2.51	1.79	1.69	3.02	2.12	2.36	2.73	1.92	0.97
Yb/Ta	0.76	1.71	1.14	1.31	2.81	2.52	2.99	3.93	3.25	2.34

注:主要元素单位为%,稀土与微量元素单位为 10^{-6}。

细粒碱长花岗岩样品的轻稀土元素总量(LREE)为 $35.59\times10^{-6}\sim181.05\times10^{-6}$(平均值为 97.38×10^{-6}),重稀土元素总量(HREE)为 $9.08\times10^{-6}\sim43.06\times10^{-6}$(平均值为 16.51×10^{-6}),稀土元素总量(∑REE)为 $57.05\times10^{-6}\sim234.26\times10^{-6}$(平均值为 113.90×10^{-6}),稀土元素配分模式为稍微右倾的雁式型[图 5-14(a)]。轻、重稀土分馏程度较弱,LREE/HREE=2.95～17.27(平均值为 6.46),$(La/Yb)_N$=1.61～20.76(平均值为 5.36),重稀土元素相对平坦,$(Gd/Yb)_N$=0.43～1.75,具有较强的铕负异常(δ_{Eu}=0.05～0.46,平均值为 0.25),无铈异常(δ_{Ce}=0.81～1.82,平均值为 0.98)。微量元素原始地幔标准化蛛网图[图 5-14(b)]中,岩石样品富集 Rb、K、U、Th、La、Ce、Zr、Hf 等元素,相对亏损高场强元素 Ba、Nb、Sr、P、Ti 等。细粒碱长花岗岩样品的 Zr/Hf 为 8.78～46.91(平均值为 30.61),绝大多数比值介于地幔平均值(30.74)和地壳平均值(44.68)之间[196,203],Rb/Sr 为 1.06～35.67(平均值为 10.71),平均高于上地幔值(0.034)和地壳值(0.35)[196,204],Nb/Ta 为 2.66～16.63(平均值为 8.60),低于地幔平均值(17.5),而与地壳平均值(12.3)接近[196,205],反映细粒碱长花岗岩浆可能来源于地壳物质源区。

5.3.2 中细粒花岗闪长岩地球化学特征

中细粒花岗闪长岩地球化学样品采至珠琦河河谷北侧及北仇家沟至四滴村一带,共采集岩石地球化学样品 10 件,测试分析数据详见表 5-8。10 件中细粒花岗闪长岩样品的 SiO_2 含量在 53.53%～64.57%之间(平均值为 64.04%),Al_2O_3 含量为 14.56%～16.92%(平均值为 15.23%),Na_2O 含量为 3.08%～3.71%(平均值为 3.31%),K_2O 含量为 2.43%～3.55%(平均值为 2.73%),碱(Na_2O+K_2O)总量为 5.55%～6.78%(平均值为 6.05%),

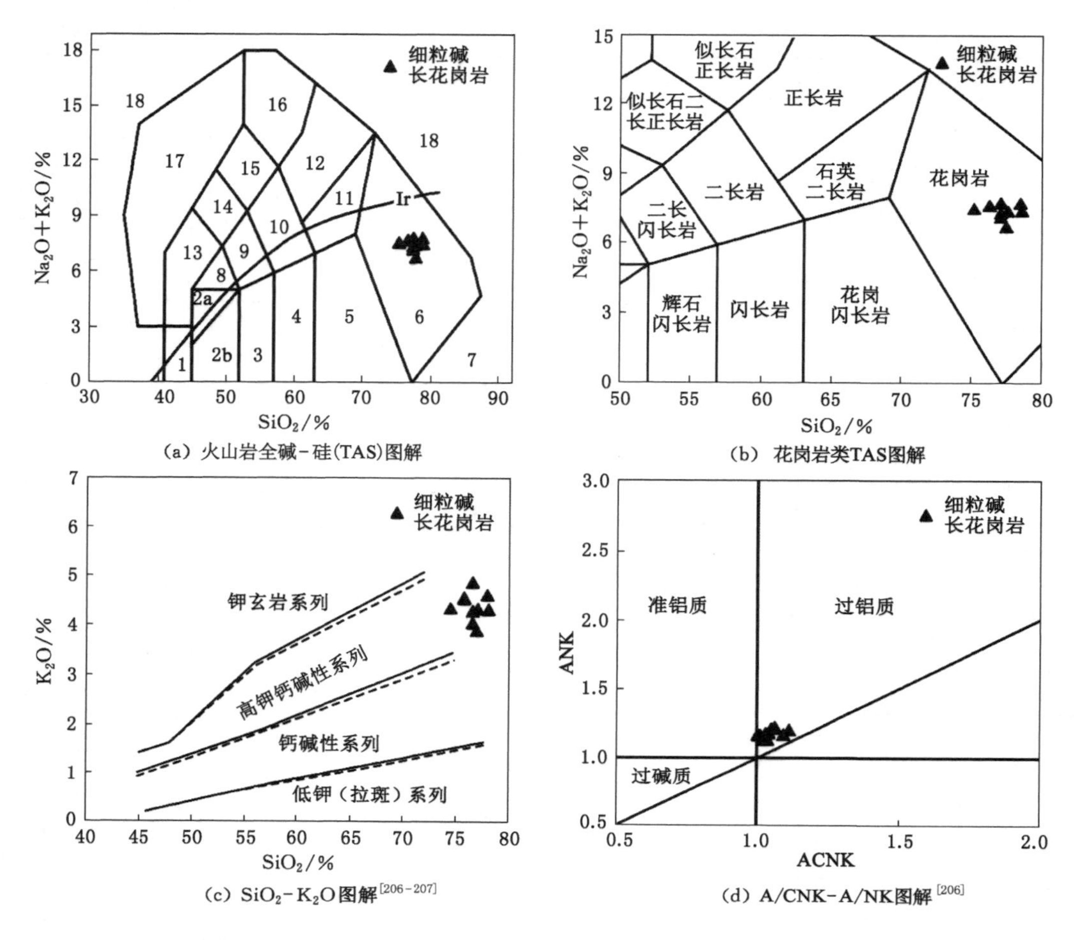

(a) 火山岩全碱-硅(TAS)图解

(b) 花岗岩类TAS图解

(c) SiO_2-K_2O图解[206-207]

(d) A/CNK-A/NK图解[206]

图 5-13　早侏罗世细粒碱长花岗岩的岩浆岩全碱-硅(TAS)图解、花岗岩类 TAS 图解、SiO_2-K_2O 图解及 A/CNK-A/NK 图解

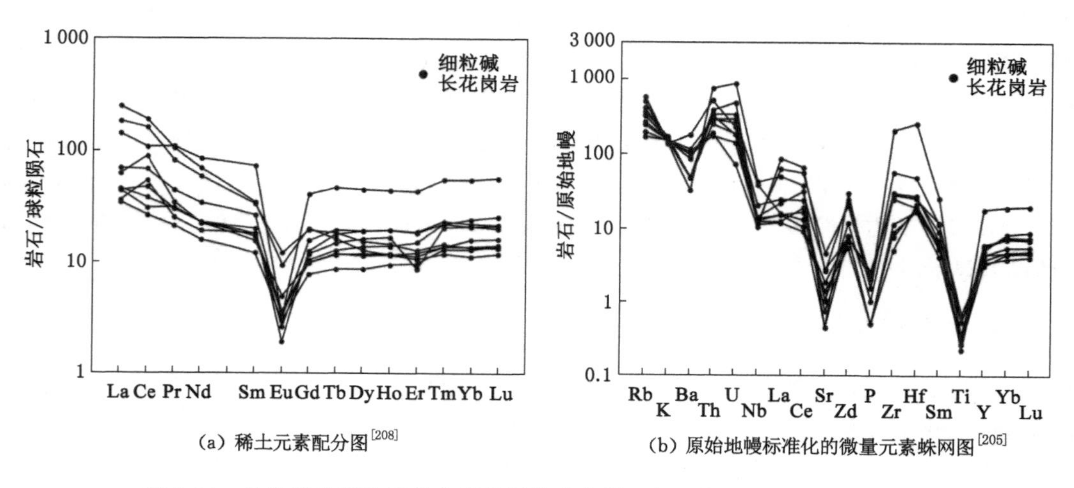

(a) 稀土元素配分图[208]

(b) 原始地幔标准化的微量元素蛛网图[205]

图 5-14　早侏罗世细粒碱长花岗岩样品球粒陨石标准化的稀土元素配分图及原始地幔标准化的微量元素蛛网图

K_2O/Na_2O 在 0.71～1.10 之间(平均值为 0.83)，A/NK 在 1.70～2.04 之间(平均值为 1.81)，A/CNK 在 0.99～1.17 之间(平均值为 1.03)，里特曼指数(δ)为 1.46～2.18(平均值为 1.73)，具有较低的 MnO、P_2O_5、TiO_2 含量。样品在 TAS 图解中均落入亚碱性花岗闪长岩范围内[图 5-15(a)、图 5-15(b)]，在 K_2O-SiO_2 图解中落入高钾钙碱系列中[图 5-15(c)]，在 A/NK-ACNK 图解中均落入过铝质系列中[图 5-15(d)]。由此可知中细粒花岗闪长岩属于亚碱性过铝质高钾钙碱系列岩石。

表 5-8　张广才岭南段早侏罗世中细粒花岗闪长岩石地球化学分析结果

样品号	15GS07	5GS04	15GS05	15GS03	15GS08	15GS06	GS02	GS01	15GS09	15GS02
岩石名称	中细粒花岗闪长岩									
SiO_2	64.11	64.05	63.83	64.21	63.55	64.33	64.57	63.97	64.22	63.53
Al_2O_3	14.56	16.92	15.21	14.65	14.63	14.85	15.03	16.13	14.84	15.50
Fe_2O_3	5.61	5.17	5.06	4.00	5.69	5.42	4.02	4.35	5.27	4.61
FeO	4.17	2.66	3.75	3.22	3.88	3.39	2.95	2.52	3.59	4.48
MgO	1.70	1.26	1.81	1.72	1.87	1.59	1.92	2.21	1.71	1.98
CaO	3.67	2.91	3.31	3.23	3.55	3.50	3.44	4.13	3.77	3.14
Na_2O	3.12	3.23	3.71	3.32	3.14	3.23	3.43	3.16	3.08	3.66
K_2O	2.43	3.55	2.62	2.62	2.69	2.66	2.94	2.51	2.72	2.63
MnO	0.08	0.11	0.09	0.08	0.08	0.08	0.09	0.09	0.08	0.10
P_2O_5	0.19	0.16	0.19	0.16	0.17	0.17	0.18	0.24	0.19	0.16
TiO_2	0.61	0.43	0.62	0.57	0.60	0.56	0.56	0.66	0.62	0.69
烧失量	0.15	1.24	0.33	2.63	0.19	0.17	1.33	0.65	0.29	0.22
总量	100.44	100.69	100.53	100.61	99.54	99.94	99.76	100.62	100.39	100.69
La	31.36	28.50	29.31	31.61	23.87	26.33	26.20	32.90	28.58	26.24
Ce	52.84	61.10	50.00	57.19	44.52	47.34	60.00	65.90	53.14	46.71
Pr	6.51	5.71	5.88	6.45	5.52	5.52	5.61	6.39	6.27	5.48
Nd	23.21	20.40	21.14	23.20	20.60	19.53	21.10	22.90	21.93	20.37
Sm	4.04	4.03	3.90	4.27	4.08	3.69	4.44	4.20	4.12	3.78
Eu	1.03	0.88	0.97	0.97	0.97	0.90	1.06	0.99	1.01	0.93
Gd	3.04	2.83	2.90	3.10	2.89	2.79	3.22	3.14	3.32	2.92
Tb	0.42	0.50	0.40	0.45	0.47	0.42	0.59	0.49	0.48	0.43
Dy	1.97	2.95	1.95	2.33	2.31	2.28	3.59	2.58	2.51	2.06
Ho	0.39	0.62	0.37	0.43	0.47	0.45	0.76	0.52	0.50	0.39
Er	0.95	1.63	0.97	1.08	1.17	1.11	1.99	1.33	1.13	1.00
Tm	0.16	0.30	0.16	0.19	0.21	0.18	0.35	0.23	0.19	0.15
Yb	1.05	1.86	0.99	1.12	1.28	1.20	2.09	1.41	1.21	1.09
Lu	0.15	0.29	0.16	0.16	0.17	0.17	0.32	0.21	0.18	0.15
Y	10.67	15.90	9.62	10.84	12.21	11.41	18.50	13.00	11.95	9.94

表 5-8(续)

样品号	15GS07	5GS04	15GS05	15GS03	15GS08	15GS06	GS02	GS01	15GS09	15GS02
岩石名称	中细粒花岗闪长岩									
Rb	79.58	197.00	73.82	74.35	85.47	93.98	158.00	93.60	100.97	93.52
Ba	402.50	4 617.00	427.80	450.40	405.30	424.90	4 677.00	1 820.00	512.10	441.50
Th	10.43	23.60	13.56	10.54	12.91	11.83	18.50	12.20	11.75	14.33
U	1.86	2.17	2.16	3.42	2.82	2.87	1.68	3.53	2.57	3.60
Nb	7.68	8.68	7.25	6.49	6.95	7.85	9.13	7.61	8.91	8.91
Sr	414.10	310.00	411.00	397.00	340.10	380.10	350.00	522.00	380.60	408.60
Hf	2.84	6.81	3.95	4.86	2.33	3.42	8.47	11.10	5.32	3.96
Ta	0.92	0.99	0.81	0.69	0.70	0.75	0.87	0.70	0.81	0.77
Zr	124.90	223.00	174.22	210.64	119.09	149.00	206.00	241.00	230.42	167.76
δ_{Eu}	0.86	0.76	0.85	0.78	0.82	0.82	0.82	0.80	0.81	0.83
δ_{Ce}	0.85	1.09	0.87	0.91	0.90	0.90	1.14	1.03	0.92	0.89
ANK	1.87	1.85	1.70	1.76	1.81	1.81	1.70	2.04	1.85	1.75
ACNK	1.01	1.17	1.02	1.03	1.01	1.02	1.00	1.04	1.00	1.06
LREE	118.99	120.62	111.20	123.69	99.56	103.31	118.41	133.28	115.05	103.51
HREE	8.13	10.98	7.90	8.86	8.97	8.60	12.91	9.91	9.52	8.19
ΣREE	127.12	131.60	119.10	132.55	108.53	111.91	131.32	143.19	124.57	111.70
Zr/Hf	43.98	47.43	44.11	43.34	51.11	43.57	47.93	39.73	43.31	42.36
Rb/Sr	0.19	0.64	0.18	0.19	0.25	0.25	0.45	0.18	0.27	0.23
Nb/Ta	8.35	8.77	8.95	9.41	9.93	10.47	10.49	10.87	11.00	11.57
Y/Nb	1.39	1.83	1.33	1.67	1.76	1.45	2.03	1.71	1.34	1.12
Yb/Ta	1.14	1.88	1.22	1.62	1.83	1.60	2.40	2.01	1.49	1.42

注:主要元素单位为%,稀土与微量元素单位为 10^{-6}。

中细粒花岗闪长岩样品的轻稀土元素总量(LREE)为 99.56×10^{-6}～133.28×10^{-6}(平均值为 114.76×10^{-6}),重稀土元素总量(HREE)为 7.90×10^{-6}～12.91×10^{-6}(平均值为 9.40×10^{-6}),稀土元素总量(ΣREE)为 108.53×10^{-6}～143.19×10^{-6}(平均值为 124.16×10^{-6}),稀土元素配分模式为轻稀土富集、重稀土亏损的右倾型[图 5-16(a)]。轻、重稀土分馏程度中等,LREE/HREE=9.17～14.64(平均值为 12.40),$(La/Yb)_N$=8.46～20.13(平均值为 15.32),重稀土元素相对平坦,$(Gd/Yb)_N$=1.23～2.36,具有较弱的铕负异常(δ_{Eu}=0.76～0.86,平均值为 0.81),无铈异常(δ_{Ce}=0.85～1.14,平均值为 0.95)。微量元素原始地幔标准化蛛网图[图 5-16(b)]中,岩石样品富集 Rb、K、Ba、U、Th、La、Zr、Hf 等元素,相对亏损高场强元素 Nb、P、Ti、Y、Yb、Lu 等。中细粒花岗闪长岩样品的 Zr/Hf 为 39.73～51.11(平均值为 44.69),绝大多数比值介于地幔平均值(30.74)和地壳平均值(44.68)之间[196,203]。Rb/Sr 为 0.18～0.43(平均值为 0.25),绝大多数值介于上地幔值(0.034)和地壳值(0.35)之间[196,204]。Nb/Ta 为 8.35～11.57(平均值为 9.98),低于地幔平均值(17.5),而与地壳平均值(12.3)接近[196,205],反映中细粒花岗闪长岩浆源于壳幔混合源区。

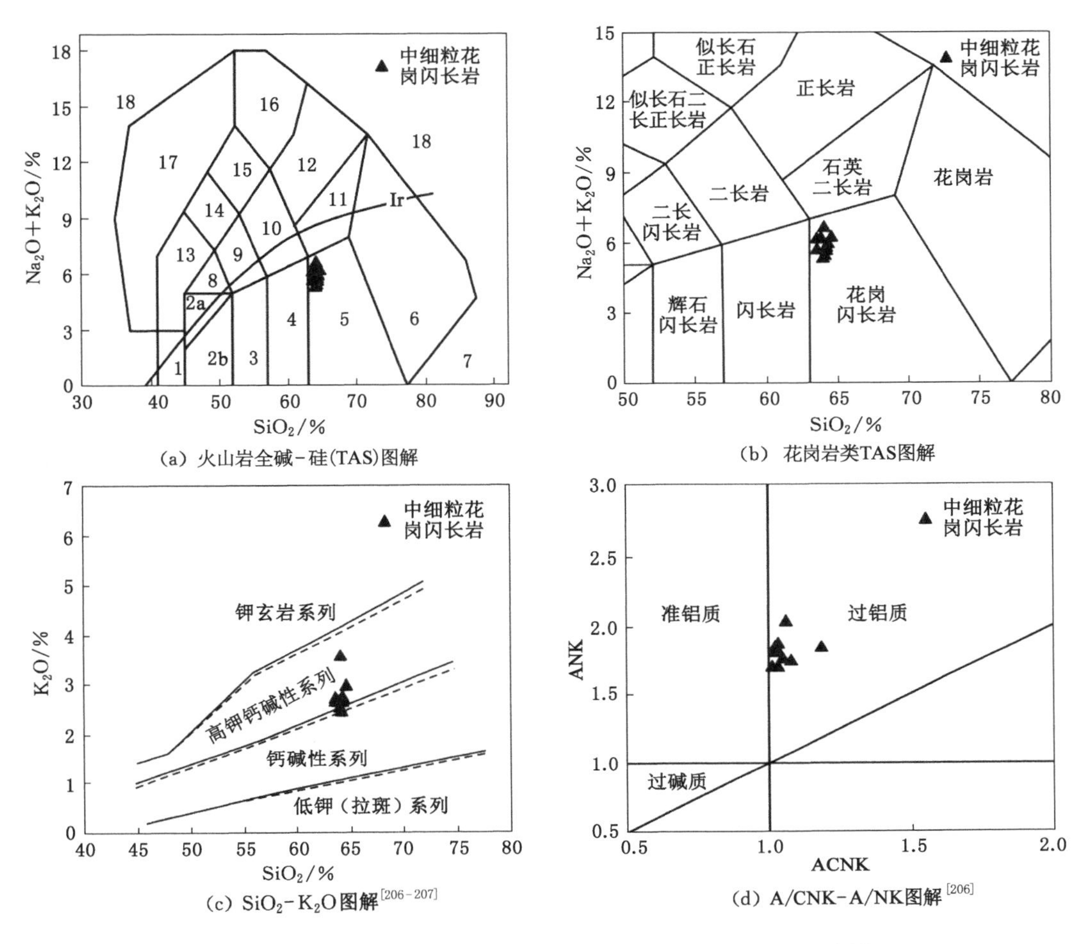

图 5-15 早侏罗世中细粒花岗闪长岩的岩浆岩全碱-硅(TAS)图解、花岗岩类 TAS 图解、SiO_2-K_2O 图解及 A/CNK-A/NK 图解

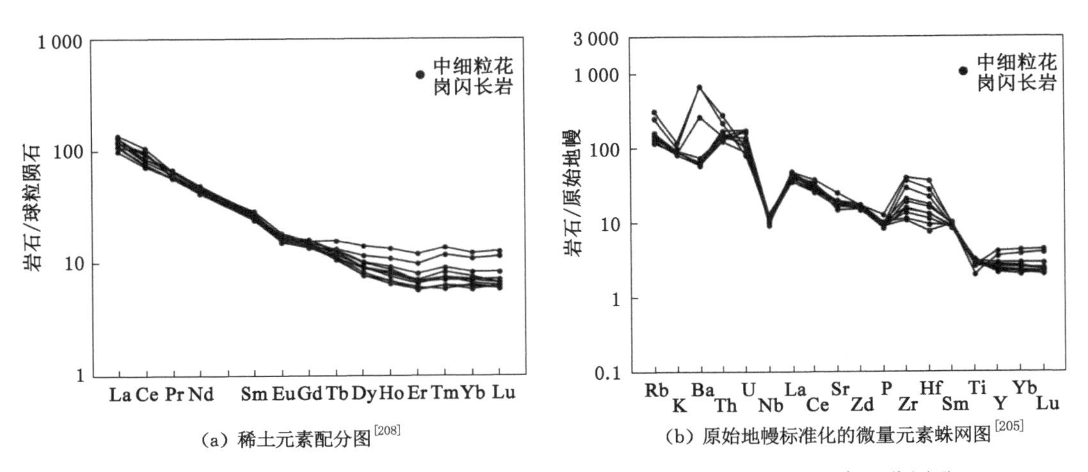

图 5-16 早侏罗世中细粒花岗闪长岩样品球粒陨石标准化的稀土元素配分图及原始地幔标准化的微量元素蛛网图

5.3.3 似斑状中细粒二长花岗岩地球化学特征

似斑状中细粒二长花岗岩地球化学样品采至于家崴子、福安堡钼矿、新安水库以东，共采集岩石地球化学样品5件，测试分析数据详见表5-9。5件似斑状中细粒二长花岗岩样品的SiO_2含量在70.13%～72.85%之间(平均值为71.36%)，Al_2O_3含量为13.40%～14.46%(平均值为13.92%)，Na_2O含量在3.26%～4.04%之间(平均值为3.72%)，K_2O含量为3.08%～4.03%之间(平均值为3.55%)，碱(Na_2O+K_2O)总量在6.65%～8.07%之间(平均值为7.27%)，K_2O/Na_2O在0.80～1.04之间(平均值为0.96)，A/NK在1.31～1.49之间(平均值为1.40)，A/CNK在0.99～1.17之间(平均值为1.08)，里特曼指数(δ)在1.55～2.40之间(平均值为1.88)，具有较低的MnO、P_2O_5、TiO_2含量。样品在TAS图解中均落入亚碱性花岗岩范围内[图5-17(a)、图5-17(b)]，在K_2O-SiO_2图解中落入高钾钙碱系列中[图5-17(c)]，在A/NK-ACNK图解中均落入过铝质系列中[图5-17(d)]。由此可知似斑状中细粒二长花岗岩属于亚碱性过铝质高钾钙碱系列岩石。

表5-9 张广才岭南段早侏罗世似斑状中细粒二长花岗岩石地球化学分析结果

样品号	P15GS12	2015GS18	P15GS16	2015GS17	P15GS11
岩石名称	似斑状中细粒二长花岗岩				
SiO_2	72.85	71.05	71.52	70.13	71.25
Al_2O_3	13.70	14.46	13.40	14.46	13.58
Fe_2O_3	1.32	2.52	2.24	2.74	2.20
FeO	0.59	1.15	1.21	1.41	1.26
MgO	0.23	0.55	0.47	0.59	0.48
CaO	1.15	1.98	1.57	1.94	1.63
Na_2O	3.58	3.85	3.26	4.04	3.87
K_2O	3.47	3.78	3.39	4.03	3.08
MnO	0.04	0.04	0.05	0.05	0.06
P_2O_5	0.07	0.13	0.10	0.11	0.11
TiO_2	0.19	0.32	0.35	0.28	0.36
烧失量	2.12	0.56	1.83	0.54	1.42
总量	99.31	100.38	99.40	100.32	99.29
La	25.90	26.85	27.30	29.90	27.80
Ce	46.90	48.16	53.20	56.66	54.60
Pr	5.78	5.82	6.75	6.96	6.67
Nd	20.70	21.28	24.60	24.95	24.40
Sm	3.99	3.94	4.68	4.32	4.46
Eu	0.97	0.90	1.07	0.93	1.04
Gd	2.74	2.49	2.98	2.93	2.90
Tb	0.40	0.32	0.41	0.37	0.42

表 5-9(续)

样品号	P15GS12	2015GS18	P15GS16	2015GS17	P15GS11
岩石名称	似斑状中细粒二长花岗岩				
Dy	2.19	1.61	1.94	1.62	1.94
Ho	0.39	0.29	0.34	0.32	0.36
Er	1.01	0.77	0.86	0.71	0.90
Tm	0.16	0.11	0.14	0.12	0.14
Yb	1.04	0.70	0.83	0.75	0.93
Lu	0.13	0.11	0.12	0.10	0.12
Y	10.60	7.88	9.20	7.82	9.34
Rb	86.70	113.12	109.00	125.59	106.00
Ba	490.30	636.10	521.40	667.00	471.00
Th	6.78	9.98	9.44	11.72	10.60
U	2.87	1.20	2.10	1.73	2.47
Nb	6.55	8.98	9.74	8.56	9.60
Sr	367.30	438.50	383.40	381.20	384.30
Hf	4.18	1.48	3.97	1.70	4.39
Ta	0.61	0.77	0.82	0.68	0.53
Zr	202.00	59.77	188.00	69.71	174.00
δ_{Eu}	0.85	0.82	0.82	0.76	0.83
δ_{Ce}	0.89	0.89	0.92	0.91	0.94
ANK	1.42	1.39	1.48	1.31	1.40
ACNK	1.17	1.03	1.13	0.99	1.07
LREE	104.24	106.95	117.60	123.72	118.97
HREE	8.06	6.40	7.62	6.92	7.71
∑REE	112.30	113.35	125.22	130.64	126.68
Zr/Hf	48.33	40.39	47.36	41.01	39.64
Rb/Sr	0.24	0.26	0.28	0.33	0.28
Nb/Ta	10.73	11.66	11.88	12.59	17.11
Y/Nb	1.62	0.88	0.94	0.91	0.97
Yb/Ta	1.70	0.91	1.01	1.10	1.75

注:主要元素单位为%,稀土与微量元素单位为 10^{-6}。

似斑状中细粒二长花岗岩样品的轻稀土元素总量(LREE)为 104.23×10^{-6}～123.72×10^{-6}(平均值为 114.30×10^{-6}),重稀土元素总量(HREE)为 6.40×10^{-6}～8.06×10^{-6}(平均值为 7.34×10^{-6}),稀土元素总量(∑REE)为 112.30×10^{-6}～130.64×10^{-6}(平均值为 121.64×10^{-6}),稀土元素配分模式为轻稀土富集、重稀土亏损的右倾型[图 5-18(a)]。轻、重稀土分馏程度较强,LREE/HREE=12.93～17.88(平均值为 15.68),$(La/Yb)_N$=16.79～26.88(平均值为 22.37),重稀土元素相对平坦,$(Gd/Yb)_N$=2.13～3.15,具有极弱的铕负

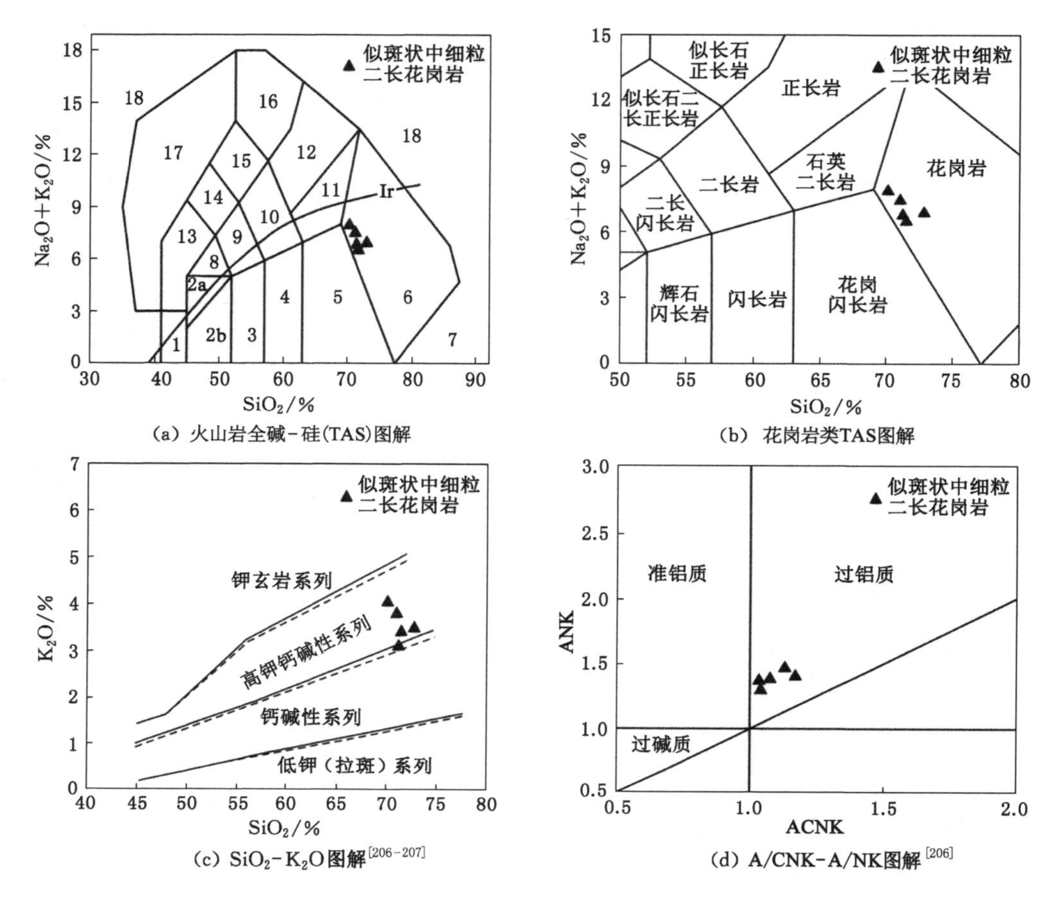

(a) 火山岩全碱-硅(TAS)图解

(b) 花岗岩类TAS图解

(c) SiO_2-K_2O图解[206-207]

(d) A/CNK-A/NK图解[206]

图 5-17 早侏罗世似斑状中细粒二长花岗岩的岩浆岩全碱-硅(TAS)图解、花岗岩类 TAS 图解、SiO_2-K_2O 图解及 A/CNK-A/NK 图解

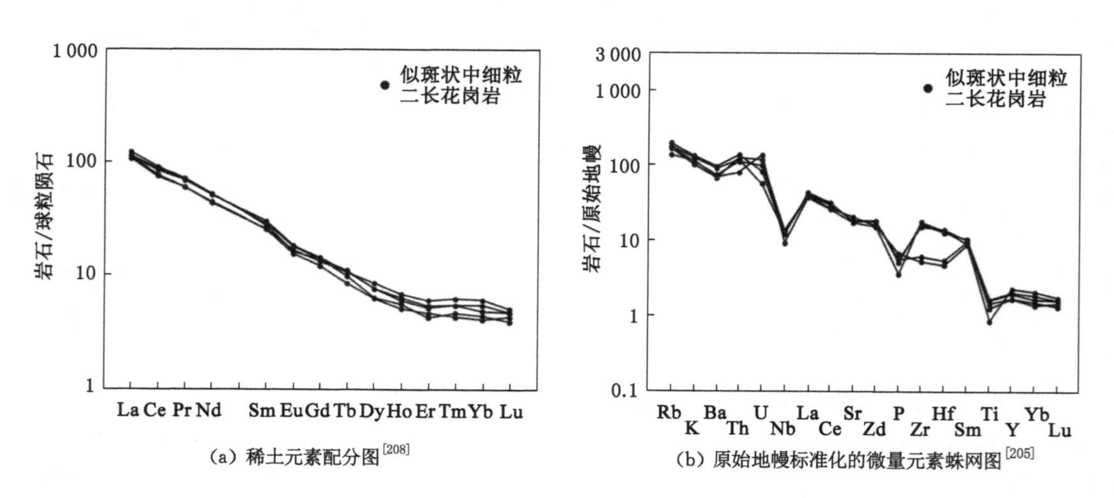

(a) 稀土元素配分图[208]

(b) 原始地幔标准化的微量元素蛛网图[205]

图 5-18 早侏罗世似斑状中细粒二长花岗岩样品球粒陨石标准化的稀土元素配分图及原始地幔标准化的微量元素蛛网图

异常(δ_{Eu}=0.76～0.85,平均值为0.82),无铈异常(δ_{Ce}=0.89～0.94,平均值为0.91)。微量元素原始地幔标准化蛛网图[图5-18(b)]中,岩石样品富集Rb、K、Ba、U、Th、La等元素,相对亏损高场强元素Nb、P、Ti、Y、Yb、Lu等。似斑状中细粒二长花岗岩样品的Zr/Hf为39.64～48.33(平均值为43.34),大多数比值介于地幔平均值(30.74)和地壳平均值(44.68)之间[196,203]。Rb/Sr为0.25～0.33(平均值为0.28),介于上地幔值(0.034)和地壳值(0.35)之间[196,204]。Nb/Ta为10.73～17.11(平均值为13.00),介于地幔平均值(17.5)和地壳平均值(12.3)之间[196,205],反映似斑状中细粒二长花岗岩浆源于壳幔混合源区。

5.3.4 似斑状中粗粒二长花岗岩地球化学特征

似斑状中粗粒二长花岗岩地球化学样品采至头道滴达、新开村至五滴村一带,共采集岩石地球化学样品11件,测试分析数据详见表5-10。11件似斑状中粗粒二长花岗岩样品的SiO_2含量在70.11%～73.58%之间(平均值为71.50%),Al_2O_3含量为12.60%～14.96%(平均值为13.75%),Na_2O含量为3.09%～3.83%(平均值为3.51%),K_2O含量为3.23%～4.30%(平均值为3.69%),碱(Na_2O+K_2O)总量为6.32%～7.67%(平均值为7.19%),K_2O/Na_2O为0.94～1.30(平均值为1.05),A/NK在1.35～1.61之间(平均值为1.41),A/CNK在0.96～1.20之间(平均值为1.01),里特曼指数(δ)为1.31～2.12(平均值为1.83),具有较低的MnO、P_2O_5、TiO_2含量。样品在TAS图解中均落入亚碱性花岗岩范围内[图5-19(a)、图5-19(b)],在K_2O-SiO_2图解中落入高钾钙碱系列中[图5-19(c)],在A/NK-ACNK图解中均落入准铝质-过铝质系列中[图5-19(d)]。由此可知似斑状中粗粒二长花岗岩属于亚碱性准铝质-过铝质高钾钙碱系列岩石。

表5-10 张广才岭南段早侏罗世似斑状中粗粒二长花岗岩石地球化学分析结果

样品号	15GS10	15GS14	15GS11	15GS151	15GS143	15GS152	15GS141	GS11	GS02	15GS13	15GS144
岩石名称	似斑状中粗粒二长花岗岩										
SiO_2	72.55	71.21	73.58	72.11	70.11	71.05	71.05	72.33	71.23	70.55	70.73
Al_2O_3	12.65	13.88	12.60	13.50	14.09	13.99	14.04	14.96	13.03	14.15	14.37
Fe_2O_3	3.02	2.29	2.62	1.70	2.65	2.39	2.22	1.92	2.84	2.66	1.34
FeO	2.13	1.90	2.56	2.20	2.04	1.76	2.01	0.94	1.89	1.87	2.30
MgO	0.55	0.69	0.62	0.73	0.75	0.73	0.73	0.59	0.84	0.51	0.79
CaO	1.79	2.22	1.90	2.15	2.42	2.40	2.41	1.75	2.03	2.26	2.39
Na_2O	3.21	3.55	3.09	3.53	3.67	3.65	3.65	3.48	3.60	3.30	3.83
K_2O	3.53	3.88	3.23	3.75	3.87	3.81	3.66	3.27	3.42	4.30	3.84
MnO	0.06	0.07	0.07	0.08	0.08	0.07	0.07	0.04	0.02	0.05	0.08
P_2O_5	0.06	0.09	0.08	0.10	0.10	0.09	0.09	0.05	0.11	0.06	0.10
TiO_2	0.20	0.30	0.24	0.34	0.32	0.30	0.31	0.15	0.30	0.21	0.33
烧失量	0.21	0.28	0.18	0.22	0.28	0.28	0.22	1.05	1.14	0.31	0.39
总量	99.96	100.36	100.77	100.41	100.38	100.52	100.46	100.53	100.45	100.23	100.50
La	21.43	28.68	23.87	33.48	30.77	30.85	31.45	36.08	32.50	20.89	31.47

表 5-10(续)

样品号	15GS10	15GS14	15GS11	15GS151	15GS143	15GS152	15GS141	GS11	GS02	15GS13	15GS144
岩石名称	似斑状中粗粒二长花岗岩										
Ce	40.29	47.86	45.17	58.04	51.43	57.07	54.24	68.75	57.80	43.28	50.58
Pr	4.43	5.41	4.63	6.46	5.75	6.07	6.06	7.88	5.78	4.34	5.94
Nd	14.26	17.85	15.44	21.86	18.58	19.67	20.30	28.85	19.50	16.02	19.51
Sm	3.01	3.30	3.01	4.23	3.35	3.45	3.53	4.97	3.68	3.01	3.32
Eu	0.56	0.65	0.52	0.70	0.73	0.73	0.72	0.88	0.68	0.63	0.60
Gd	2.22	2.52	2.30	3.15	2.73	2.82	2.70	3.47	2.82	2.50	2.98
Tb	0.39	0.39	0.38	0.48	0.40	0.43	0.40	0.45	0.48	0.39	0.44
Dy	2.27	2.01	2.01	2.67	2.14	2.21	2.14	2.10	2.70	2.22	2.18
Ho	0.47	0.43	0.43	0.56	0.44	0.46	0.43	0.40	0.59	0.39	0.45
Er	1.21	1.17	1.16	1.52	1.17	1.26	1.15	1.02	1.57	1.10	1.22
Tm	0.24	0.20	0.21	0.26	0.18	0.21	0.20	0.16	0.29	0.19	0.21
Yb	1.73	1.45	1.32	1.73	1.33	1.48	1.28	0.96	1.87	0.99	1.39
Lu	0.26	0.22	0.21	0.27	0.21	0.23	0.20	0.16	0.29	0.18	0.21
Y	12.92	11.72	11.57	14.93	11.68	12.30	11.56	10.62	14.60	10.12	12.46
Rb	127.96	143.13	123.70	164.58	124.41	146.75	135.23	119.26	135.00	98.83	132.64
Ba	286.50	386.00	270.10	389.80	450.40	440.40	440.60	624.00	822.00	454.60	382.30
Th	19.49	21.13	19.25	23.52	19.15	22.22	19.12	11.94	23.30	17.60	24.46
U	4.79	7.44	1.99	5.03	4.45	3.93	4.55	2.59	4.86	2.12	4.43
Nb	7.86	8.77	7.85	10.64	8.20	9.32	8.51	8.42	6.23	4.84	9.08
Sr	167.30	194.20	176.20	187.80	230.30	212.00	218.30	405.00	223.00	216.70	208.90
Hf	3.75	1.94	3.87	1.95	2.59	1.63	2.35	9.24	11.20	3.08	1.90
Ta	1.18	1.29	1.13	1.50	1.15	1.27	1.13	1.05	0.77	0.57	1.04
Zr	161.43	80.03	164.99	80.54	108.39	65.12	98.87	383.00	453.00	127.41	79.74
δ_{Eu}	0.63	0.66	0.58	0.56	0.72	0.70	0.69	0.62	0.62	0.68	0.57
δ_{Ce}	0.95	0.87	0.97	0.89	0.87	0.95	0.89	0.94	0.94	1.04	0.83
ANK	1.39	1.38	1.47	1.37	1.38	1.38	1.41	1.61	1.35	1.40	1.37
ACNK	1.02	0.98	1.05	0.98	0.96	0.96	0.98	1.20	0.98	1.00	0.97
LREE	83.98	103.75	92.64	124.77	110.61	117.84	116.30	147.41	119.94	88.17	111.42
HREE	8.79	8.39	8.02	10.64	8.60	9.10	8.50	8.72	10.61	7.96	9.08
ΣREE	92.77	112.14	100.66	135.41	119.21	126.94	124.80	156.13	130.55	96.13	120.50
Zr/Hf	43.05	41.25	42.63	41.30	41.85	39.95	42.07	41.45	40.45	41.37	41.97
Rb/Sr	0.76	0.74	0.70	0.88	0.54	0.69	0.62	0.29	0.61	0.46	0.63
Nb/Ta	6.66	6.80	6.95	7.09	7.13	7.34	7.53	8.02	8.09	8.49	8.73
Y/Nb	1.64	1.34	1.47	1.40	1.42	1.32	1.36	1.26	2.34	2.09	1.37
Yb/Ta	1.47	1.12	1.17	1.15	1.16	1.17	1.13	0.91	2.43	1.74	1.34

注：主要元素单位为%，稀土与微量元素单位为 10^{-6}。

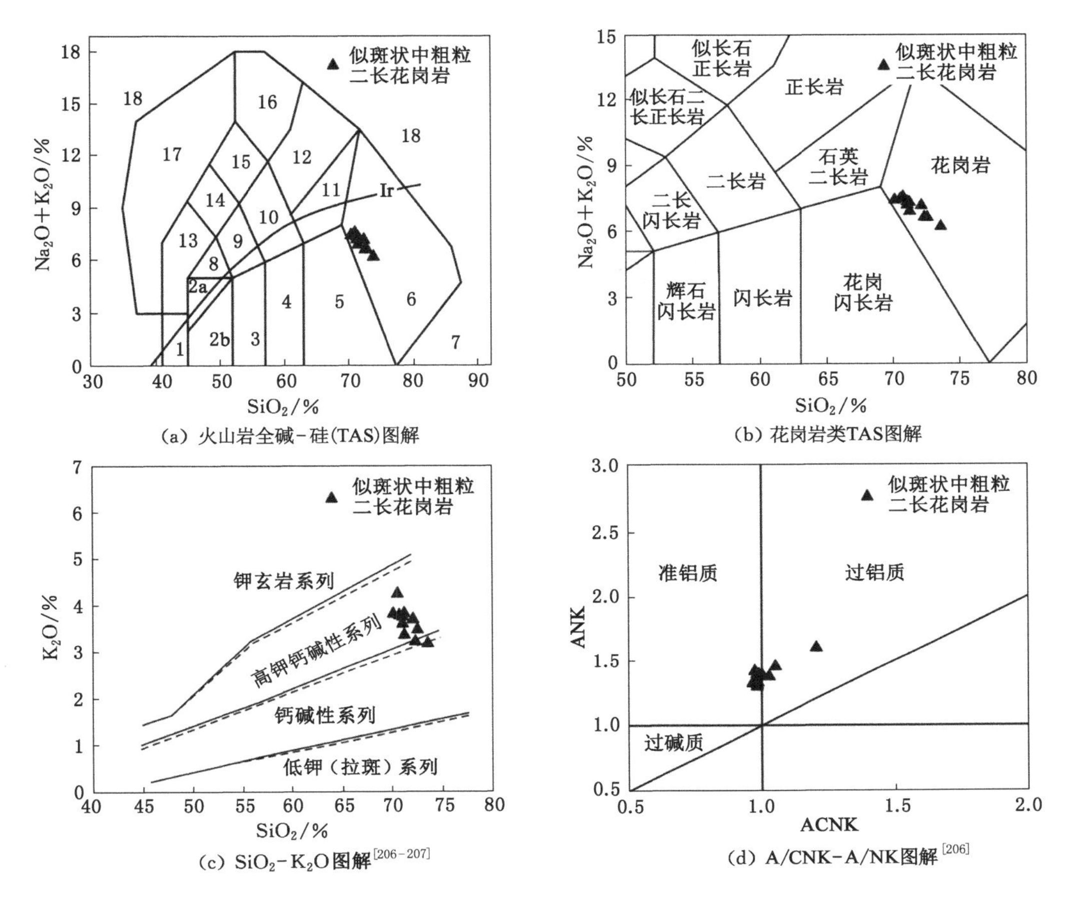

图 5-19 早侏罗世似斑状中粗粒二长花岗岩的岩浆岩全碱-硅(TAS)图解、花岗岩类 TAS 图解、SiO_2-K_2O 图解及 A/CNK-A/NK 图解

似斑状中粗粒二长花岗岩样品的轻稀土元素总量(LREE)为 83.98×10^{-6}～147.41×10^{-6}(平均值为 110.62×10^{-6}),重稀土元素总量(HREE)为 7.96×10^{-6}～10.64×10^{-6}(平均值为 8.95×10^{-6}),稀土元素总量(∑REE)为 92.77×10^{-6}～156.13×10^{-6}(平均值为 119.57×10^{-6}),稀土元素配分模式为轻稀土富集、重稀土亏损的右倾型[图 5-20(a)]。轻、重稀土分馏程度中等,LREE/HREE=9.55～16.90(平均值为 12.39),$(La/Yb)_N$=8.35～25.34(平均值为 14.52),重稀土元素相对平坦,$(Gd/Yb)_N$=1.04～2.92,具有铕负异常(δ_{Eu}=0.56～0.72,平均值为 0.64),无铈异常(δ_{Ce}=0.83～1.04,平均值为 0.92)。微量元素原始地幔标准化蛛网图[图 5-20(b)]中,岩石样品富集 Rb、K、U、Th、La 等元素,相对亏损 Ba、Nb、P、Ti、Y、Yb、Lu 等元素。似斑状中粗粒二长花岗岩样品的 Zr/Hf 为 39.95～43.05(平均值为 41.56),介于地幔平均值(30.74)和地壳平均值(44.68)之间[196,203],Rb/Sr 为 0.29～0.88(平均值为 0.63),绝大多数值均大于上地幔值(0.034)和地壳值(0.35),而接近地壳平均值[196,204],Nb/Ta 为 6.66～8.73(平均值为 7.53),低于地幔平均值(17.5)和地壳平均值(12.3),而接近地壳平均值[196,205],反映似斑状中粗粒二长花岗岩浆源于地壳物质源区。

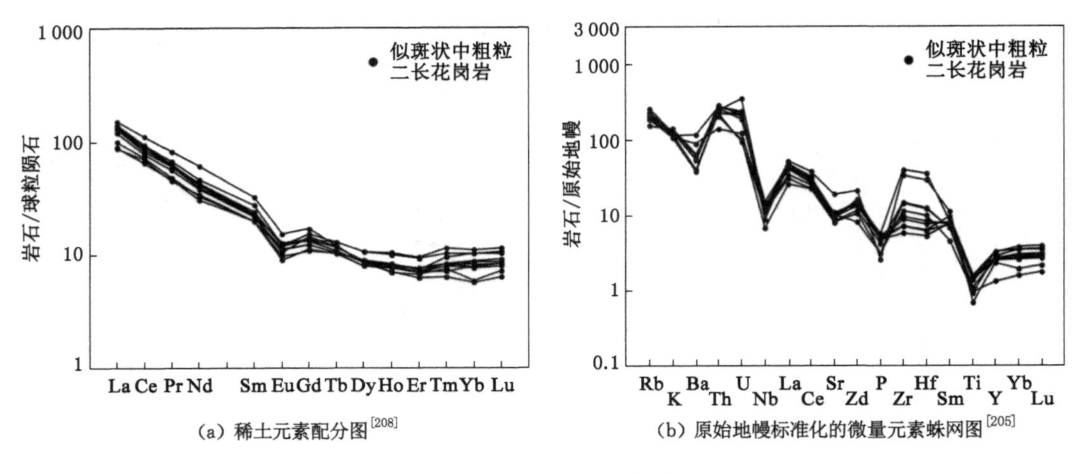

(a) 稀土元素配分图[208]　　(b) 原始地幔标准化的微量元素蛛网图[205]

图 5-20　早侏罗世似斑状中粗粒二长花岗岩样品球粒陨石标准化的稀土元素配分图及原始地幔标准化的微量元素蛛网图

5.4　中侏罗世花岗岩中镁铁质包体地球化学特征

本书选取最具有代表性的中细粒花岗闪长岩中镁铁质包体进行研究，镁铁质包体岩性为含斑细粒闪长岩。中细粒花岗闪长岩中含斑细粒闪长岩包体样品主要采自向阳村和珠琦河岸采石场。共采集岩石地球化学样品 19 件，测试分析数据详见表 5-11。19 件含斑细粒闪长岩包体样品的 SiO_2 含量在 51.12%～59.32%之间（平均值为 54.46%），Al_2O_3 含量为 12.40%～17.68%（平均值为 15.99%），Na_2O 含量为 2.59%～4.23%（平均值为 3.72%），K_2O 含量为 1.56%～2.81%（平均值为 2.07%），碱（Na_2O+K_2O）总量为 4.77%～6.44%（平均值为 5.79%），K_2O/Na_2O 为 0.41～1.02（平均值为 0.57），A/NK 在 1.75～2.11 之间（平均值为 1.91），A/CNK 在 0.67～0.96 之间（平均值为 0.86），里特曼指数（δ）为 2.11～4.25（平均值为 3.03），具有较低的 MnO、P_2O_5 含量。样品在 TAS 图解中主要落入亚碱性二长闪长岩范围内[图 5-21(a)、图 5-21(b)]。在 K_2O-SiO_2 图解中落入高钾钙碱系列中[图 5-21(c)]，在 A/NK-ACNK 图解中均落入准铝质系列中[图 5-21(d)]。由此可知中细粒闪长岩属于亚碱性准铝质高钾钙碱系列岩石。

表 5-11　中细粒花岗闪长岩中含斑细粒闪长岩包体的岩石地球化学分析结果

样品号	GS03-4	GS05-3	GS09-2	GS03-3	GS02-4	GS09-5	GS09-4	GS08-2	GS02-2	GS02-3
岩石名称	含斑细粒闪长质包体									
SiO_2	52.88	54.12	52.36	53.54	54.91	52.12	54.66	56.03	57.32	53.55
Al_2O_3	16.09	16.31	14.49	16.15	16.02	14.59	15.99	16.41	16.04	16.88
Fe_2O_3	7.90	10.90	9.61	7.57	6.38	9.65	8.16	8.02	6.46	7.83
FeO	5.11	4.45	6.31	4.54	3.64	5.21	3.47	5.28	3.72	4.83
MgO	3.49	2.25	4.50	3.64	2.99	4.94	3.72	2.56	3.38	3.04
CaO	6.36	4.92	7.02	6.06	6.07	7.39	6.26	5.10	5.55	5.50

表 5-11(续)

样品号	GS03-4	GS05-3	GS09-2	GS03-3	GS02-4	GS09-5	GS09-4	GS08-2	GS02-2	GS02-3
岩石名称	含斑细粒闪长质包体									
Na_2O	3.81	4.09	3.18	4.23	3.93	3.24	3.37	3.49	3.94	3.95
K_2O	1.56	1.68	1.59	1.90	2.01	1.64	2.65	1.89	2.03	2.12
MnO	0.16	0.13	0.22	0.16	0.13	0.24	0.18	0.12	0.11	0.15
P_2O_5	0.26	0.22	0.22	0.32	0.26	0.23	0.28	0.35	0.25	0.33
TiO_2	1.07	0.61	0.92	1.16	0.99	0.95	0.96	1.13	0.95	1.15
烧失量	0.76	0.27	0.28	0.81	2.73	0.39	0.65	0.37	0.68	0.56
总量	99.45	99.81	100.70	100.08	100.06	100.59	100.35	100.75	100.42	99.89
La	26.25	29.07	23.65	21.09	23.64	22.80	23.67	31.42	20.99	23.84
Ce	57.10	62.64	63.06	47.23	48.25	61.26	55.80	55.46	41.12	52.30
Pr	8.08	7.75	11.11	6.59	6.88	10.24	8.67	6.32	5.59	7.29
Nd	33.04	28.94	49.34	27.98	26.73	44.26	36.21	23.06	23.41	30.31
Sm	6.78	5.80	11.78	5.43	5.59	11.27	8.51	4.58	4.99	6.35
Eu	1.42	1.05	1.59	1.27	1.10	1.42	1.40	1.23	0.99	1.21
Gd	4.56	4.53	8.07	3.78	3.71	7.41	5.79	3.51	3.44	4.67
Tb	0.74	0.73	1.39	0.63	0.60	1.34	1.03	0.56	0.50	0.75
Dy	3.84	3.78	7.82	3.13	2.83	7.26	5.37	2.67	2.46	4.14
Ho	0.71	0.75	1.61	0.58	0.54	1.49	1.11	0.51	0.49	0.83
Er	1.84	1.82	3.92	1.45	1.40	3.75	2.81	1.35	1.21	1.98
Tm	0.28	0.30	0.65	0.24	0.22	0.59	0.48	0.23	0.18	0.34
Yb	1.95	1.92	4.12	1.55	1.50	4.19	2.84	1.44	1.14	2.18
Lu	0.27	0.29	0.60	0.20	0.20	0.58	0.41	0.24	0.17	0.32
Y	18.50	19.10	39.12	14.95	14.15	39.29	27.60	13.19	12.36	20.69
Rb	54.60	55.28	56.34	80.52	80.00	63.66	80.66	86.22	87.01	89.63
Ba	255.30	192.30	222.10	311.00	373.80	223.50	456.70	197.00	379.30	317.40
Th	5.81	16.91	5.35	7.35	10.21	5.23	4.29	9.06	7.64	6.79
U	1.91	3.28	2.03	2.74	3.33	1.97	3.46	2.86	3.11	1.86
Nb	9.64	8.57	10.88	10.26	11.19	12.02	12.66	11.68	10.73	12.42
Sr	393.40	359.10	307.60	418.90	398.50	299.40	353.80	361.10	362.90	369.40
Hf	1.28	3.95	4.79	3.10	4.36	1.17	1.53	5.28	5.86	1.38
Ta	0.61	0.94	0.77	0.74	0.76	0.86	1.13	1.05	0.86	0.92
Zr	48.26	176.33	210.62	132.92	190.77	47.99	62.23	227.29	250.20	51.73
δ_{Eu}	0.74	0.60	0.47	0.81	0.70	0.45	0.58	0.90	0.69	0.65
δ_{Ce}	0.94	0.99	0.93	0.96	0.90	0.96	0.94	0.90	0.90	0.95
ANK	2.02	1.91	2.08	1.79	1.85	2.05	1.90	2.11	1.85	1.92
ACNK	0.82	0.93	0.73	0.81	0.81	0.71	0.81	0.96	0.95	0.90

表 5-11(续)

样品号	GS03-4	GS05-3	GS09-2	GS03-3	GS02-4	GS09-5	GS09-4	GS08-2	GS02-2	GS02-3
岩石名称	含斑细粒闪长质包体									
LREE	132.67	135.25	160.53	109.59	112.19	151.25	134.26	122.07	97.09	121.30
HREE	14.19	14.12	28.18	11.56	11.00	26.61	19.84	10.51	9.59	15.21
ΣREE	146.86	149.37	188.71	121.15	123.19	177.86	154.10	132.58	106.68	136.51
Zr/Hf	37.70	44.64	43.97	42.88	43.75	41.02	40.67	43.05	42.70	37.49
Rb/Sr	0.14	0.15	0.18	0.19	0.20	0.21	0.23	0.24	0.24	0.24
Sr/Y	21.26	18.80	7.86	28.02	28.16	7.62	12.82	27.38	29.36	17.85
Nb/Ta	15.80	9.12	14.13	13.86	14.72	13.98	11.20	11.12	12.48	13.50
SiO_2	55.12	52.12	52.38	53.12	57.05	57.21	57.12	52.33	57.12	
Al_2O_3	17.29	17.60	17.18	17.13	15.25	15.30	15.80	12.40	16.42	
Fe_2O_3	7.73	8.45	8.50	8.17	7.36	7.25	7.09	9.41	7.47	
FeO	3.76	4.35	4.50	5.12	5.06	5.53	3.29	5.64	3.99	
MgO	2.90	3.62	3.30	3.15	2.93	3.02	3.16	3.96	2.54	
CaO	5.52	6.14	5.80	5.33	4.75	5.03	5.83	6.30	4.45	
Na_2O	4.20	3.92	4.10	3.73	3.72	3.69	3.36	2.59	4.09	
K_2O	2.01	1.99	2.04	2.66	1.86	1.98	2.81	2.65	2.35	
MnO	0.17	0.17	0.15	0.14	0.13	0.14	0.12	0.18	0.22	
P_2O_5	0.23	0.37	0.34	0.34	0.29	0.27	0.22	0.38	0.24	
TiO_2	0.99	1.27	1.10	1.14	1.08	0.90	0.80	1.18	0.77	
烧失量	0.80	0.33	0.80	0.52	0.35	0.28	0.58	3.50	0.89	
总量	100.54	100.33	100.19	100.55	99.83	100.60	100.18	100.52	100.55	
La	27.57	24.19	34.64	34.84	30.92	28.32	26.90	31.81	18.05	
Ce	48.52	50.55	61.98	70.06	51.70	62.46	53.67	75.03	32.98	
Pr	6.37	8.00	8.02	8.67	6.52	7.73	6.89	10.35	6.45	
Nd	24.94	33.52	30.99	33.42	25.55	29.75	26.04	41.46	27.73	
Sm	5.11	7.50	6.67	6.65	5.14	5.65	5.63	9.36	8.37	
Eu	1.04	1.32	0.99	1.41	1.00	1.18	1.15	1.41	0.72	
Gd	3.79	5.21	4.66	4.67	3.61	4.25	4.31	6.47	5.70	
Tb	0.56	0.87	0.69	0.69	0.58	0.64	0.72	1.03	1.20	
Dy	2.89	4.71	3.66	3.28	2.95	3.29	4.15	5.60	7.38	
Ho	0.55	0.93	0.66	0.67	0.52	0.66	0.87	1.24	1.54	
Er	1.34	2.28	1.59	1.68	1.23	1.72	2.23	2.57	3.95	
Tm	0.22	0.35	0.25	0.24	0.19	0.27	0.37	0.41	0.71	
Yb	1.40	2.29	1.41	1.64	1.18	1.77	2.61	2.64	4.81	
Lu	0.23	0.32	0.22	0.26	0.17	0.27	0.40	0.37	0.71	
Y	13.96	22.48	16.76	16.26	13.21	17.12	21.98	26.16	41.70	

表 5-11(续)

样品号	GS03-4	GS05-3	GS09-2	GS03-3	GS02-4	GS09-5	GS09-4	GS08-2	GS02-2	GS02-3
岩石名称	含斑细粒闪长质包体									
Rb	100.29	107.22	106.73	108.06	97.95	104.10	100.83	89.72	122.05	
Ba	502.30	304.20	250.30	311.80	616.00	389.30	533.10	503.30	211.10	
Th	12.42	5.51	6.59	6.85	6.31	7.46	14.65	10.65	7.85	
U	2.20	1.75	2.36	2.29	2.20	3.92	4.62	2.53	2.17	
Nb	11.81	14.77	10.08	11.58	9.15	12.16	9.58	11.87	17.53	
Sr	411.80	402.90	398.90	398.10	342.30	343.80	326.30	273.70	204.10	
Hf	4.32	1.92	4.83	2.76	5.32	2.80	1.19	5.40	2.55	
Ta	0.65	0.96	0.57	0.92	0.55	1.02	1.22	1.04	2.31	
Zr	181.71	80.46	214.10	122.13	231.52	123.68	70.63	230.80	105.63	
δ_{Eu}	0.69	0.61	0.52	0.74	0.68	0.71	0.69	0.53	0.30	
δ_{Ce}	0.85	0.87	0.86	0.95	0.84	1.00	0.93	0.99	0.73	
ANK	1.90	2.04	1.97	1.90	1.87	1.86	1.84	1.74	1.77	
ACNK	0.90	0.89	0.91	0.91	0.91	0.88	0.82	0.67	0.94	
LREE	113.55	125.08	143.29	155.05	120.83	135.09	120.28	169.42	94.30	
HREE	10.98	16.96	13.14	13.13	10.43	12.87	15.66	20.33	26.00	
∑REE	124.53	142.04	156.43	168.18	131.26	147.96	135.94	189.75	120.30	
Zr/Hf	42.06	41.91	44.33	44.25	43.52	44.17	59.35	42.74	41.42	
Rb/Sr	0.24	0.27	0.27	0.27	0.29	0.30	0.31	0.33	0.60	
Sr/Y	29.50	17.92	23.80	24.48	25.91	20.08	14.85	10.46	4.89	
Nb/Ta	18.17	15.39	17.68	12.59	16.64	11.92	7.85	11.41	7.59	

注：主要元素单位为%，稀土与微量元素单位为 10^{-6}。

含斑细粒闪长岩包体的轻稀土元素总量(LREE)为 $94.30\times10^{-6}\sim169.43\times10^{-6}$(平均值为 129.11×10^{-6})，重稀土元素总量(HREE)为 $9.59\times10^{-6}\sim28.18\times10^{-6}$(平均值为 15.81×10^{-6})，稀土元素总量(∑REE)为 $106.68\times10^{-6}\sim189.75\times10^{-6}$(平均值为 144.92×10^{-6})，稀土元素配分模式为轻稀土富集、重稀土亏损的右倾型[图 5-22(a)]。轻、重稀土分馏程度中等，LREE/HREE＝3.63～11.81(平均值为 8.87)，$(La/Yb)_N$＝2.53～17.67(平均值为 9.69)，重稀土元素相对平坦，$(Gd/Yb)_N$＝0.96～2.67，具铕负异常(δ_{Eu}＝0.30～0.90，平均值为 0.63)，无铈异常(δ_{Ce}＝0.73～1.00，平均值为 0.91)。微量元素原始地幔标准化蛛网图[图 5-22(b)]中，岩石样品富集 Rb、K、U、Th、La 等元素，相对亏损高场强元素 Ba、Nb、Sr、P、Ti、Y。含斑细粒闪长岩包体样品的 Zr/Hf 为 37.49～59.35(平均值为 43.23)，绝大多数比值介于地幔平均值(30.74)和地壳平均值(44.68)之间[196,203]，Rb/Sr 为 0.14～0.33(平均值为 0.26)，介于上地幔值(0.034)和地壳值(0.35)之间[196,204]，Nb/Ta 为 7.59～17.37(平均值为 13.11)，低于地幔平均值(17.5)，而与地壳平均值(12.3)接近[196,205]，反映含斑细粒闪长岩包体岩浆可能来源于壳幔混合源区。

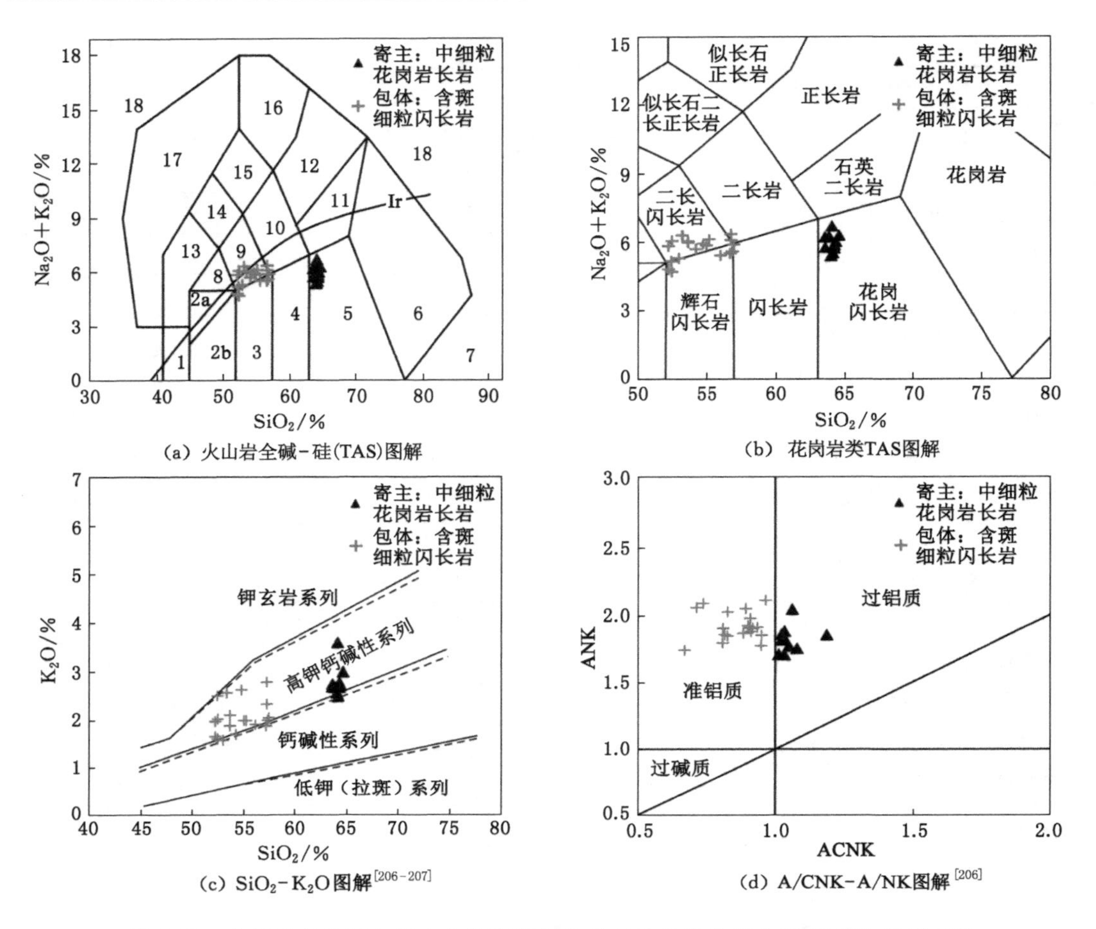

(a) 火山岩全碱-硅(TAS)图解

(b) 花岗岩类TAS图解

(c) SiO_2-K_2O图解[206-207]

(d) A/CNK-A/NK图解[206]

图 5-21　中细粒花岗闪长岩中含斑细粒闪长岩包体的岩浆岩全碱-硅(TAS)图解及花岗岩类 TAS 图解、SiO_2-K_2O 图解及 A/CNK-A/NK 图解

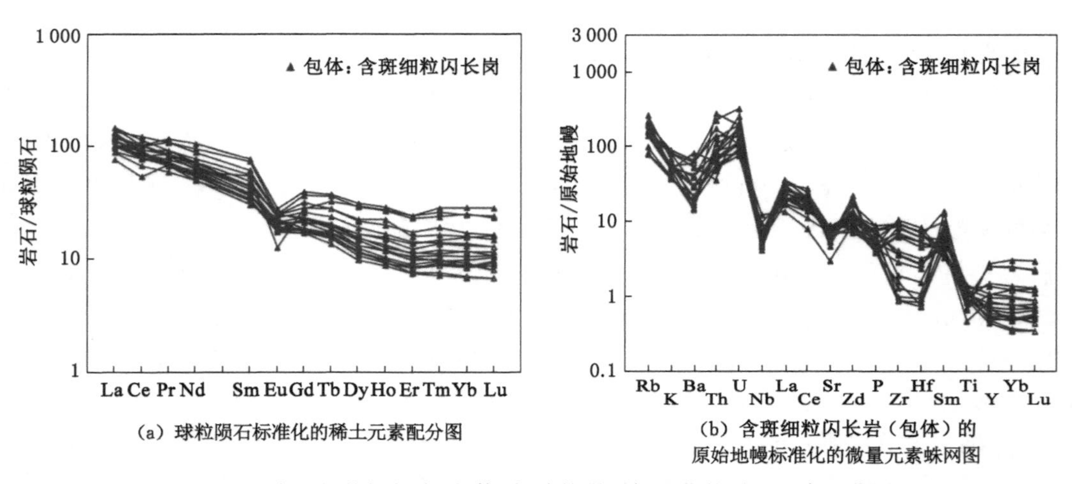

(a) 球粒陨石标准化的稀土元素配分图

(b) 含斑细粒闪长岩（包体）的原始地幔标准化的微量元素蛛网图

图 5-22　含斑细粒闪长岩(包体)的球粒陨石标准化的稀土元素配分图、含斑细粒闪长岩(包体的)原始地幔标准化的微量元素蛛网图、中细粒花岗闪长岩(寄主)的球粒陨石标准化的稀土元素配分图及中细粒花岗闪长岩(寄主)原始地幔标准化的微量元素蛛网图

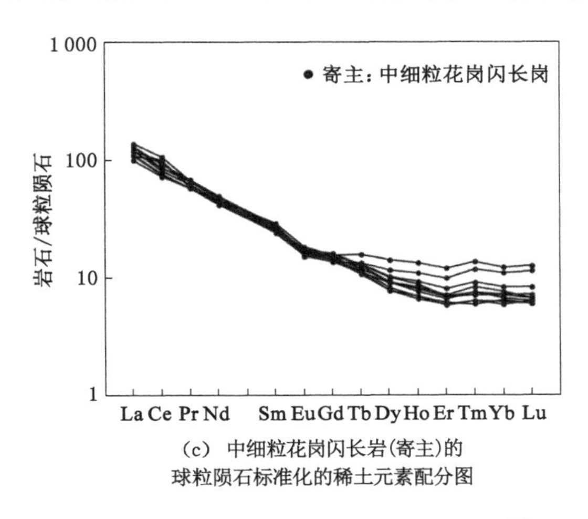

(c) 中细粒花岗闪长岩(寄主)的
球粒陨石标准化的稀土元素配分图

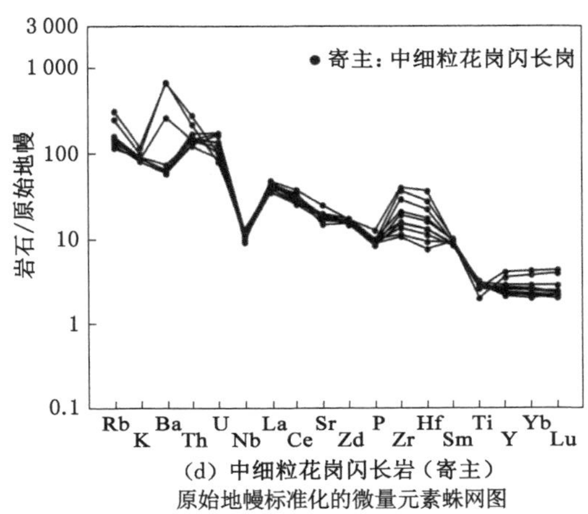

(d) 中细粒花岗闪长岩（寄主）
原始地幔标准化的微量元素蛛网图

图 5-22 （续）

5.5 本章小结

(1) 早侏罗世早期(181.6 Ma 至 190.3 Ma)的岩石组合为中细粒闪长岩、中细粒花岗闪长岩和似斑状中粗粒花岗闪长岩，这些岩石样品均具有中等含量的硅、铝、碱，相对富钠，为准铝至过铝质，亚碱性准铝质～过铝质高钾钙碱系列岩石，稀土元素配分模式为轻稀土富集、重稀土亏损的右倾型，具有较弱～中等的铕负异常、弱的铈正异常。微量元素原始地幔标准化蛛网图中富集 Rb、Th、Zr、K、U、Hf、Sm 等元素，相对亏损高场强元素 Ba、Sr、P、Nb、Ti 等，岩浆来源于壳源源区。

(2) 早侏罗世晚期(170.3 Ma 至 180.0 Ma)的岩石组合为中细粒二长花岗岩、中粗粒二长花岗岩、中粒二长花岗岩、二长花岗岩和碱长花岗岩，这些岩石样品均具有富硅、贫铝、高碱、高钾、低钙，属于亚碱性过铝质高钾钙碱系列岩石。稀土元素配分模式为轻稀土富集、重稀土亏损的右倾型，呈燕式型稀土配分模式，具有较强的铕负异常、弱或无铈异常。微量元素原始地幔标准化蛛网图中富集 Rb、K、Th、U、Zr、Hf、La、Ce 等元素，相对亏损高场强元素 Ba、Sr、Nb、P、Ti 等，岩浆来源于壳源源区。

(3) 中侏罗世(168.1 Ma 至 170.3 Ma)的岩石组合为中细粒花岗闪长岩、似斑状中粗粒二长花岗岩、似斑状中细粒二长花岗岩，贫硅、贫铝、高碱、低锰、低磷、低钛，高 FeO^T/MgO，属于不饱和铝、高钾钙碱系列岩石。稀土元素配分模式为轻稀土富集、重稀土亏损的右倾型，具有较弱～中等的铕负异常、无铈异常。微量元素原始地幔标准化蛛网图中富集 Rb、K、U、Th、La 等元素，相对亏损 Ba、Nb、P、Ti、Y、Yb、Lu 等元素，岩浆来源于壳源或壳幔混合源区。

(4) 含斑细粒闪长岩包体具有低硅、高铝、中碱、富钠、低锰、低磷，属于亚碱性准铝质高钾钙碱系列岩石，稀土元素配分模式为轻稀土富集、重稀土亏损的右倾型，具有较强的铕负异常，无铈异常，微量元素原始地幔标准化蛛网图中富集 Rb、K、U、Th、La 等元素，亏损 Ba、Nb、Sr、P、Ti、Y 等元素，岩浆来源于壳幔混合源区。

6　中生代花岗岩成因

6.1　花岗岩成因分类

20世纪80年代是花岗岩分类研究的鼎盛时期，国内外学者提出了近20种花岗岩的成因分类方案。通过多年研究，这些方案中的大部分已不再被采纳和应用。相比之下，以岩浆源区性质区分的I(infracrustal或igneous)、S(suprarustal或sedimentary)型花岗岩分类被大多数学者所接受。加上目前经常讨论的A(alkaline，anorogenic和anhydrous)型和较少见的M(mantle-derived)型，MISA(I、S、M、A型方案)是目前最常用的花岗岩成因分类方案。但是从它们的原始英文定义可以看出这些分类的参照系是不同的[28]。角闪石、堇青石和碱性暗色矿物是判别I、S和A型花岗岩的重要矿物学标志，而白云母和石榴石并不是鉴定S型花岗岩的有效标志[28]。然而，无论是Ⅰ型、A型或者S型花岗岩，当它们经历了强烈的分离结晶作用之后，其矿物组成和化学成分都趋近低共结花岗岩，使得花岗岩的成因类型难以确定[209-210]。

A型花岗岩最初定义为碱性(alkaline)、无水(anhydrous)和非造山(anorogenic)的花岗岩[211]。随着时间推移，A型花岗岩的定义与理解已不限于以上特点[212]，如有过铝质的A型花岗岩，偶尔出现并非无水的A型花岗岩，以及形成于后造山环境中而不是非造山环境中的A型花岗岩等。

A型花岗岩按照化学成分可分为过碱质、准铝质和弱过铝质，具有较高的Ga/Al比值和富集HFSE(Zr、Nb、Ce、Y)，这些微量元素的特点是判别A型花岗岩的重要地球化学标志。过碱质A型花岗岩中通常会出现如霓石、霓辉石、钠闪石、钠铁闪石、铁橄榄石等含碱性暗色矿物的矿物学标志[28]。另外，有别于铝质A型花岗岩，过碱质A型花岗岩被认为由幔源岩浆(可混染部分陆壳)分异形成[210,212-216]。由于除了非造山环境外，还可以形成于后造山环境，根据构造环境将A型花岗岩划分为非造山型和后造山型。相对于非造山型的产生于大陆裂谷和与地幔柱有关的板内非造山环境，后造山型的则产生于陆陆碰撞后或与俯冲作用有关的环境[1,216-225]。这种分类相当于Eby划分的A1和A2亚类，以及Hong划分的AA和PA亚类[210,216-219,225]。A型酸性岩浆可以形成于多种成因过程，主要包括：(1) 幔源拉斑玄武质岩浆或碱性岩浆的分离结晶与同化混染[216-227]；(2) 多种壳源物质的部分熔融[210,228-235]；(3) 壳源酸性岩浆与幔源基性岩浆的混合作用[236-237]。

埃达克岩(adakite)是由Defant and Drummond[42]在研究阿留申群岛火山岩时提出来的，是指具有特定化学性质的中酸性火山岩或侵入岩，其地球化学标志是：$SiO_2 \geqslant 56\%$，高铝($Al_2O_3 \geqslant 15\%$)、$MgO < 3\%$，贫Y和Yb($Y \leqslant 18 \times 10^{-6}$，$Yb \leqslant 1.9 \times 10^{-6}$)，高Sr($Sr > 400 \times 10^{-6}$)，LREE富集，无Eu负异常(或轻微的负Eu异常)[42,196,238-241]。

目前被大家接受的埃达克岩的成因机制主要有四种：(1) 与俯冲有关的大洋板块的部分熔融作用[42,242]；(2) 同期玄武质母岩浆的地壳混染和分离结晶作用[243-245]；(3) 加厚下地壳的部分熔融作用[242-243,246-248]；(4) 拆沉下地壳的部分熔融作用[242,248-250]。与典型的埃达克岩相比，近年来报道的中国东部埃达克岩更富 K_2O(N_2O/K_2O=0.88～1.38)，且 $^{87}Sr/^{86}Sr$ >0.704，张旗等[251]根据其特点将其命名为大陆型(C 型)埃达克岩，并推测是由于软流圈地幔玄武岩底侵到加厚的陆壳(>50 km)底部导致下地壳基性岩部分熔融而形成的。

6.2　早侏罗世花岗岩成因

(1) 中粒二长花岗岩成因

岩石地球化学特征显示中粒二长花岗岩样品总体上具有富硅(SiO_2=71.58%～77.56%)、高碱含量(Na_2O+K_2O=6.55%～7.75%)、高 FeO^T/MgO 比值(FeO^T/MgO=5.04～20.75，平均值为 14.73)，高 K_2O/Na_2O 比值(1.21～1.34)，贫铝(Al_2O_3=10.84%～13.11%)、贫 CaO(0.48%～1.15%)，为高钾钙碱系列岩石。稀土元素总量(∑REE)较高，为 92.95×10^{-6}～205.44×10^{-6}(平均值为 150.26×10^{-6})，稀土元素配分模式为稍微右倾的燕式型，轻、重稀土分馏程度中等，微量元素原始地幔标准化蛛网图中，富集 Rb、K、Th、U、Zr、Hf、La、Ce 等元素，相对亏损高场强元素 Ba、Sr、Nb、P、Ti 等，这些特征与 A 型花岗岩地球化学特征相同[197,252-253]。在(Zr+Nb+Ce+Y)-(FeO^T/MgO)图解[图 6-1(a)]中岩石样品均落入 A 型花岗岩范围内，在(Zr+Nb+Ce +Y)-($FeO^T/(Na_2O+K_2O)/CaO$)图解[图 6-1(b)]中岩石样品均落入 A 型花岗岩中，在 K_2O-Na_2O 图解[图 6-1(c)]中岩石样品均落入 A 型花岗岩范围内，SiO_2-Zr 图解[图 6-1(d)]中样品落入 A 型花岗岩范围内，结合中粒二长花岗岩富硅、贫铝、高碱、低钙，富集 Zr、Hf、Rb、K，亏损 Ba、Sr、Nb、P、Ti，具有燕式型稀土配分模式等特征，综合确定中粒二长花岗岩为 A 型花岗岩。

A 型花岗岩根据地球化学特征可分为 A1 亚型和 A2 亚型[197,218]，相对应的，国内学者将其分为 AA 亚型与 PA 亚型[197,254]。刘昌实等[255]总结得出 A1 亚型花岗岩与 A2 亚型花岗岩地球化学上的差异表现在以下几个方面：① A1 亚型花岗岩的硅酸不饱和，SiO_2 含量较低(54.13%～61.20%)，Al_2O_3 的含量相对较高(平均值为 19.9%)，A2 亚型花岗岩为硅酸过饱和花岗岩，SiO_2 含量为 71.93%～77.21%，Al_2O_3 含量较低(平均值为 12.40%～12.43%)。② A1 亚型花岗岩，具有很低的 Y/Nb，Yb/Ta，与洋岛玄武岩(OIB)相似的 Y/Nb、Yb/Ta，无 Nb 和 Ta 相对亏损，并且 A1 亚型花岗岩具有接近原始地幔的 Nb/Ta(平均值为 15.69)。而 A2 亚型花岗岩具有高的 Y/Nb，Yb/Ta，与岛弧玄武岩(IAB)相似的 Y/Nb、Yb/Ta，Nb 和 Ta 相对亏损。③ A1 亚型的轻、重稀土分馏极为明显，La_N/Yb_N 一般大于 12，相对富轻稀土元素，Eu/Eu^* 为 0.3～1.0，无明显的负 Eu 负异常；A2 亚型花岗岩轻稀土分馏不明显，La_N/Yb_N<10，一般为 5～8，同时 Eu 亏损极为显著，Eu/Eu^*=0.03～0.61，说明富 Ca 斜长石(作为残留相或作为结晶分离相)在 A2 亚型岩浆成因中起重要作用[197,256]。中粒二长花岗岩的具有高 SiO_2(71.58%～77.56%)，低 Al_2O_3(Al_2O_3=10.84%～13.11%，平均值为 11.92%)，$(La/Yb)_N$<10(2.43～8.94，平均值为 5.71)，较强的铕负异常(δ_{Eu}=0.05～0.82，平均值为 0.43)，较高的 Y/Nb 与 Yb/Ta，相对亏损 Nb、Ta。综上可知中粒二长花岗岩为 A2 型花岗岩。

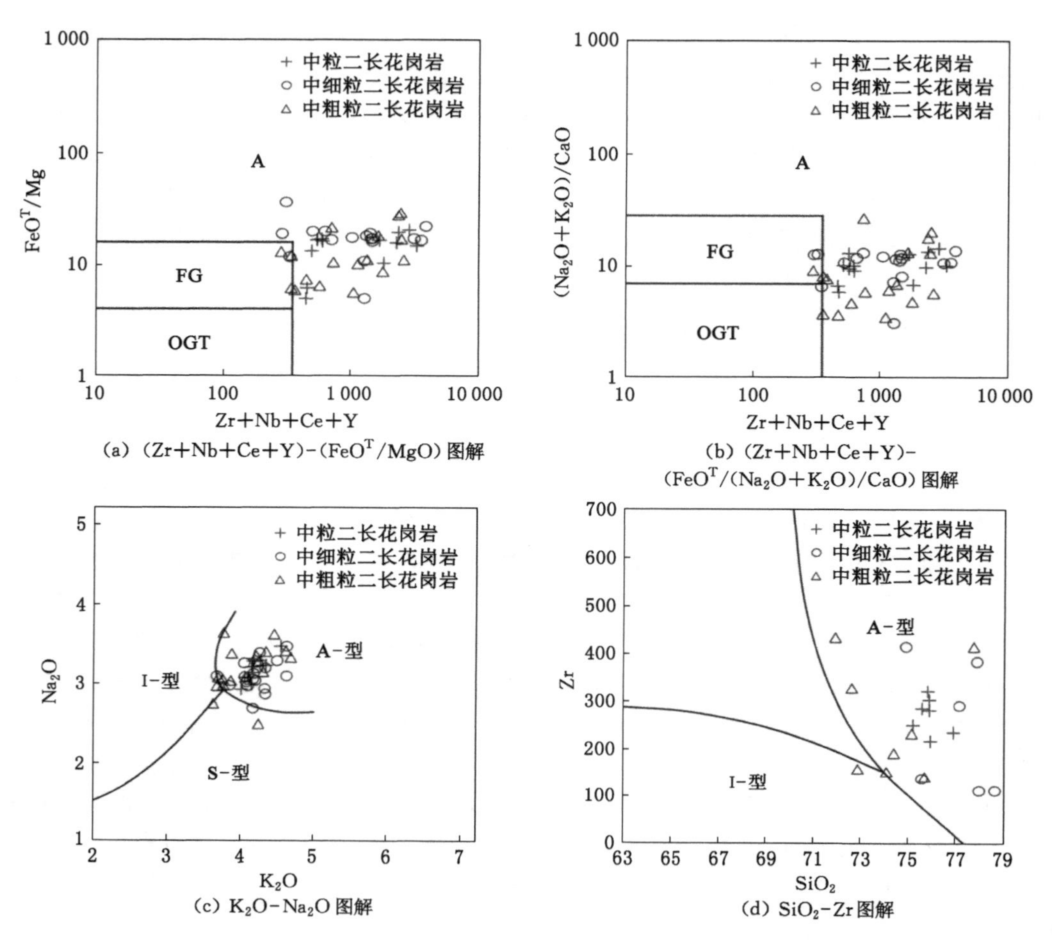

图 6-1 早侏罗世二长花岗岩类的(Zr+Nb+Ce+Y)-(FeO^T/MgO)图解、
(Zr+Nb+Ce+Y)-(FeO^T/(Na_2O+K_2O)/CaO)图解、
K_2O-Na_2O 图解及 SiO_2-Zr 图解

(2) 中粗粒二长花岗岩成因

17 件中粗粒二长花岗岩样品具有富硅(71.89%~79.33%)、高碱含量(Na_2O+K_2O=5.38%~7.90%)、高 FeO^T/MgO(5.73~29.78,平均值为 13.33),高 K_2O/Na_2O(0.97~1.81,平均值为 1.23),贫铝(Al_2O_3=10.43%~13.94%)、贫 CaO(0.40%~1.64%),为高钾钙碱系列岩石。稀土元素总量(∑REE)较高,为 62.03×10^{-6}~135.16×10^{-6}(平均值为 107.55×10^{-6}),稀土元素配分模式为稍微右倾的燕式型,轻、重稀土分馏程度中等,微量元素原始地幔标准化蛛网图中,富集 Rb、Th、Zr、K、U、Th、Zr、Hf 等元素,相对亏损高场强元素 Nb、P、Ti、Ba、Sr、Yb 等,这些特征与 A 型花岗岩地球化学特征相同[197,252-253]。在 Zr+Nb+Ce+Y-FeO^T/MgO 图解[图 6-1(a)]中绝大多数样品落入 A 型花岗岩范围内,在 Zr+Nb+Ce+Y-(Na_2O+K_2O)/CaO 图解[图 6-1(b)]中绝大多数样品均落入 A 型花岗岩范围内,在 K_2O-Na_2O 图解[图 6-1(c)]中绝大多数样品落入 A 型花岗岩范围内,SiO_2-Zr 图解[图 6-1(d)]中大多数样品落入 A 型花岗岩范围内,结合中粒二长花岗岩富硅、贫铝、高碱、低钙，富集 Zr、Hf、Rb、K，亏损 Ba、Sr、Nb、P、Ti，具有燕式型稀土配分模式等特征，综合确定中粗粒二长花岗岩为 A 型花岗岩。中粒二长花岗岩具有高 SiO_2（71.89%～79.33%），低 Al_2O_3（10.43%～13.94%，平均值为 12.09%），绝大多数 $(La/Yb)_N<10$（为 1.61～16.85，平均值为 6.02），较强的铕负异常（$\delta_{Eu}=0.28\sim0.88$，平均值为 0.51），较高的 Y/Nb 与 Yb/Ta，相对亏损 Nb、Ta。综上可知，中粗粒二长花岗岩为 A2 型花岗岩。

（3）似斑状中粗粒花岗闪长岩成因

13 件似斑状中粗粒花岗闪长岩为中等 SiO_2 含量（66.05%～70.08%，平均值为 68.73%），中等 Al_2O_3（13.58%～16.28%，平均值为 14.89%），中等碱（$(Na_2O+K_2O=$ 6.29%～7.71%），K_2O/Na_2O 比值为 0.82～1.19（平均值为 1.07），CIPW 标准矿物中未出现刚玉分子（C），略微过铝（A/CNK =1.02～1.14，平均值为 1.06），为高钾钙碱系列岩石，稀土元素总量（$\sum$REE）为 $72.08\times10^{-6}\sim132.19\times10^{-6}$（平均值为 99.89×10^{-6}），具有中等的铕负异常（$\delta_{Eu}=0.59\sim0.98$），微量元素原始地幔标准化蛛网图中相对富集 Th、Zr、Hf、Rb、K、U、Th、Zr、Hf、Sm 元素，相对亏损 Ba、Nb、Sr、P、Ti 元素，这些特征与 Ⅰ 型花岗岩化学特征相似。在（Zr+Nb+Ce+Y）-（FeO^T/MgO）图解中[图 6-2(a)]大多数样品落入 A 型花岗岩区域，少部分样品落入 Ⅰ 型花岗岩区域；在（Zr+Nb+Ce+Y）-（(Na_2O+K_2O)/CaO）图解[图 6-2(b)]中部分样品落入 A 型花岗岩区域，部分样品落入 Ⅰ 型花岗岩区域；在 K_2O-Na_2O 图解[图 6-2(c)]中大多数样品落入 Ⅰ 型花岗岩区域，少部分样品落入 A 型花岗岩区域；SiO_2-Zr 图解[图 6-2(d)]中大多数样品落入 Ⅰ 型花岗岩区域。在 $(La/Yb)_N$-Yb_N 图解中[图 6-3(a)]落入经典岛弧岩石区域，在 Sr/Y-Y 图解中[图 6-3(b)]落入经典岛弧岩石区域。综上可知，斑状中粗粒花岗闪长岩为 Ⅰ 型花岗岩，形成于岛弧构造环境。

（4）中细粒二长花岗岩成因

17 件中细粒二长花岗岩富硅（70.54%～78.62%，平均值为 76.75%）、高碱含量（$Na_2O+K_2O=6.46\%\sim8.09\%$）、高 FeO^T/MgO 比值（8.06～37.18，平均值为 18.17），高 K_2O/Na_2O 比值（1.11～1.19，平均值为 1.07），贫铝（10.37%～13.18%）、贫 CaO（0.50%～0.98%），为高钾钙碱系列岩石。稀土元素总量（$\sum$REE）较高，为 $52.77\times10^{-6}\sim138.80\times10^{-6}$（平均值为 90.75×10^{-6}），稀土元素配分模式为稍微右倾的燕式型，轻重稀土分馏程度中等，微量元素原始地幔标准化蛛网图中，相对富集 Rb、K、U、Th、Zr、Hf、Nd 元素，相对亏损 Ba、Nb、Sr、P、Ti 元素，这些特征与 A 型花岗岩地球化学特征相同[197,252-253]。在（Zr+Nb+Ce+Y-FeO^T）/MgO 图解[图 6-1(a)]中样品落入 A 型花岗岩区域，在（Zr+Nb+Ce+Y）-（Na_2O+K_2O）/CaO 图解[图 6-1(b)]中样品均落入 A 型花岗岩区域，在 K_2O-Na_2O 图解[图 6-1(c)]中样品落入 A 型花岗岩区域，SiO_2-Zr 图解[图 6-1(d)]中样品落入 A 型花岗岩区域，结合中细粒二长花岗岩富硅、贫铝、高碱、低钙，富集 Zr、Hf、Rb、K，亏损 Ba、Sr、Nb、P、Ti，具有燕式型稀土配分模式等特征，综合确定中细粒二长花岗岩为 A 型花岗岩。中细粒二长花岗岩具有高 SiO_2（70.54%～78.62%），低 Al_2O_3（10.37%～13.18%，平均值为 11.41%），绝大多数 $(La/Yb)_N<10$（$(La/Yb)_N=0.96\sim6.29$），较强的铕负异常（$\delta_{Eu}=0.09\sim0.35$，平均值为 0.23），较高的 Y/Nb 与 Yb/Ta，相对亏损 Nb、Ta。综上可知，中细粒二长花岗岩为 A2 型花岗岩。

（5）中细粒花岗闪长岩成因

9 件中细粒花岗闪长岩为中等 SiO_2 含量（66.33%～71.12%，平均值为 68.03%），中等

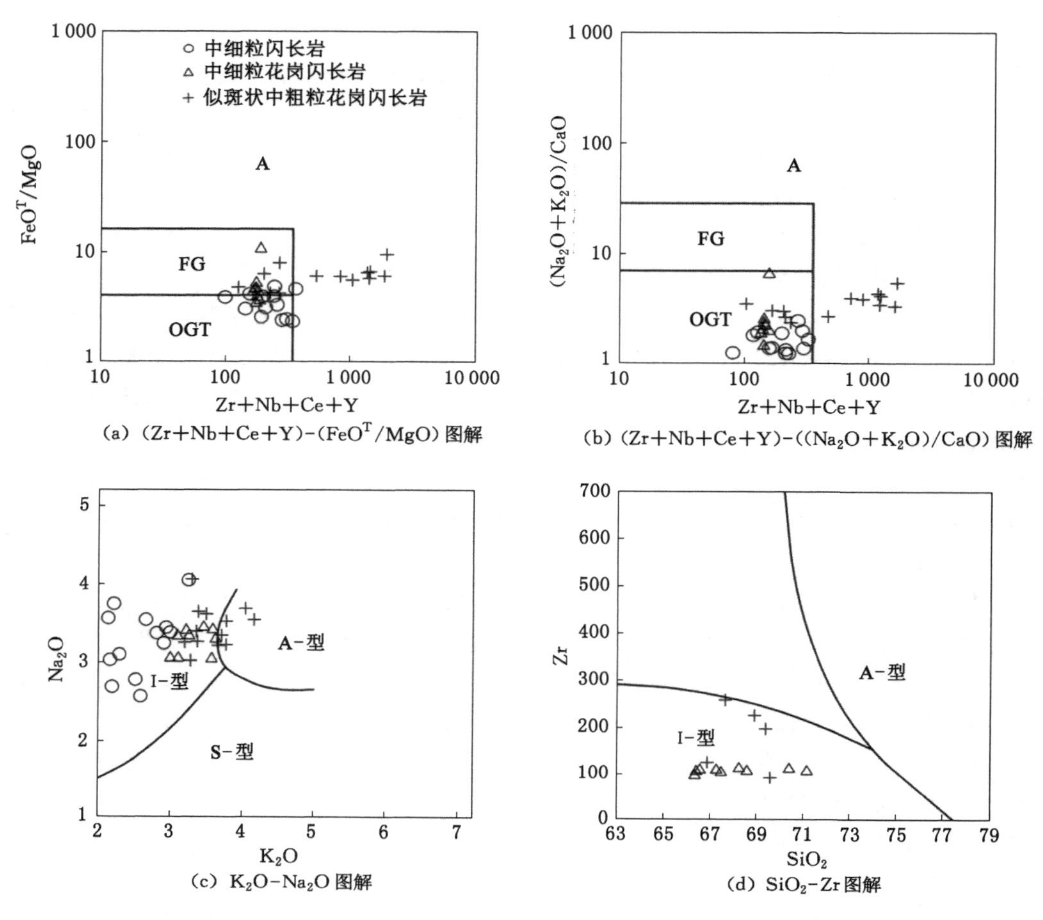

图 6-2　早侏罗世花岗闪长岩类的(Zr+Nb+Ce+Y)-(FeO^T/MgO)图解、(Zr+Nb+Ce+Y)-((Na_2O+K_2O)/CaO)图解、K_2O-Na_2O 图解及 SiO_2-Zr 图解

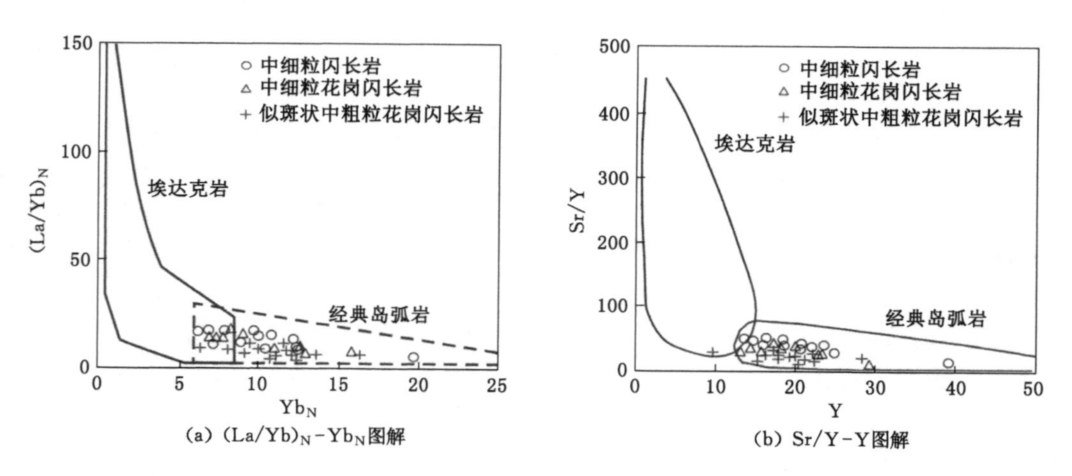

图 6-3　早侏罗世花岗闪长岩类岩石的$(La/Yb)_N$-Yb_N图解及 Sr/Y-Y 图解

Al_2O_3含量(12.51%～16.00%,平均值为13.77%),中等碱含量(Na_2O+K_2O=5.17%～7.25%),K_2O/Na_2O为0.69～1.43(平均值为1.01),CIPW标准矿物中未出现刚玉分子(C),准铝至过铝(A/CNK=0.85～1.11,平均值为0.99),为高钾钙碱系列岩石,稀土元素总量(∑REE)为120.56×10^{-6}～169.25×10^{-6}(平均值为136.34×10^{-6}),具有较弱的铕负异常(δ_{Eu}=0.28～0.79),微量元素原始地幔标准化蛛网图中相对富集Rb、K、U、Th、La、Hf、Nd等元素,相对亏损Ba、Nb、Sr、P、Ti等元素,这些特征与Ⅰ型花岗岩化学特征相似。在(Zr+Nb+Ce+Y)-(FeO^T/MgO)图解中[图6-2(a)]样品落入Ⅰ型花岗岩区域;(Zr+Nb+Ce+Y)-((Na_2O+K_2O)/CaO)图解中[图6-2(b)]样品落入Ⅰ型花岗岩区域,K_2O-Na_2O图解中[图6-2(c)]样品落入Ⅰ型花岗岩区域;SiO_2-Zr图解中[图6-2(d)]样品落入Ⅰ型花岗岩区域。在$(La/Yb)_N$-Yb_N图解中[图6-3(a)]落入经典岛弧岩石区域,在Sr/Y-Y图解中[图6-3(b)]落入经典岛弧岩石区域。综上可知,中细粒花岗闪长岩为Ⅰ型花岗岩,形成于岛弧构造环境。

(6) 中细粒闪长岩成因

13件中细粒闪长岩为中等SiO_2含量(57.03%～63.32%,平均值为60.09%),高Al_2O_3含量(14.07%～17.13%,平均值为15.60%),中等碱含量(Na_2O+K_2O=4.88%～7.28%),K_2O/Na_2O比值为0.59～1.01(平均值为0.80),CIPW标准矿物中未出现刚玉分子(C),弱过铝(A/CNK=1.00～1.13,平均值为1.05),为高钾钙碱系列岩石,稀土元素总量(∑REE)为123.19×10^{-6}～188.71×10^{-6}(平均值为144.23×10^{-6}),具有较弱的铕负异常(δ_{Eu}=0.46～0.90),微量元素原始地幔标准化蛛网图中相对富集Rb、K、U、Th、La、Hf、Nd等元素,相对亏损Ba、Nb、Sr、P、Ti等元素,这些特征与Ⅰ型花岗岩化学特征相似。在(Zr+Nb+Ce+Y)-(FeO^T/MgO)图解[图6-2(a)]中样品落入Ⅰ型花岗岩区域;(Zr+Nb+Ce+Y)-((Na_2O+K_2O)/CaO)图解[图6-2(b)]中样品落入Ⅰ型花岗岩区域,K_2O-Na_2O图解[图6-2(c)]中样品落入Ⅰ型花岗岩区域;SiO_2-Zr图解[图6-2(d)]中样品落入Ⅰ型花岗岩区域,在$(La/Yb)_N$-Yb_N图解[图6-3(a)]中落入经典岛弧岩石区域,在Sr/Y-Y图解[图6-3(b)]中落入经典岛弧岩石区域。综上可知,中细粒闪长岩为Ⅰ型花岗岩,形成于岛弧构造环境。

(7) 早侏罗世花岗质岩石成因

早侏罗世花岗质岩石在空间上具有共生关系。主量元素特征方面,岩石形成年代从早到晚时,SiO_2、K_2O含量趋于升高,Al_2O_3、Na_2O、FeO^T、MgO、TiO_2、CaO、P_2O_5含量逐渐降低,表明岩浆由中酸性向酸性方向演化。其中,K_2O含量逐渐升高,Na_2O、Al_2O_3和CaO的含量逐渐降低,说明岩石在结晶分异过程中有斜长石、磷灰石、钛铁矿、榍石等含Ti矿物的结晶析出。在CIPW标准矿物参数方面,岩石形成年代从早到晚时,岩浆分异指数(DI)、长英质数(FL)、铁镁指数(MF)、碱度率(AR)、全碱含量(ALK)、K/N值等逐渐升高,表明岩浆结晶分异程度越来高。岩石稀土元素特征方面,岩石形成年代从早到晚时,稀土元素总量变化大体上呈降低趋势,$(La/Yb)_N$、δ_{Eu}值逐渐降低,δ_{Ce}比值升高,反映本期侵入岩分异程度具有逐渐增强的趋势(图6-4、表6-1)。在花岗岩类Q-Ab-An温度压力等值线三角图[图6-5(a),表6-2]中可以看出本期侵入岩由早期的中细粒闪长岩到晚期中细粒二长花岗岩形成温度和压力大体呈现逐渐降低的趋势,压力从3 000～500 bar、温度从700～800 ℃逐渐递减,表明形成的位置由深逐渐变浅。在A/FM-C/FM图解[图6-5(b)]中可以看出不同期次侵入岩,岩浆物源区有一定的差异,早期的中细粒闪长岩、中细粒花岗闪长岩和似斑状中粗粒花岗闪长岩为基性岩部分熔融,晚期的中粗粒二长花岗岩、中粒二长花岗岩、中细粒二长花岗岩转化为变质杂砂岩部分熔融和变质泥岩部分熔融，表明从早期中细粒闪长岩到晚期中细粒二长花岗岩存在由亲幔源性逐渐向亲壳源性逐渐过渡，岩浆结晶分异作用愈发彻底，酸性程度逐渐升高。早侏罗世侵入岩类具有高硅、富钾、富铝、贫铁镁，属于高钾钙碱性系列岩石，在花岗岩 Nb-Y 图解[图 6-6(a)]中落入同碰撞＋火山弧花岗岩区域，在 Rb-Y＋Nb 图解[图 6-6(b)]中落入后碰撞花岗岩区域。综上可知，早侏罗世侵入岩具有富硅铝、贫镁铁的特征，属于高钾钙碱性系列岩石，岩浆成岩温度、压力从早期到晚期逐渐降低，岩浆由中酸性向酸性逐渐过渡，岩石源区由亲幔源性向亲壳源性逐渐过渡，岩石成因由早期的Ⅰ型花岗岩向晚期的 A 型花岗岩逐渐过渡，形成于碰撞后火山弧花岗岩环境。

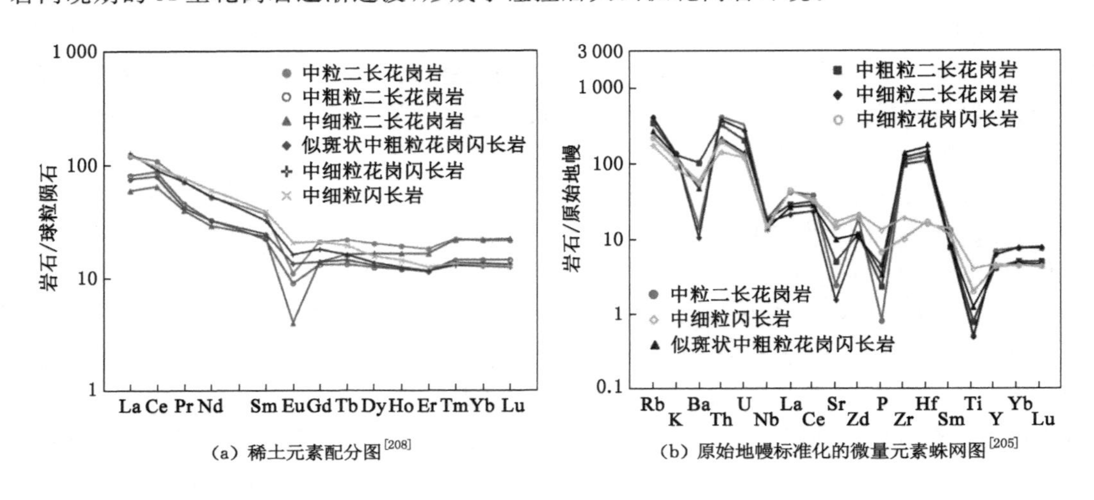

(a) 稀土元素配分图[208]　　(b) 原始地幔标准化的微量元素蛛网图[205]

图 6-4　早侏罗世各花岗岩样品地球化学测试数据的平均值的球粒陨石标准化的稀土元素配分图及原始地幔标准化的微量元素蛛网图

表 6-1　张广才岭南段各侵入岩体地球化学平均值一览表

形成时代	早侏罗世						中侏罗世			
岩石名称	中粒二长花岗岩	中粗粒二长花岗岩	中细粒二长花岗岩	似斑状中粗粒花岗闪长岩	中细粒花岗闪长岩	中细粒闪长岩	细粒碱长花岗岩	似斑状中粗粒二长花岗岩	似斑状中细粒二长花岗岩	中细粒花岗闪长岩
SiO_2	75.84	75.07	76.82	68.73	68.03	60.09	77.32	71.50	71.36	64.04
Al_2O_3	11.92	12.09	11.41	14.89	14.22	15.60	11.58	13.75	13.92	15.23
Fe_2O_3	1.47	1.88	1.40	2.64	3.64	6.29	1.30	2.33	2.20	4.92
FeO	0.77	1.10	0.72	1.86	2.32	3.84	0.52	1.96	1.12	3.46
MgO	0.17	0.30	0.15	0.67	1.21	2.90	0.16	0.68	0.46	1.78
CaO	0.74	1.01	0.67	2.05	2.78	3.70	0.71	2.16	1.65	3.47
Na_2O	3.14	3.12	3.04	3.43	3.27	3.26	3.08	3.51	3.72	3.31
K_2O	3.96	3.84	3.97	3.63	3.40	2.59	4.37	3.69	3.55	2.74
MnO	0.06	0.06	0.06	0.07	0.07	0.12	0.14	0.06	0.05	0.09

表 6-1(续)

形成时代	早侏罗世						中侏罗世			
岩石名称	中粒二长花岗岩	中粗粒二长花岗岩	中细粒二长花岗岩	似斑状中粗粒花岗闪长岩	中细粒花岗闪长岩	中细粒闪长岩	细粒碱长花岗岩	似斑状中粗粒二长花岗岩	似斑状中细粒二长花岗岩	中细粒花岗闪长岩
P_2O_5	0.02	0.04	0.08	0.06	0.13	0.24	0.03	0.08	0.10	0.18
TiO_2	0.11	0.17	0.11	0.27	0.43	0.85	0.08	0.27	0.30	0.59
烧失量	1.29	1.16	1.12	1.55	0.65	0.81	0.91	0.41	1.29	0.72
总量	99.47	99.71	99.53	99.85	100.15	100.28	100.19	100.42	99.74	100.32
La	28.08	19.21	14.05	17.64	30.06	28.55	21.35	29.22	27.55	28.49
Ce	66.12	53.19	39.67	48.37	55.76	58.75	49.42	52.23	51.90	53.87
Pr	6.75	4.30	3.76	3.99	6.81	7.21	4.84	5.70	6.40	5.93
Nd	24.20	15.09	13.50	14.90	24.84	28.05	17.42	19.26	23.19	21.44
Sm	5.63	3.37	3.51	3.70	4.91	5.95	4.09	3.53	4.28	4.06
Eu	0.63	0.52	0.23	0.77	0.93	1.18	0.27	0.67	0.98	0.97
Gd	4.24	2.68	2.85	2.83	3.66	4.28	3.23	2.75	2.81	3.02
Tb	0.81	0.49	0.60	0.53	0.60	0.71	0.66	0.42	0.38	0.47
Dy	5.06	3.12	4.17	3.23	3.42	3.91	4.36	2.24	1.86	2.45
Ho	1.07	0.67	0.93	0.67	0.70	0.80	0.97	0.46	0.34	0.49
Er	2.96	1.91	2.69	1.85	1.89	2.03	2.65	1.23	0.85	1.24
Tm	0.56	0.36	0.55	0.34	0.33	0.34	0.53	0.21	0.13	0.21
Yb	3.61	2.43	3.68	2.27	2.13	2.16	3.56	1.41	0.85	1.33
Lu	0.54	0.36	0.56	0.33	0.31	0.32	0.54	0.22	0.12	0.20
Y	30.49	18.33	27.24	19.00	19.20	20.02	26.81	12.23	8.97	12.40
Rb	247.63	209.47	253.35	164.04	134.68	106.25	203.53	131.95	108.08	105.03
Ba	98.83	692.70	71.22	322.65	399.26	371.05	543.97	449.70	557.16	1417.85
Th	33.45	27.01	30.48	17.49	16.04	11.61	28.51	20.11	9.70	13.97
U	6.57	4.08	5.46	2.83	2.55	2.38	6.10	4.20	2.07	2.67
Nb	12.82	12.36	11.38	9.47	9.35	10.30	13.11	8.16	8.69	7.95
Sr	50.47	103.04	31.92	202.32	292.13	344.36	36.05	221.79	390.94	391.35
Hf	37.08	32.91	42.60	48.91	5.12	4.68	14.36	3.95	3.14	5.31
Ta	1.85	1.47	1.92	1.21	1.13	0.91	1.75	1.10	0.68	0.80
Zr	1 191.69	1 055.00	1 278.24	1 500.41	109.19	208.05	447.83	163.87	138.70	184.60
δ_{Eu}	0.43	0.51	0.23	0.71	0.65	0.71	0.25	0.64	0.82	0.81
δ_{Ce}	1.15	1.45	1.46	1.51	0.91	0.96	1.18	0.92	0.91	0.95
ANK	1.26	1.31	1.23	1.48	1.54	1.93	1.18	1.41	1.40	1.81
ACNK	1.10	1.10	1.07	1.07	0.99	1.05	1.04	1.01	1.08	1.03
A/MF	3.55	2.27	3.57	2.00	1.28	0.73	4.67	1.65	2.69	0.96

表 6-1(续)

形成时代	早侏罗世						中侏罗世			
岩石名称	中粒二长花岗岩	中粗粒二长花岗岩	中细粒二长花岗岩	似斑状中粗粒花岗闪长岩	中细粒花岗闪长岩	中细粒闪长岩	细粒碱长花岗岩	似斑状中粗粒二长花岗岩	似斑状中细粒二长花岗岩	中细粒花岗闪长岩
C/MF	0.40	0.38	0.41	0.49	0.47	0.43	0.53	0.46	0.55	0.45
LREE	131.42	95.69	74.72	87.84	123.29	129.69	97.38	110.62	114.30	114.76
HREE	18.85	12.03	16.02	12.06	13.05	14.56	16.51	8.95	7.34	9.40
ΣREE	150.26	107.72	90.74	99.89	136.34	144.24	113.90	119.57	121.64	124.16
$(La/Yb)_N$	5.71	6.02	2.62	5.10	10.26	9.91	5.36	14.52	22.37	15.32
$(Gd/Yb)_N$	0.98	0.95	0.63	1.05	1.45	1.67	0.80	1.65	2.71	1.93

注:主要元素单位为%,稀土与微量元素单位为 10^{-6}。

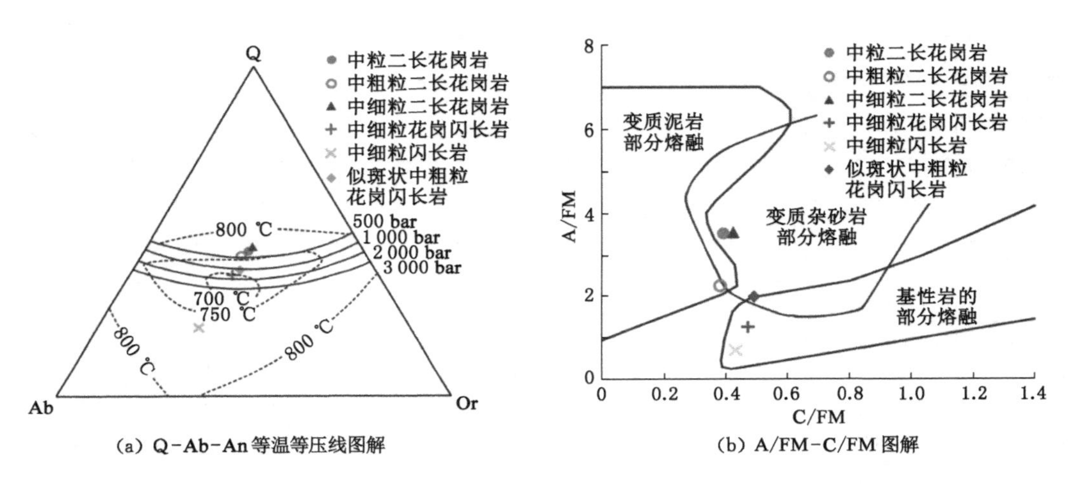

图 6-5 早侏罗世各花岗岩样品地球化学测试数据的平均值的 Q-Ab-An 等温等压线图解和 A/FM-C/FM 图解

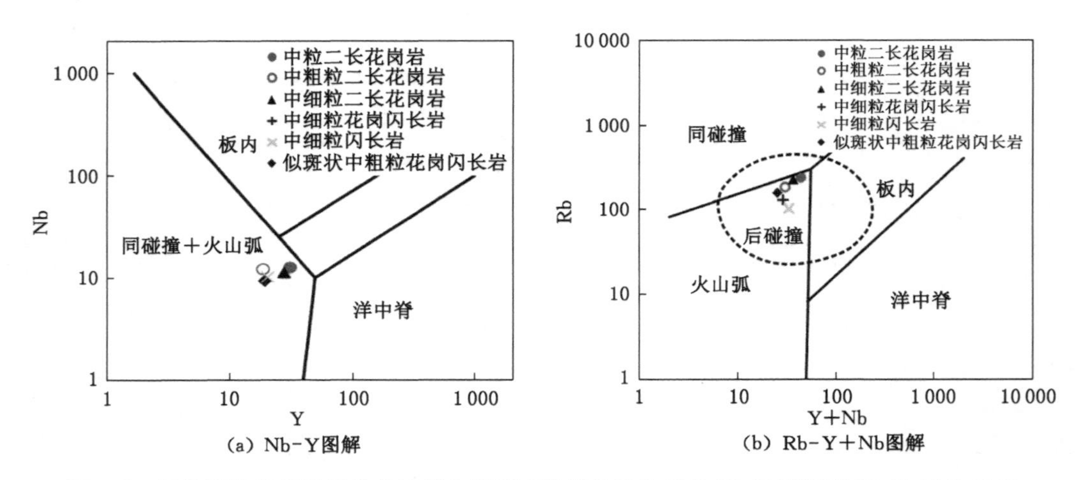

图 6-6 早侏罗世各花岗岩样品地球化学测试数据的平均值的 Nb-Y 图解和 Rb-Y+Nb 图解

6.3 中侏罗世花岗岩成因

6.3.1 细粒碱长花岗岩成因

10件细粒碱长花岗岩样品具有富硅(75.26%~78.87%)、高碱含量(Na_2O+K_2O=6.86%~7.90%)、高FeO^T/MgO(6.77~28.44,平均值为12.97),高K_2O/Na_2O(1.27~1.63,平均值为1.41),贫铝(10.60%~12.41%)、贫CaO(0.40%~0.93%),为高钾钙碱系列岩石。稀土元素总量(∑REE)较高,为57.05×10^{-6}~234.26×10^{-6}(平均值为113.90×10^{-6}),稀土元素配分模式为右倾的燕式型,轻、重稀土分馏程度中等,微量元素原始地幔标准化蛛网图中,富集Rb、K、U、Th、Zr、Hf等元素,相对亏损高场强元素Ba、Sr、Nb、P、Ti、Yb等,这些特征与A型花岗岩地球化学特征相同[197,252-253]。在(Zr+Nb+Ce+Y)-FeO^T/MgO图解[图6-7(a)]中大部分样品落入A型花岗岩区域,部分样品落入Ⅰ型花岗岩区域,在(Zr+Nb+Ce+Y)-FeO^T/(Na_2O+K_2O)/CaO图解[图6-7(b)]中大部分样品落入A型花岗岩区域,部分样品落入Ⅰ型花岗岩区域,在K_2O-Na_2O图解[图6-7(c)]中样品均落入A型花岗岩范围,SiO_2-Zr图解[图6-7(d)]中样品均落入A型花岗岩范围,结合细粒碱长花岗岩富硅、贫铝、高碱、低钙,富集Zr、Hf、Rb、K等元素,亏损Ba、Sr、Nb、P、Ti等元素,具有燕式型稀土配分模式等特征,综合确定细粒碱长花岗岩为A型花岗岩。细粒碱长花岗岩具有高SiO_2含量(75.26%~78.87%),低Al_2O_3含量(10.60%~12.41%,平均值为11.58%),绝大多数$(La/Yb)_N<10$(1.61~20.76,平均值为5.36),较强的铕负异常(δ_{Eu}=0.05~0.46,平均值为0.25),较高的Y/Nb与Yb/Ta比值,相对亏损Nb、Ta,综上可知细粒碱长花岗岩为A2型花岗岩。

6.3.2 中细粒花岗闪长岩成因

10件中细粒花岗闪长岩为中等SiO_2含量(53.53%~64.57%,平均值为64.04%),富铝Al_2O_3(14.56%~16.92%,平均值为15.23%),中碱((Na_2O+K_2O=5.55%~6.78%),K_2O/Na_2O比值为0.71~1.10(平均值为0.83),CIPW标准矿物中未出现刚玉分子(C),准铝至过铝(A/CNK=0.99~1.17,平均值为1.03),为高钾钙碱系列岩石,稀土元素总量(∑REE)为108.53×10^{-6}~143.19×10^{-6}(平均值为124.16×10^{-6}),具有较弱的铕负异常(δ_{Eu}=0.76~0.86),微量元素原始地幔标准化蛛网图中相对富集Rb、K、U、Th、La、Hf、Nd等元素,相对亏损Nb、Sr、P、Ti等元素,这些特征与Ⅰ型花岗岩化学特征相似。在(Zr+Nb+Ce+Y)-FeO^T/MgO图解[图6-8(a)]中样品落入Ⅰ型花岗岩区域;(Zr+Nb+Ce+Y)-(Na_2O+K_2O)/CaO图解[图6-8(b)]中样品落入Ⅰ型花岗岩区域,K_2O-Na_2O图解[图6-8(c)]中样品落入Ⅰ型花岗岩区域;SiO_2-Zr图解[图6-8(d)]中样品落入Ⅰ型花岗岩区域,综上可知中细粒花岗闪长岩为Ⅰ型花岗岩。

埃达克岩(adakite)是由Defant and Drummond[42]在研究阿留申群岛火山岩时提出来的,是指具有特定化学性质的中酸性火山岩或侵入岩,其地球化学标志是:$SiO_2\geq56\%$,高铝(≥15%)、MgO<3%,贫Y和Yb($Y\leq18\times10^{-6}$,$Yb\leq1.9\times10^{-6}$),高Sr($Sr>400\times10^{-6}$),LREE富集,无Eu负异常(或轻微的负Eu异常)。中细粒花岗闪长岩样品具有富硅

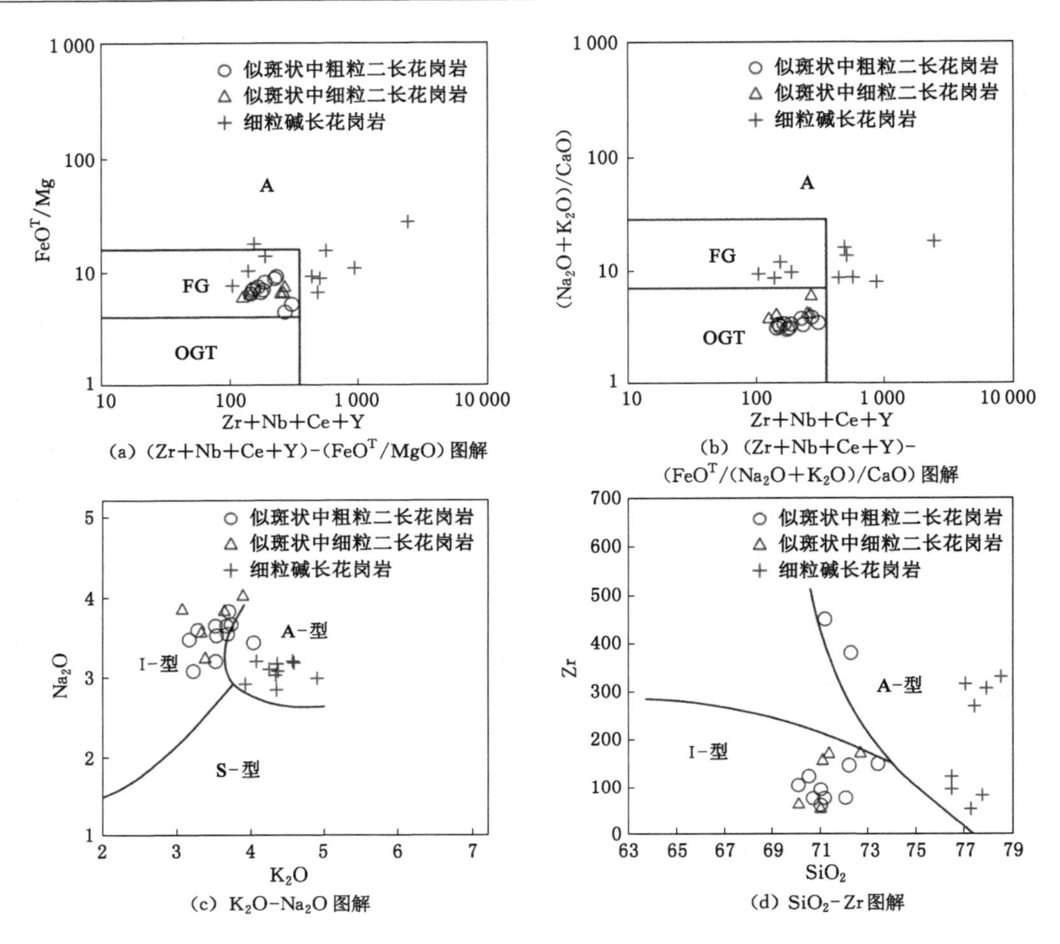

(a) $(Zr+Nb+Ce+Y)-(FeO^T/MgO)$ 图解

(b) $(Zr+Nb+Ce+Y)-(FeO^T/(Na_2O+K_2O)/CaO)$ 图解

(c) K_2O-Na_2O 图解

(d) SiO_2-Zr 图解

图 6-7 中侏罗世花岗岩的$(Zr+Nb+Ce+Y)-(FeO^T/MgO)$图解、$(Zr+Nb+Ce+Y)-(FeO^T/(Na_2O+K_2O)/CaO)$图解、$K_2O-Na_2O$ 图解及 SiO_2-Zr 图解

(53.53%～64.57%,平均值为 64.04%),富铝(14.56%～16.92%,平均值为 15.23%),贫 Y 和 Yb($Y=9.62\times10^{-6}\sim17.5\times10^{-6}$,$Yb=0.99\times10^{-6}\sim1.89\times10^{-6}$),高 Sr($401.0\times10^{-6}\sim522.0\times10^{-6}$),LREE 富集,无 Eu 异常,在$(La/Yb)_N-Yb_N$图解[图 6-9(a)]中落入埃达克岩区域,在 Sr/Y-Y 图解[图 6-9(b)]中落入埃达克岩区域。且岩石样品中 Ta、Nb、Ti 元素具有“TNT”负异常。一般认为引起“TNT”负异常有 3 个可能性:① 岩浆受到地壳物质的混染;② 岩浆源区部分熔融过程中有金红石、钛铁矿等矿物残留;③ 与俯冲流体交代作用有关[205]。中细粒花岗闪长岩的 Rb/Sr 值(0.18～0.43)介于上地幔值(0.034)与地壳值(0.35)之间[204],Zr/Hf 值(39.73～51.11)介于地幔值(30.74)与地壳值(44.68)之间[203],Nb/Ta 值(8.35～11.57)低于地幔值(17.5)而与地壳值(12.3)接近[205],反映中细粒花岗闪长岩具有壳源和幔源的双重特征。δ_{Eu}的变化范围为 0.76～0.86,$(La/Yb)_N$值为 8.46～20.13,在 $\delta_{Eu}-(La/Yb)_N$变异图解(图略)中,岩石样品落入壳幔混合源区。综述可知中细粒花岗闪长岩属于埃达克岩,岩浆来源于壳幔混合源区。

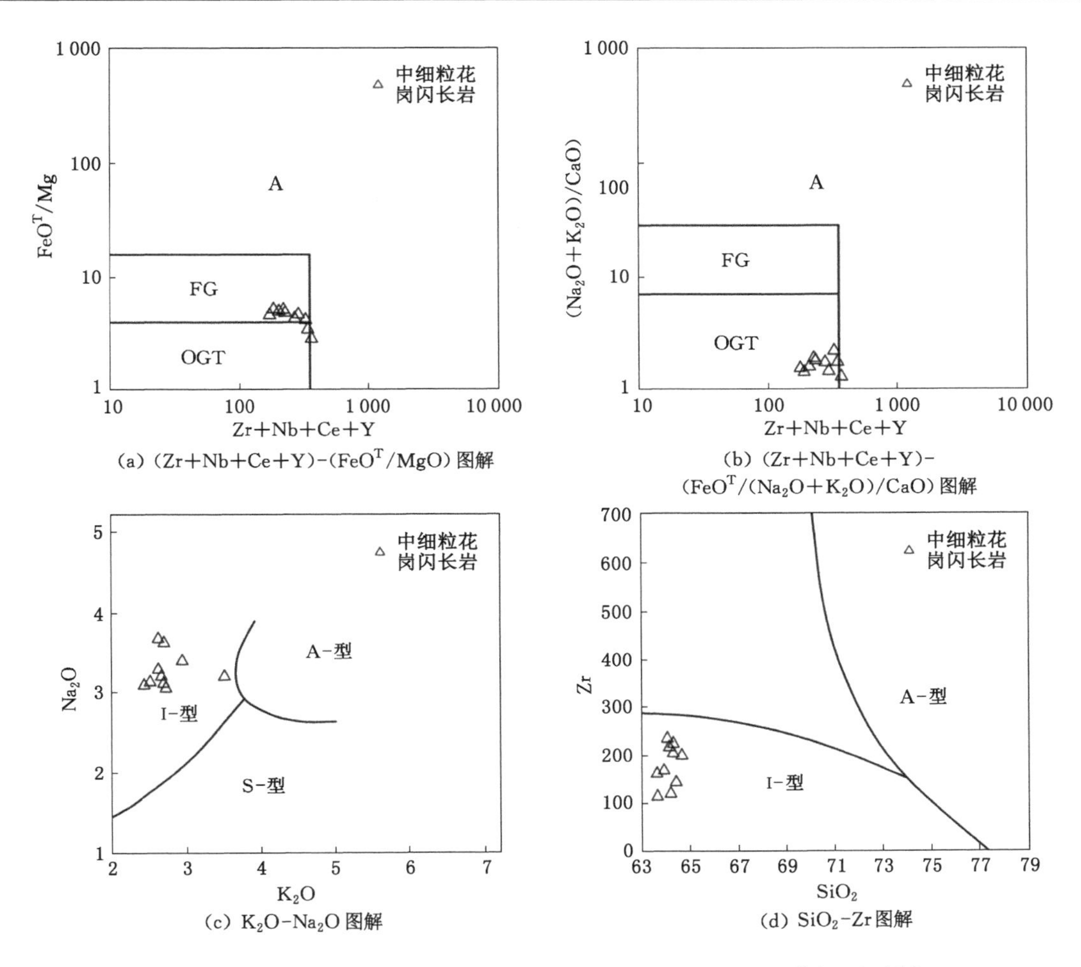

图 6-8　中侏罗世中细粒花岗闪长岩的(Zr+Nb+Ce+Y)-(FeO^T/MgO)图解、(Zr+Nb+Ce+Y)-($FeO^T/(Na_2O+K_2O)/CaO$)图解、K_2O-Na_2O 图解及 SiO_2－Zr 图解(d)

6.3.3　似斑状中细粒二长花岗岩成因

5 件似斑状中细粒二长花岗岩样品具有贫硅(70.13%～72.85%)、贫铝(13.40%～14.46%),高碱(Na_2O+K_2O=6.65%～8.07%)、富钾(K_2O/Na_2O=0.80～1.04,平均值为 0.96),高 FeO^T/MgO(6.21～7.73,平均值为 6.82),属于不饱和铝、高钾钙碱系列岩石。稀土元素总量(∑REE)较高,为 112.30×10^{-6}～130.64×10^{-6}(平均值为 121.64×10^{-6}),稀土元素配分模式为轻稀土富集、重稀土亏损的右倾型,轻重稀土分馏程度较强,微量元素原始地幔标准化蛛网图中,富集 Rb、K、Ba、U、Th、La 等元素,相对亏损高场强元素 Nb、P、Ti、Y、Yb、Lu 等,这些特征与 I 型花岗岩地球化学特征相同[197,252-253]。在(Zr+Nb+Ce+Y)-FeO^T/MgO 图解[图 6-7(a)]中样品落入I型花岗岩区域,在(Zr+Nb+Ce+Y)-(Na_2O+K_2O)/CaO 图解[图 6-7(b)]中样品落入 I 型花岗岩区域,在 K_2O-Na_2O 图解[图 6-7(c)]中样品均落入 I 型花岗岩范围,SiO_2-Zr 图解[图 6-7(d)]中样品均落入 I 型花岗岩范围,综上

可知似斑状中细粒二长花岗岩为Ⅰ型花岗岩。

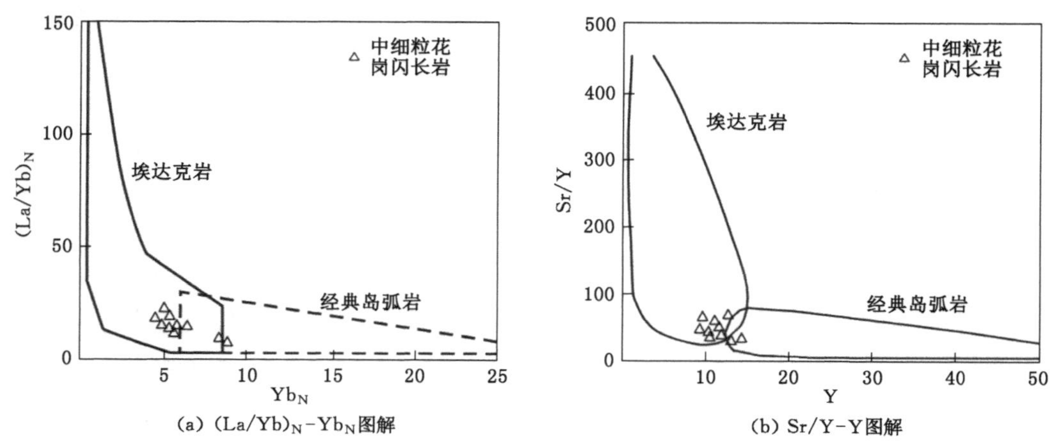

图 6-9　中侏罗世中细粒花岗闪长岩的$(La/Yb)_N$-Yb_N图解及 Sr/Y-Y 图解

6.3.4　似斑状中粗粒二长花岗岩成因

11 件似斑状中粗粒二长花岗岩样品具有贫硅(SiO_2=70.11%～73.58%)、贫铝(Al_2O_3=12.60%～14.96%),高碱(Na_2O+K_2O=6.32%～7.67%)、富钾(K_2O/Na_2O=0.94～1.30,平均值为 1.05),高 FeO^T/MgO(5.29～9.38,平均值为 7.17),属于不饱和铝、高钾钙碱系列岩石。稀土元素总量(∑REE)较高,为 92.77×10^{-6}～156.13×10^{-6}(平均值为 119.57×10^{-6}),稀土元素配分模式为轻稀土富集、重稀土亏损的右倾型,轻、重稀土分馏程度中等,微量元素原始地幔标准化蛛网图中,富集 Rb、K、U、Th、La 等元素,相对亏损高场强元素 Ba、Nb、P、Ti、Y、Yb、Lu 等,这些特征与Ⅰ型花岗岩地球化学特征相同[197,252-253]。在(Zr+Nb+Ce+Y)-FeO^T/MgO 图解[图 6-7(a)]中样品落入Ⅰ型花岗岩区域,在(Zr+Nb+Ce+Y)-(Na_2O+K_2O)/CaO 图解[图 6-7(b)]中样品落入Ⅰ型花岗岩区域,在 K_2O-Na_2O 图解[图 6-7(c)]中大部分样品落入Ⅰ型花岗岩范围内,少量落入 A 型花岗岩范围内,SiO_2-Zr 图解[图 6-7(d)]中大部分样品落入Ⅰ型花岗岩范围内,少量落入 A 型花岗岩范围内,综上可知似斑状中粗粒二长花岗岩为Ⅰ型花岗岩。

6.3.5　中侏罗世花岗岩成因

细粒碱长花岗岩在时间上晚于似斑状中细粒二长花岗岩和似斑状中粗粒二长花岗岩,而早于中细粒花岗闪长岩,在颜色、包体含量、矿物组成、岩石化学等方面明显区别于其他岩石类型,表明细粒碱长花岗岩形成的温度、压力更大,形成深度更深,极可能为岩浆混合来源。在主量元素特征方面,除细粒碱长花岗岩外,似斑状中粗粒二长花岗岩、似斑状中细粒二长花岗岩、中细粒花岗闪长岩的 SiO_2、K_2O+Na_2O 的含量趋于升高,而 FeO^T、MgO、TiO_2、CaO、P_2O_5含量随之逐渐降低,K_2O 含量升高,Na_2O 含量逐渐减少,Al_2O_3和 CaO 也发生了不同程度的变化,说明岩石在结晶分异的过程中斜长石的分离结晶具有重要作用,同时岩浆经历了钛铁矿、磷灰石、榍石等含 Ti 矿物的结晶分离作用。在岩石稀土元素特征方面,稀土元素总量变化不明显,$(La/Yb)_N$值大体上呈递增趋势,δ_{Eu}比值增大,而 δ_{Ce}比值减小,细粒碱长花岗岩具有明显的 Eu 负异常[图 6-10(a)、图 6-10(b)、表 6-1],表明除细粒碱长花岗岩外,岩浆结晶分异程度逐渐增强的趋势。在花岗岩类 Q-Ab-An 温度压力等值线三角图[图 6-11(a)、表 6-2]中可以看出中侏罗世侵入岩由似斑状中粗粒二长花岗岩→似斑状中细粒二长花岗岩→中细粒花岗闪长岩形成的温度由 600 ℃到 750 ℃逐渐递增,压力由 500 bar 到 3 000 bar 逐渐递增,表明形成的深度由浅到深。在 A/FM-C/FM 图解[图 6-11(b)]中可以看出不同期次侵入岩,岩浆物源区有一定的差异,中细粒花岗闪长岩、似斑状中粗二长花岗岩为基性岩部分熔融,中细粒碱长花岗岩、似斑状中细粒二长花岗岩为变质杂砂岩部分熔融。在花岗岩 Nb-Y 图解[图 6-12(a)]中落入同碰撞-火山弧花岗岩区域,在 Rb-Y+Nb 图解[图 6-12(b)]中落入后碰撞花岗岩区域。综上可知:中侏罗世侵入岩在空间上紧密共生,在岩石化学成分上均属于高钾钙碱性铝过饱和系列,中细粒花岗闪长岩、似斑状中细粒二长花岗岩和似斑状中粗粒二长花岗岩可能来源于同一源区,形成于I型花岗岩火山弧花岗岩环境,且形成温度与压力逐渐递增。细粒碱长花岗岩在颜色、矿物组成、包体含量、岩石化学等方面明显区别于其他岩石类型,可能为岩浆混合来源,形成于 A 型火山弧花岗岩构造环境。

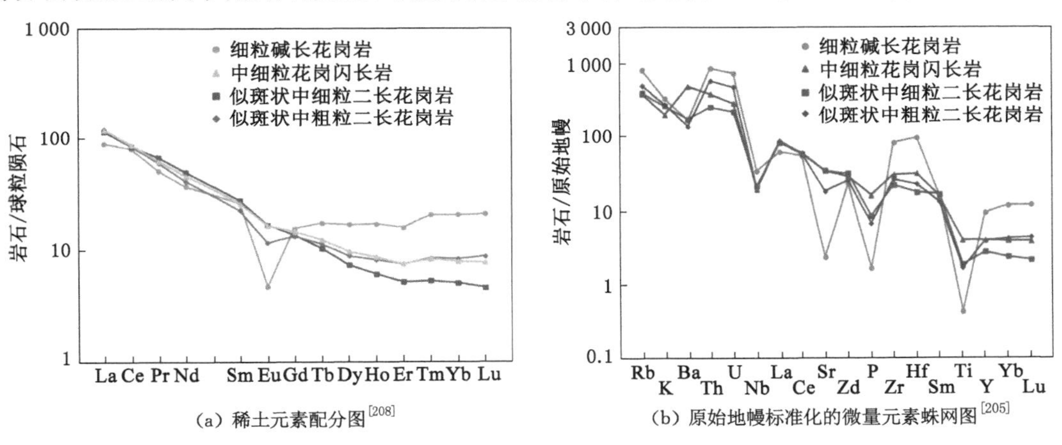

(a) 稀土元素配分图[208]　　(b) 原始地幔标准化的微量元素蛛网图[205]

图 6-10　中侏罗世各花岗岩平均值的球粒陨石标准化的稀土元素配分图及原始地幔标准化的微量元素蛛网图

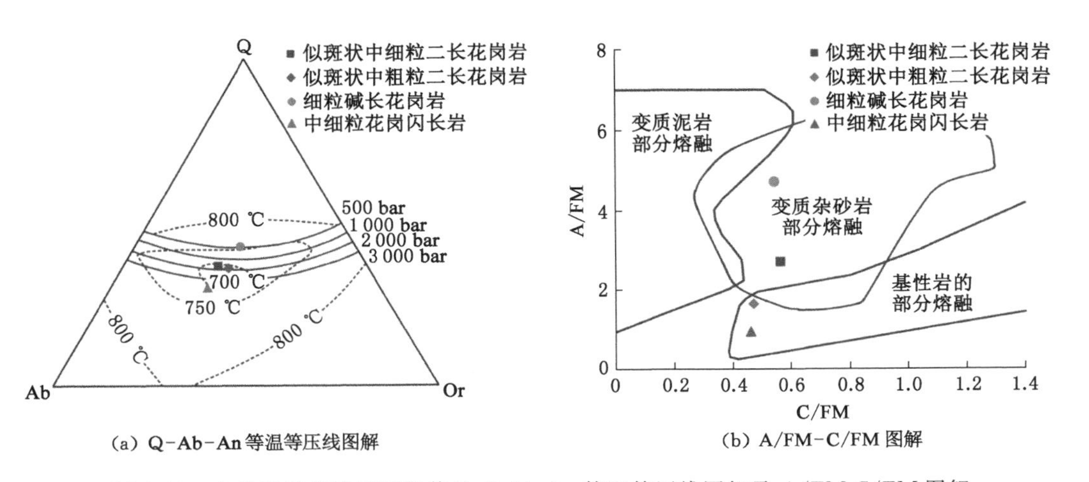

(a) Q-Ab-An 等温等压线图解　　(b) A/FM-C/FM 图解

图 6-11　中侏罗世花岗岩平均值的 Q-Ab-An 等温等压线图解及 A/FM-C/FM 图解

表 6-2　张广才岭南段各侵入岩体的 CIPW 标准矿物平均值一览表

形成时代	早侏罗世						中侏罗世			
岩石名称	中粒二长花岗岩	中粗粒二长花岗岩	中细粒二长花岗岩	似斑状中粗粒花岗闪长岩	中细粒花岗闪长岩	中细粒闪长岩	细粒碱长花岗岩	似斑状中粗粒二长花岗岩	似斑状中细粒二长花岗岩	中细粒花岗闪长岩
Q	41.10	38.41	42.37	31.88	28.23	12.33	40.35	29.48	31.74	20.23
An	3.58	5.18	3.13	9.04	13.05	18.06	2.40	9.96	7.63	16.41
Ab	26.72	27.45	26.16	28.88	27.85	30.93	27.82	29.26	32.83	29.36
Or	24.03	22.80	23.86	21.94	19.56	14.78	25.35	22.09	20.71	16.34
C	1.11	0.69	1.00	1.06	0.08	0.00	0.26	0.37	1.18	0.25
Di	91.85	88.66	92.39	82.70	75.64	58.04	0.89	0.16	0.00	1.48
Hy	1.86	2.97	1.76	4.12	6.76	12.08	1.32	4.83	3.03	9.64
Il	0.19	0.36	0.21	0.48	0.81	1.62	0.16	0.52	0.57	1.12
Mt	1.37	2.03	1.32	2.44	3.37	5.67	0.91	3.14	2.06	4.76
Ap	0.04	0.11	0.19	0.14	0.29	0.57	0.05	0.20	0.25	0.42
A/MF	3.55	2.27	3.57	2.00	1.28	0.73	4.67	1.65	2.69	0.96
C/MF	0.40	0.38	0.41	0.49	0.47	0.43	0.53	0.46	0.55	0.45

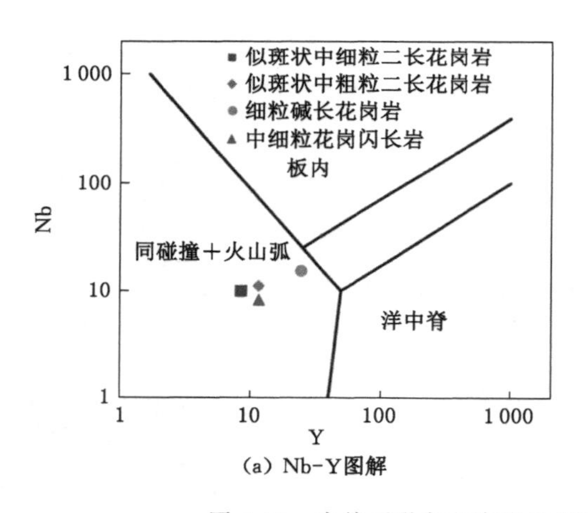

(a) Nb-Y图解

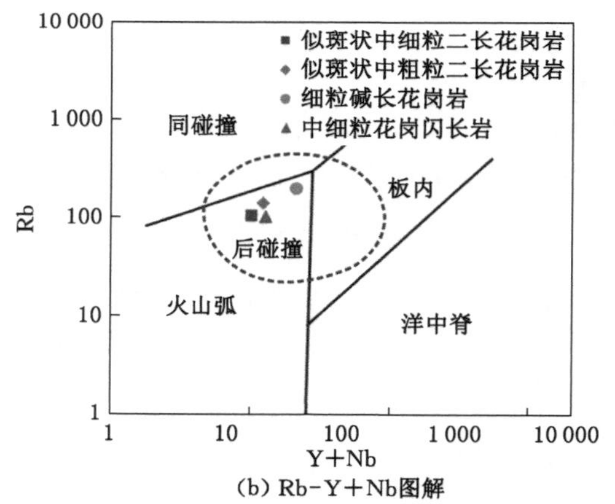

(b) Rb-Y+Nb图解

图 6-12　中侏罗世各花岗岩平均值的 Nb-Y 图解及 Rb-Y+Nb 图解

6.4　中侏罗世花岗岩中镁铁质包体成因

19 件含斑细粒闪长岩包体具有低 SiO_2 含量(51.12%～59.32%,平均值为 54.46%),高 Al_2O_3 含量(12.40%～17.68%,平均值为 15.99%),中碱含量(Na_2O+K_2O=4.77%～6.44%),K_2O/Na_2O=0.41～1.02(平均值为 0.57),CIPW 标准矿物中未出现刚玉分子(C),准铝(A/CNK=0.67～0.96,平均值为 0.86),为高钾钙碱性岩石系列,稀土元素总量(∑REE)为 106.68×10^{-6}～189.75×10^{-6}(平均值为 144.92×10^{-6}),具有铕负异常(δ_{Eu}=

0.30～0.90)，微量元素原始地幔标准化蛛网图中相对富集 Rb、K、U、Th、La 等元素，相对亏损 Ba、Nb、Sr、P、Ti、Y 等元素，这些特征与I型花岗岩化学特征相似。在(Zr+Nb+Ce+Y)-FeO^T/MgO 图解[图 6-13(a)]中样品落入I型花岗岩区域；K_2O-Na_2O 图解[图 6-13(b)]中样品落入 I 型花岗岩区域；$(La/Yb)_N$-Yb_N 图解[图 6-13(c)]中样品落入经典岛弧岩石区域，Sr/Y-Y 图解[图 6-13(d)]中样品落入经典岛弧岩石区域。综上可知：中细粒闪长岩为 I 型花岗岩，形成于经典岛弧岩构造背景。

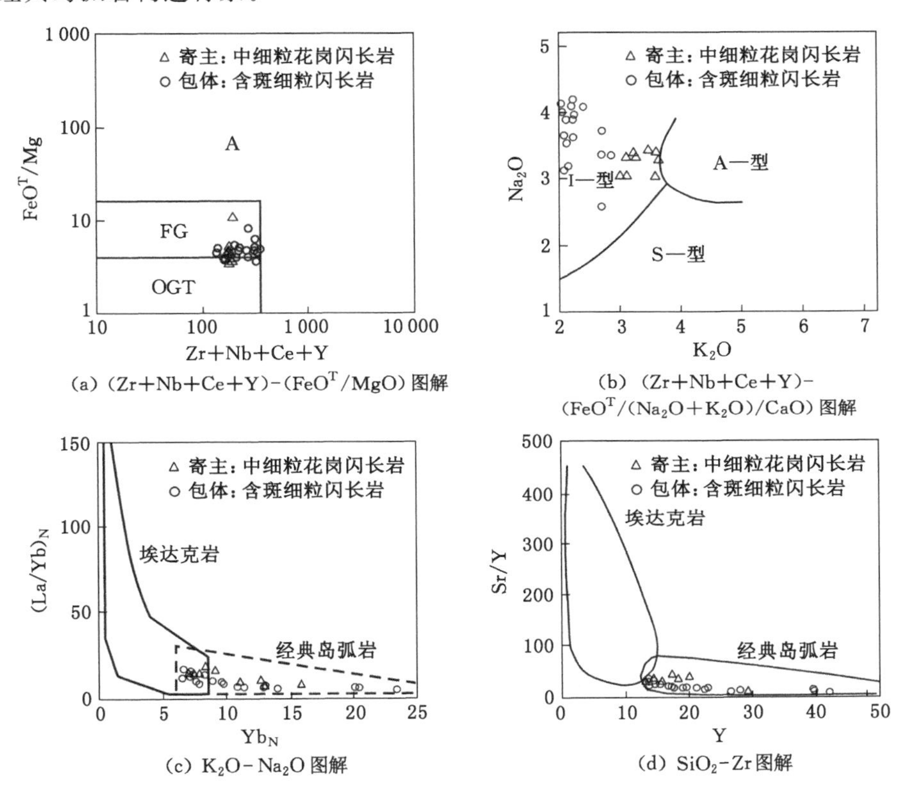

图 6-13　中细粒花岗闪长岩中含斑细粒闪长岩包体的(Zr+Nb+Ce+Y)-(FeO^T/MgO)图解、(Zr+Nb+Ce+Y)-(FeO^T/(Na_2O+K_2O)/CaO)图解、K_2O-Na_2O 图解及 SiO_2-Zr 图解

包体含斑细粒闪长岩与寄主中细粒花岗闪长岩野外接触界线清晰，寄主与包体接触界线处可见明显的细粒化现象，且包体边部暗色矿物富集。由此可知：在寄主岩体岩浆在侵位过程中捕获了含斑细粒闪长岩包体，致使寄主岩浆冷却速度加快，矿物生长速度变慢，呈现出细粒化现象，同时寄主在捕获包体后由于温度较高，部分包体发生重熔，导致寄主内与包体接触部位暗色矿物富集。岩石地球化学方面，包体含斑细粒闪长岩与寄主岩体相比具有贫 SiO_2、K_2O、Al_2O_3；富 Na_2O、CaO、MgO、FeO^T、TiO_2，不出现标准矿物刚玉(C)，更高的紫苏辉石(Hy)、钛铁矿(Il)、磁铁矿(Mt)等含量，为准铝质岩石，更偏于基性。包体含斑细粒闪长岩的 Zr/Hf=37.49～59.35(平均值为 43.23)，Rb/Sr=0.14～0.33(平均值为 0.26)，Nb/Ta=7.59～17.37(平均值为 13.11)。与寄主中细粒花岗闪长岩 Zr/Hf=39.73～51.11(平均值为 44.69)，Rb/Sr=0.18～0.49(平均值为 0.28)，Nb/Ta=8.35～11.57(平均值为 9.98)，包体含斑细粒闪长岩具有低的 Zr/Hf、Rb/Sr 和高的 Nb/Ta。在 Q-Ab-An

等温等压线图解中,包体的形成温度为750～800 ℃,压力在5 000 bar以上。寄主的形成温度为700～750 ℃,压力略高于3 000 bar,包体的形成温度、压力明显高于寄主。包体含斑细粒闪长岩与寄主中细粒花岗闪长岩形成于不同的岩浆期次,包体含斑细粒闪长岩岩浆形成深度更深,更接近地幔源区。

6.5 本章小结

(1) 早侏罗世早期(181.6 Ma至190.3 Ma)的岩石组合为中细粒闪长岩、中细粒花岗闪长岩和似斑状中粗粒花岗闪长岩,属于高钾钙碱性Ⅰ型花岗岩,形成于活动大陆边缘构造环境。早侏罗世晚期(170.3 Ma至180.0 Ma)的岩石组合为二长花岗岩和碱长花岗岩,属于高钾钙碱性A2型花岗岩,形成于引张构造环境。中侏罗世(168.1 Ma至170.3 Ma)的岩石组合为花岗闪长岩和二长花岗岩,为高钾钙碱性Ⅰ型花岗岩系列,形成于火山弧花岗岩构造环境。

(2) 早侏罗世侵入岩具有富硅、富铝、贫镁、贫铁的特征,属于高钾钙碱性系列岩石,岩浆从早期到晚期成岩温度、压力逐渐降低,经历了由中酸性到酸性逐渐过渡过程,岩石源区由亲幔源性向亲壳源性逐渐过渡,岩石成因由早期的Ⅰ型花岗岩向晚期的A2型花岗岩逐渐过渡,构造背景由古太平洋俯冲作用向俯冲后伸展作用过渡。

(3) 中侏罗世侵入岩均属于铝过饱和高钾钙碱性系列岩石,由似斑状中粗粒二长花岗岩、似斑状中细粒二长花岗岩、中细粒花岗闪长岩样品的SiO_2、K_2O+Na_2O含量趋于升高,而FeO^T、MgO、TiO_2、CaO、P_2O_5含量随之逐渐降低,K_2O含量增加,Na_2O含量逐渐降低,$(La/Yb)_N$值大体呈递增趋势,δ_{Eu}比值升高,而δ_{Ce}比值降低,岩浆结晶分异程度具有逐渐提高的趋势,形成温度与压力逐渐递增,形成于Ⅰ型火山弧花岗岩构造环境。

(4) 镁铁质包体与寄主中细粒花岗闪长岩野外接触界线清晰,岩石地球化学特征不同,且包体的形成温度和压力均高于寄主,表明镁铁质包体与寄主中细粒花岗闪长岩形成于不同的岩浆期次,镁铁质包体岩浆来源于幔源,而寄主中细粒花岗闪长岩浆来源于壳幔混合源区。

7 张广才岭南段中生代花岗岩形成的构造背景

7.1 研究区的构造属性:与松嫩—张广才岭地块的亲缘性

地质学者们常将松辽盆地、小兴安岭和张广才岭合称为松嫩—张广才岭地块,可见张广才岭与松辽盆地、小兴安岭具有极强的亲缘性[13,15,20,34-35,159,163,257]。那么张广才岭与松嫩地块亲属性主要体现在:(1) 具有极其相似的古老结晶基地[20,159,163,171,257-259];(2) 共同经历了古远深部地壳增生作用[160,162,260-264];(3) 共同经历了深部陆壳再造过程[165,171,259,265]。

裴福萍等[91]和 E. A. Belousova 等[260]通过锆石 U-Pb 同位素测得松嫩—张广才岭地块深部变质火山岩的岩浆作用时代约为 1.8 Ga;章凤奇等[266]研究发现松辽盆地早白垩世火山岩捕获锆石的形成时代为古元古代至中元古代(约 1.8 Ga、1.6 Ga 和 1.3 Ga);J. B. Zhou 等[267]和 F. Wang 等[268]发现在松嫩—张广才岭地块的古生代沉积岩中赋存一些自形-半自形碎屑锆石,其形成时代为古元古代至中元古代。王志伟[163]采用锆石 U-Pb 同位素测年手段对松嫩—张广才岭地块早古生代火成岩进行了研究,结果显示其形成时代主要集中在 1 877 Ma 至 1 722 Ma 和 1 553 Ma 至 1 240 Ma 两个峰值区。前人的年代学证据暗示松嫩—张广才岭地块深部具有古老地壳特征,即松嫩—张广才岭地块存在时代为古元古代—中元古代的古老结晶基底。松嫩—张广才岭地块北部早古生代中酸性火成岩中的岩浆锆石在古元古代—中元古代存在二阶段模式年龄(峰期主要为 1 882 Ma 和 1 474 Ma 至 1 212 Ma),与地块东南部早古生代中酸性岩浆岩具有的二阶段岩浆作用时间模式年龄基本一致(峰期主要为 1 926 Ma 至 1 715 Ma、1 484 Ma 至 1 209 Ma 和 1 091 Ma)[163]。前人的年代学数据表明松嫩—张广才岭地块东部陆壳增生时间为古元古代至中元古代,与额尔古纳地块和佳木斯地块古元古代—中元古代的地壳增生事件(1.7 Ga 至 1.3 Ga,和约 1.8 Ga、1.4 Ga 至 1.2 Ga[20,171,259])和全球前寒武纪地壳增生时间基本一致[259-264]。松嫩—张广才岭地块东部在古元古代—中元古代期间发生了明显的地壳物质再造作用[163]。与此同时,中亚造山带中的阿尔泰造山带、南蒙古造山带和天山造山带等块体也发生了大规模的地壳物质再造作用[265-276]。魏红艳等[165]和 P. Guo 等[277]研究表明:松嫩—张广才岭地块北部在古生代至早中生代也存在大规模的地壳再造作用,表明地壳深部古老地壳物质的增生再造作用对早古生代及至晚古生代至早中生代时期的中亚造山带地壳构造演化具有很重要的作用[265,278]。

7.2 松嫩—张广才岭地块与佳木斯地块碰撞-拼合历史

牡丹江洋最早由 F. Y. Wu 等[10]提出,主要指位于松嫩—张广才岭地块和佳木斯地块之间的晚古生代至早中生代时期的古大洋,研究其演化历史对重建松嫩—张广才岭地块和佳木斯地块的碰撞-拼合历史具有极其重要意义。M. H. Ge 等[279-280]测得黑龙江杂岩中蓝片岩的原岩具有洋岛地球化学属性，且拉斑系列原岩年龄为(288±2) Ma，碱性系列原岩年龄为(281±3) Ma，表明牡丹江洋在早二叠世之前就已经存在。董玉[257]对黑龙江杂岩中具有 OIB、MORB 和岛弧地球化学性质[62,257,267,279-283]的斜长角闪岩和蓝片岩进行了锆石同位素年代学研究，结果显示黑龙江杂岩中斜长角闪岩和蓝片岩的原岩形成时代为晚古生代至早中生代，表明牡丹江洋在早中生代时还没有闭合。此外，大量的地质学者[257,284-287]通过对黑龙江杂岩中矿物红金石和角闪石的年代学研究，认为黑龙江杂岩的变质时间为早侏罗世至中侏罗世，认为牡丹江洋闭合时间为早侏罗世至中侏罗世。由此可将松嫩—张广才岭地块与佳木斯地块碰撞-拼合历史分为如下四个阶段：

(1) 约 250 Ma 之前，牡丹江洋位于松嫩—张广才岭地块与佳木斯地块之间，且存在双向俯冲作用。俯冲作用产物为：① 黑龙江杂岩，如依兰涌泉蓝片岩[62,267,279-281,288]、道台桥斜长角闪岩[282]以及具有活动大陆边缘属性的依兰和萝北斜长角闪岩[283]；② 佳木斯地块西部发育的南北向展布的二叠纪岩浆弧带花岗质岩体(如青背、孟家岗、横头山、明义、柴河、石场、青山、美作和楚山等岩体)[172,289-292]；③ 松嫩—张广才岭地块东缘南北向展布的二叠纪岩浆弧带花岗质岩体(如小北湖、白云、大砬子、黄旗沟、丰林拉拉沟和四号等岩体)，和基性的珠山岩体等[163,293]。

(2) 250 Ma 至 230 Ma，牡丹江洋盆开始变小，双向俯冲作用仍在继续，期间的俯冲作用产物是：① 黑龙江杂岩内的牡丹江斜长角闪岩原岩[280]；② 佳木斯微板块西部三叠纪岩浆岩[289]；③ 松嫩—张广才岭地块东缘分布的三叠纪弧岩浆岩[293]。

(3) 230 Ma 至 170 Ma，牡丹江洋盆越来越小，双向俯冲作用持续进行，期间的俯冲作用产物是黑龙江杂岩弧前盆地沉积物：① 黑龙江杂岩体内部的变质沉积岩原岩和牡丹江蓝片岩[62,294]；② 佳木斯微板块西部三叠纪岩浆岩[172-173,275,289]；③ 松嫩—张广才岭东部遍布的弧岩浆岩[10,13,35,275,293-295]。

(4) 170 Ma 至 160 Ma，牡丹江洋最终闭合，佳木斯地块和松嫩—张广才岭地块碰撞-拼合，导致黑龙江杂岩变质变形作用。本书在张广才岭南段发现大量的南北向展布的中酸性侵入岩，测得中细粒花岗闪长岩锆石 U-Pb 年龄为 168.1±1.6 Ma，似斑状中细粒二长花岗岩 U-Pb 年龄为(172.1±1.3) Ma，似斑状中粗粒二长花岗岩锆石 U-Pb 年龄为(172.4±1.2) Ma，似斑状中细粒二长花岗岩、中细粒花岗闪长岩和似斑状中粗粒二长花岗岩均属于钙碱性Ⅰ型花岗岩，形成于板块碰撞构造环境，进一步证实了松嫩—张广才岭地块和佳木斯地块碰撞-拼合发生在 170 Ma 至 160 Ma。

7.3 张广才岭南段中生代花岗岩形成的构造背景

7.3.1 古亚洲洋的最终闭合

古亚洲洋构造域与古太平洋构造域叠加与转化时间一直是地质学者研究的热点问题，讨论这个热点问题的关键是确定古亚洲洋构造域最终的闭合时间。关于古亚洲洋构造域最终闭合时间问题，前人做过许多研究工作，赵庆英等[296]在吉林省中部发现一系列埃达克质花岗岩，并确定这些埃达克质花岗岩形成于中三叠世，在中亚造山带南缘的索伦—西拉木伦河发现有年代为 251 Ma 至 245 Ma 的高 Sr/Y 型花岗质岩石。杨东光[29]在吉林省珲春南部发现一套与碰撞造山有关的早中三叠世埃达克质花岗质岩石，属于早中三叠世西拉木伦—长春—延吉缝合岩浆岩带，表明古亚洲洋闭合时间比早三叠世还要早。延边地区大量出现的中二叠世侵入岩(闪长岩、花岗闪长岩、英云闪长岩、二长花岗岩、辉长岩和辉石岩)形成于古亚洲洋俯冲相关的活动大陆边缘环境[10,87,294-296]，而该地区晚二叠世至中三叠世侵入岩组合(正长花岗岩、石英二长岩和二长花岗岩)形成于同造山/后造山构造环境[65,80,294,297]。这些研究表明古亚洲洋最终闭合于晚二叠世(约 250 Ma)，主要的地质和地球化学资料可归纳总结为以下三点：第一，中亚造山带南缘呼兰群变质作用时间为晚二叠世(约 250 Ma)，表明古亚洲洋构造体系结束时间为晚二叠世[86]。第二，东北地区的晚二叠世磨拉石建造同样证实古亚洲洋最终于晚二叠世闭合[66]。第三，中亚造山带东段花岗岩的岩石学、同位素年代学、地球化学研究表明古亚洲洋的闭合时间为晚二叠世至早三叠世[65,80,87,298]。

7.3.2 古亚洲洋碰撞后板块伸展

晚三叠世(224 Ma 至 206 Ma)沿西拉木伦—长春—延吉缝合带两边分布有大量的镁铁质～超镁铁质岩石(如红旗岭镁铁质～超镁铁质杂岩[121]、I 型花岗岩、A 型花岗岩和 A 型流纹岩[10,35,300-303])，这些岩石均形成于板块碰撞后的伸展环境，产生这种构造机制原因仍存在较大的争议，主要观点有：(1) 形成于古亚洲洋板块的最后俯冲作用，与古亚洲洋最终闭合作用有关[10]；(2) 与古太平洋板块俯冲有关[62,173]；(3) 形成于三叠纪大别-苏鲁高压变质带东段延边高压变质带[304-305]。由于佳木斯兴凯地块来源于冈瓦纳大陆，是典型的外来地块，H. Yang 等[173]认为晚三叠世佳木斯兴凯地块中的花岗质岩石形成于古太平洋板块向佳木斯—兴凯地块之下俯冲构造环境。然而，晚三叠世佳木斯兴凯地块的岩浆岩在空间上沿着华北克拉通北缘东端呈东西向带状展布[10,303]，暗示东北地区晚三叠世岩浆作用与古亚洲洋构造域有关，而与古太平洋板块向佳木斯兴凯地块之下俯冲无关[303]。吉林和黑龙江东部晚三叠世(217 Ma 至 201 Ma)A 型火山岩和黑龙江中东部双峰式火成岩表明这些岩浆岩形成于古亚洲洋闭合后伸展构造环境[182,300]。另一项能证明古亚洲洋闭合时间是晚三叠世的证据是大量的镁铁质～超镁铁质岩石呈带状分布于拉木伦—长春—延吉缝合带上，如吉林省中部地区的呈岩墙状侵入呼兰群变质岩中的红旗岭和漂河川镁铁质～超镁铁质杂岩[121]。红旗岭杂岩类型包括淡色辉长岩、二辉橄榄岩、辉石岩、橄榄二辉岩和辉长岩。淡色辉长岩的锆石 U-Pb 年龄为(216±5) Ma。漂河川杂岩包括辉长岩、辉石岩和辉绿岩，辉石岩的锆石 U-Pb 年龄为(217±3) Ma[121]。红旗岭和漂河川杂岩的形成年代与 A 型花岗岩的形成年代一致，均晚于区域变质作用时间(约 250 Ma)和同造山花岗岩形成时间(280 Ma 至 240 Ma)。综上可知红旗岭和漂河川镁铁质～超镁铁质杂岩形成于晚三叠世古亚洲洋闭合后伸展的构造背景。

7.3.3 早侏罗世古太平洋板块西向俯冲

多数学者认为中国东部中生代岩浆作用、岩石圈减薄和成矿作用均与古太平洋板块的俯冲作用相关[10,303,307-308]。然而古太平洋板块何时西向俯冲一直存在争议：(1) J. B. Zhou 等[63]认为晚三叠世古太平洋板块向西俯冲，导致松嫩地块和佳木斯—兴凯—布列亚地块的碰撞拼合，并认为古太平洋板块由东向俯冲到西欧亚大陆之下的起始时间为晚三叠世；

(2) 佳木斯—兴凯地块是来源于冈瓦纳大陆的外来地体[10,306],早二叠世花岗质岩石形成于古太平洋板块向佳木斯—兴凯地块俯冲构造环境[173];(3) P. Guo 等[277]和杨东光[29]认为古太平洋板块向西俯冲起始于早侏罗世,证据为早侏罗世延边镁铁质杂、吉林和黑龙江东部镁铁质侵入岩、I 型花岗岩和长英质火山岩形成了一条活动大陆边缘构造环境的南北向岩浆弧。P. Guo 等[277]和杨东光[29]认为古太平洋板块由东向西欧亚大陆俯冲开始时间为早侏罗世的主要证据有:(1) 岩浆岩在时空分布方面的证据,延边—朝鲜半岛—俄罗斯远东—日本岛弧的岩浆活动形成时代逐渐变晚,且呈东北向岩浆弧展布,表明岩浆作用与古太平洋构造演化作用相关;(2) 早侏罗世岩石组合类型方面的证据:区域内花岗闪长岩、闪长岩、英云闪长岩和二长花岗岩组合大量分布,闪长岩、石英闪长岩和花岗闪长岩组合暗示其形成于活动大陆边缘构造环境;(3) 张广才岭地区早侏罗世大量发育有钙碱性侵入岩,这些钙碱性侵入岩是古太平洋板块俯冲开始阶段的产物;(4) 俯冲作用形成的增生杂岩方面的证据,这些俯冲增生形成的杂岩有开山屯杂岩、锡霍特阿林增生杂岩、黑龙江杂岩、那丹哈达增生杂岩和西南 Mino-Tanba-Chichibu Belt,这些杂岩体是古太平洋板块由东向西俯冲的之间产物[10,64,86,309]。

7.3.4 张广才岭南段中生代花岗岩形成的构造背景

本书对张广才岭南段 10 个中酸性侵入岩体进行了年代学研究,测得区内中酸性侵入岩形成时间为 168 Ma 至 190.3 Ma,分别属于早侏罗世(176.4 Ma 至 190.3 Ma)和中侏罗世(168.1 Ma 至 170.3 Ma),早侏罗世和中侏罗世的界线参照 2016 年国际年代地层表,界线年代值为 174.1 Ma。为了更好地研究张广才岭构造背景,限定松嫩—张广才岭板块与佳木斯板块碰撞-拼合时间以及古亚洲洋板块俯冲时间,本书根据张广才岭地区中生代侵入岩岩石地球化学特征、岩石成因及形成构造背景,将张广才岭地区中生代岩浆作用划分为三个阶段,分别为早侏罗世早期(181.6 Ma 至 190.3 Ma)、早侏罗世晚期(170.3 Ma 至 180.0 Ma)和中侏罗世(168.1 Ma 至 170.3 Ma)。早侏罗世早期(181.6 Ma 至 190.3 Ma)发育有大量的具有活动大陆边缘构造环境的岩石组合(中细粒花岗闪长岩、中细粒闪长岩和似斑状中粗粒花岗闪长岩),属于高钾钙碱性I型花岗岩系列,表明古太平洋板块在 181.6 Ma 至 190.3 Ma 之间正向西发生俯冲作用。早侏罗世晚期(170.3 Ma 至 180.0 Ma)发育的岩石组合为二长花岗岩和碱长花岗岩,岩石地球化学特征与早期(181.6 Ma 至 190.3 Ma)的岩石地球化学特征存在明显差异,岩浆从早期到晚期的成岩温度、压力逐渐降低,经历了由中酸性到酸性逐渐过渡过程,岩石源区由亲幔源性向亲壳源性逐渐过渡,岩石成因由早期的 I 型花岗岩向晚期的 A2 型花岗岩逐渐过渡。由此可知 170.3 Ma 至 180.0 Ma 期间研究区正处于引张构造环境,代表了碰撞或俯冲过程中的一次伸展作用,表明在该段时间内松嫩—张广才岭板块与佳木斯板块尚未拼合,进一步将松嫩—张广才岭板块与佳木斯板块碰撞-拼合时间限定在 170 Ma 之后。中侏罗世(168.1 Ma 至 170.3 Ma)发育的岩石组合为花岗闪长岩和二长花岗岩,呈北东向带状展布,为高钾钙碱性 I 型花岗岩系列,形成于碰撞或俯冲构造背景,与牡丹江洋闭合时间一致[257],表明本期花岗质岩浆作用与松嫩—张广才岭板块与佳木斯板块碰撞-拼合相关,进而证实松嫩—张广才岭板块与佳木斯板块碰撞-拼合在 170.3 Ma 就已经开始了。综上所述,笔者将松嫩—张广才岭板块与佳木斯板块开始拼合的时间限定在 170 Ma,即松嫩—张广才岭地块和佳木斯地块最终碰撞-拼合时间为 170 Ma 至 160 Ma。

7.4 本章小结

结合前人研究资料与成果，笔者对张广才岭南段中生代侵入岩的岩石组合、U-Pb年代学、岩石地球化学特征、成因及构造背景进行了系统研究，探讨了张广才岭南段中生代岩浆-构造演化历史，限定了松嫩—张广才岭地块和佳木斯地块最终碰撞-拼合时间及古太平洋板块向西发生俯冲的时间，得出如下结论：

(1) 松嫩—张广才岭地块与佳木斯地块碰撞-拼合历史可以划分为四个阶段：① 约250 Ma之前，佳木斯地块和松嫩—张广才岭地块之间的牡丹江洋已经存在，且开始发生双向俯冲作用；② 250 Ma至230 Ma，牡丹江洋持续发生双向俯冲作用，洋盆逐渐缩小，部分黑龙江杂岩原岩混杂堆积在一起；③ 230 Ma至170 Ma，牡丹江洋双向俯冲作用继续进行，洋盆缩小，黑龙江杂岩中变质沉积岩原岩在弧前盆地沉积；④ 170 Ma至160 Ma，牡丹江洋最终闭合，佳木斯地块和松嫩—张广才岭地块发生碰撞-拼合，黑龙江杂岩发生变质变形作用。

(2) 厘定了古亚洲洋构造域与古太平洋构造域叠加与转化时间：古亚洲洋于晚二叠世最终闭合，古亚洲洋于晚三叠世闭合后伸展，古太平洋板块于早侏罗世向欧亚大陆俯冲。

(3) 确定古太平洋板块在早侏罗世早期(181.6 Ma至190.3 Ma)已经向西发生俯冲作用，松嫩—张广才岭地块和佳木斯地块最终碰撞-拼合时间为170 Ma至160 Ma。

8 结论、主要创新点和存在的主要问题及建议

8.1 结论

结合前人相关研究资料和成果,本书对张广才岭南段中生代花岗岩年代学和地球化学进行了系统研究,得出的主要结论如下:

(1) 张广才岭南段中生代岩浆作用可以划分为三个阶段:早侏罗世早期(181.6 Ma 至 190.3 Ma)、早侏罗世晚期(170.3 Ma 至 180.0 Ma)和中侏罗世(168.1 Ma 至 170.3 Ma)。

(2) 早侏罗世早期(181.6 Ma 至 190.3 Ma)的岩石组合为中细粒闪长岩、中细粒花岗闪长岩和似斑状中粗粒花岗闪长岩,属于高钾钙碱性Ⅰ型花岗岩系列,形成于活动大陆边缘构造环境;早侏罗世晚期(170.3 Ma 至 180.0 Ma)的岩石组合为二长花岗岩和碱长花岗岩,属于高钾钙碱性 A2 型花岗岩系列,形成于引张构造环境,代表了俯冲过程中的一次伸展作用;中侏罗世(168.1 Ma 至 170.3 Ma)的岩石组合为花岗闪长岩和二长花岗岩,为高钾钙碱性Ⅰ型花岗岩系列,其成岩构造背景与松嫩—张广才岭板块与佳木斯板块拼合作用相关。

(3) 早侏罗世侵入岩具有富硅铝、贫镁铁的特征,属于高钾钙碱性系列岩石,岩浆从早期到晚期成岩温度和压力逐渐降低,经历了由中酸性到酸性逐渐过渡过程,岩石源区由亲幔源性向亲壳源性逐渐过渡,岩石成因由早期的Ⅰ型花岗岩向晚期的 A2 型花岗岩逐渐过渡,构造背景由古太平洋俯冲作用向俯冲后伸展作用过渡。

(4) 古太平洋板块在早侏罗世早期(181.6 Ma 至 190.3 Ma)已经向西发生俯冲作用,松嫩—张广才岭地块和佳木斯地块最终碰撞-拼合时间为 170 Ma 至 160 Ma。

(5) 镁铁质包体与寄主中细粒花岗闪长岩野外接触界线清晰,岩石地球化学特征不同,且包体的形成温度和压力均高于寄主,表明镁铁质包体与寄主中细粒花岗闪长岩形成于不同的岩浆期次,镁铁质包体岩浆来源于幔源,而寄主中细粒花岗闪长岩浆来源于壳幔混合源区。

8.2 主要创新点

(1) 重新厘定了张广才岭南段中生代侵入岩的岩石组合及岩浆作用期次,构建了张广才岭南段中生代构造-岩浆演化历史。

(2) 通过对张广才岭南段侵入岩年代学和地球化学研究,结合前人研究成果,将松嫩—张广才岭地块和佳木斯地块最终碰撞-拼合时间限定在 170 Ma 至 160 Ma 之间。

(3) 通过对张广才岭南段侵入岩年代学和地球化学研究,为古太平洋板块向西俯冲时间提供了新的证据。

8.3 存在的主要问题及建议

(1) 缺乏对研究区侵入岩的氢-氧同位素的研究,限制了研究区域地幔属性及地壳属性的认识。建议加强对区域内侵入岩氢-氧同位素的研究,进一步厘定研究区域侵入岩岩浆的物质来源。

(2) 缺乏对研究区域古生代侵入岩的同位素年代学研究,该时期的构造演化历史只能参考前人的研究成果。建议对古生代侵入岩开展同位素测年工作,进一步厘定区域构造-岩浆演化。

参考文献

[1] BARBARIN B. A review of the relationships between granitoid types, their origins and their geodynamic environments[J]. Lithos, 1999, 46(3): 605-626.

[2] PITCHER W S. The nature and origin of granite[J]. Thenature and origin of granite, 1997: 1-31.

[3] 邓晋福,莫宣学,罗照华,等. 火成岩构造组合与壳慢成矿系统[J]. 地学前缘,1999, 6(2):259-270.

[4] 王涛. 花岗岩混合成因研究及大陆动力学意义[J]. 岩石学报,2000,16(2):161-168.

[5] 耿雯. 张广才岭南段尚志地区花岗岩类成因及其地质意义[D]. 西安:西北大学,2015.

[6] WU F Y, JAHN B, LIN Q. Isotopic characteristics of the postorogenic granites in orogenic belt of Northern China and their implications in crustal growth [J]. Chinesescience bulletin, 1998, 43(5): 420-424.

[7] 韩宝福,何国琦,王世洸. 新疆北部后碰撞慢源岩浆活动与陆壳纵向生长[J]. 地质论评, 1998,44(4):396-406.

[8] 吴福元,孙德有. 中国东部中生代岩浆作用与岩石圈减薄[J]. 长春科技大学学报,1999, 29(4):313-318.

[9] JAHN B M, WU F Y, CHEN B. Massive granitoid generation in Central Asia: Nd isotope evidence and implication for continental growth in the Phanerozoic[J]. Episodes, 2000, 23(2): 82-92.

[10] WU F Y, SUN D Y, GE W C, et al. Geochronology of the Phanerozoic granitoids in northeastern China[J]. Journal of asian earth sciences, 2011, 41(1): 1-30.

[11] 张艳斌. 延边地区花岗质岩浆活动的同位素地质年代学格架[D]. 长春:吉林大学,2002.

[12] 孙德有,吴福元,林强,等. 张广才岭燕山早期白石山岩体成因与壳幔相互作用[J]. 岩石学报,2001,17(2):227-235.

[13] 孙德有,吴福元,高山. 小兴安岭东部清水岩体的锆石激光探针 U-Pb 年龄测定[J]. 地球学报,2004,25(2):213-218.

[14] 方文昌. 吉林省花岗岩类及成矿作用[M]. 长春:吉林科学技术出版社,1992.

[15] 李双林,欧阳自远. 兴蒙造山带及邻区的构造格局与构造演化[J]. 海洋地质与第四纪地质,1998,18(3):45-54.

[16] JAHN B M, WU F Y, LO C H, et al. Crust-mantle interaction induced by deep subduction of the continental crust: geochemical and Sr-Nd isotopic evidence from post-collisional mafic-ultramafic intrusions of the northern Dabie complex, central

China[J]. Chemicalgeology,1999,157(1/2):119-146.

[17] WILDE S A,VALLEY J W,PECK W H,et al. Evidence from detrital zircons for the existence of continental crust and oceans on the Earth 4.4 Gyr ago[J]. Nature,2001,409:175-178.

[18] WU F Y,JAHN B M,WILDE S A,et al. Highly fractionated I-type granites in NE China (I):geochronology and petrogenesis[J]. Lithos,2003,66(3):241-273.

[19] WU F Y,JAHN B M,WILDE S A,et al. Highly fractionated I-type granites in NE China (Ⅱ): isotopic geochemistry and implications for crustal growth in the Phanerozoic[J]. Lithos,2003,67(3/4):191-204.

[20] 葛文春,隋振民,吴福元,等.大兴安岭东北部早古生代花岗岩锆石 U-Pb 年龄、Hf 同位特征及地质义[J].岩石学报,2007a,23(2):423-440.

[21] 程瑞玉,吴福元,葛文春,等.黑龙江省东部饶河杂岩的就位时代与东北东部中生代构造演化[J].岩石学报,2006,22(2):353-376.

[22] 佘宏全,李进文,向安平,等.大兴安岭中北段原岩锆石 U-Pb 测年及其与区域构造演化关系[J].岩石学报,2012,28(2):571-594.

[23] 王永彬,刘建明,孙守恪,等.黑龙江省乌拉嘎金矿赋矿花岗闪长斑岩锆石 U-Pb 年龄、岩石成因及其地质意义[J].岩石学报,2012,28(2):557-570.

[24] 杨言辰,韩世炯,孙德有,等.小兴安岭-张广才岭成矿带斑岩型钼矿床岩石地球化学特征及其年代学研究[J].岩石学报,2012,28(2):379-390.

[25] 王枫.黑龙江省东部张广才岭群新兴组:岩石组合、时代及其构造意义[D].长春:吉林大学,2010.

[26] 韩振哲.小兴安岭东南段早中生代花岗岩类时空演化特征与多金属成矿[D].北京:中国地质大学(北京),2011.

[27] JAHN B M,CAPDEVILA R,LIU D Y,et al. Sources of Phanerozoic granitoids in the transect Bayanhongor-Ulaan Baatar,Mongolia:geochemical and Nd isotopic evidence,and implications for Phanerozoic crustal growth[J]. Journal of asian earth sciences,2004,23:629-653.

[28] 吴福元,李献华,杨进辉,等.花岗岩成因研究的若干问题[J].岩石学报,2007,23(6):1217-1238.

[29] 杨东光.珲春南部中生代侵入岩的时代成因及构造背景[D].长春:吉林大学,2018.

[30] PITCHER W S. Granite type and tectonic environment[M]//Hsu,K.(Ed.),Mountain Building Processes. London:Academic Press,1983.

[31] 张旗,王焰,李承东,等.花岗岩的 Sr-Yb 分类及其地质意义[J].岩石学报,2006,22(9):2249-2269.

[32] HAN B F,WANG S G,JAHN B M,et al. Depleted-mantle source for the Ulungur River A-type granites from North Xinjiang,China:geochemistry and Nd-Sr isotopic evidence,and implications for Phanerozoic crustal growth[J]. Chemicalgeology,1997,138(3/4):135-159.

[33] JAHN B M,WU F Y,CHEN B. Granitoids of the central asian orogenic belt and

continental growth in the Phanerozoic [J]. Earth and environmental science transactions of the royal society of edinburgh,2000,91(1/2):181-193.

[34] WU F Y,JAHN B M,WILDE S,et al. Phanerozoic crustal growth:U-Pb and Sr-Nd isotopic evidence from the granites in northeastern China[J]. Tectonophysics,2000,328(1/2):89-113.

[35] WU F Y,SUN D Y,LI H M,et al. A-type granites in northeastern China:age and geochemical constraints on their petrogenesis[J]. Chemicalgeology,2002,187(1/2):143-173.

[36] 张旗,王焰,潘国强,等. 花岗岩源岩问题:关于花岗岩研究的思考之四[J]. 岩石学报,2008,24(6):1193-1204.

[37] 张旗,潘国强,李承东,等. 花岗岩构造环境问题:关于花岗岩研究的思考之三[J]. 岩石学报,2007(11):2683-2698.

[38] 王涛,童英,李舶,等. 阿尔泰造山带花岗岩时空演变、构造环境及地壳生长意义-以中国阿尔泰为例[J]. 岩石矿物学杂志,2010,29(6):595-618.

[39] 王涛,张磊,郭磊,等. 亚洲中生代花岗岩图初步编制及若干研究进展[[J]. 地球学报,2014,35(6):655-672.

[40] 王涛,王晓霞,郭磊,等. 花岗岩与大地构造[J]. 岩石学报,2017,35(5):1459-1478.

[41] SENGOR A M C,NATAL IN B A,BURTMAN V S. Evolution of the altaid tectonic collage and palaeozoic crustal growth in Eurasia[J]. Nature,1993,364(6435):299-307.

[42] DEFANT M J,DRUMMOND M S. Derivation of some modern arc magmas by melting of young subducted lithosphere[J]. Nature,1990,347:662-665.

[43] 张旗,王焰,刘伟,等. 埃达克岩的特征及其意义[J]. 地质通报,2002,21(7):431-435.

[44] 张旗,许继峰,王焰,等. 埃达克岩的多样性[J]. 地质通报,2004(增 2):959-965.

[45] ATHERTON M P,PETFORD N. Generation of sodium-rich magmas from newly underplated basaltic crust[J]. Nature,1993,362:144-146.

[46] MARTIN H,SMITHIES R H,RAPP R,et al. An overview of adakite,tonalite-trondhjemite-granodiorite (TTG), and sanukitoid: relationships and some implications for crustal evolution[J]. Lithos,2005,79(1/2):1-24.

[47] WANG F,ZHOU X H,ZHANG L C,et al. Late Mesozoic volcanism in the Great Xing'an Range (NE China):timing and implications for the dynamic setting of NE Asia[J]. Earth andplanetary science letters,2006,251(1/2):179-198.

[48] ZHAO X L,MAO J R,YE H M,et al. New SHRIMP U-Pb zircon ages of granitic rocks in the Hida Belt,Japan:implications for tectonic correlation with Jiamushi massif[J]. Island Arc,2013,22(4):508-521.

[49] MOYEN J F,PAQUETTE J L,IONOV D A,et al. Paleoproterozoic rejuvenation and replacement of Archaean lithosphere:evidence from zircon U-Pb dating and Hf isotopes in crustal xenoliths at Udachnaya,Siberian craton[J]. Earth and planetary science letters,2017,457:149-159.

[50] CHAPPELL B W,WHITE A J R. I- and S-type granites in the Lachlan fold belt[J].

Earth andenvironmental science transactions of the royal society of Edinburgh,1992,83(1/2):1-26.

[51] 王德滋,谢磊.岩浆混合作用:来自岩石包体的证据[J].高校地质学报,2008,14(1):16-21.

[52] 赵越,刘敬党.华北古陆早前寒武纪 TTG 岩系地球化学分析[J].辽宁工程技术大学学报(自然科学版),2018,37(3):512-515.

[53] XIAO W J,WINDLEY B F,HAO J,et al. Accretion leading to collision and the Permian Solonker suture,Inner Mongolia,China:termination of the Central Asian Orogenic Belt[J]. Tectonics,2003,22(6):1069-1090.

[54] XIAO W J,HUANG B C,HAN C M,et al. A review of the western part of the Altaids:a key to understanding the architecture of accretionary orogens[J]. Gondwanaresearch,2010,18(2/3):253-273.

[55] SAFONOVA I,SELTMANN R,KRÖNER A,et al. A new concept of continental construction in the Central Asian Orogenic Belt[J]. Episodes,2011,34(3):186-196.

[56] XIAO W J,KUSKY T,SAFONOVA I,et al. Tectonics of the Central Asian Orogenic Belt and its Pacific analogues[J]. Journal of asian earth sciences,2015,113:1-6.

[57] WINDLEY B F,ALEXEIEV D,XIAO W J,et al. Tectonic models for accretion of the Central Asian Orogenic Belt[J]. Journal of the geological society,2007,164(1):31-47.

[58] KOVALENKO V I,YARMOLYUK V V,KOVACH V P,et al. Isotope provinces,mechanisms of generation and sources of the continental crust in the central asian mobile belt:geological and isotopic evidence[J]. Journal of asian earth sciences,2004,23(5):605-627.

[59] GOU J,SUN D Y,REN Y S,et al. Petrogenesis and geodynamic setting of Neoproterozoic and Late Paleozoic magmatism in the Manzhouli-Erguna area of Inner Mongolia,China:Geochronological,geochemical and Hf isotopic evidence[J]. Journal of asian earth sciences,2013,67/68:114-137.

[60] GE W C,CHEN J S,YANG H,et al. Tectonic implications of new zircon U-Pb ages for the Xinghuadukou Complex,Erguna Massif,northern Great Xing'an Range,NE China[J]. Journal of asian earth sciences,2015,106:169-185.

[61] TANG J,XU W L,WANG F,et al. Geochronology and geochemistry of Neoproterozoic magmatism in the Erguna Massif,NE China:Petrogenesis and implications for the breakup of the Rodinia supercontinent[J]. Precam brian research,2013,224:597-611.

[62] ZHOU J B,WILDE S A,ZHANG X Z,et al. The onset of Pacific margin accretion in NE China:evidence from the Heilongjiang high-pressure metamorphic belt[J]. Tectonophysics,2009,478(3/4):230-246.

[63] ZHOU J B,WILDE S A. The crustal accretion history and tectonic evolution of the NE China segment of the central asian orogenic belt[J]. Gondwanaresearch,2013,

23(4):1365-1377.

[64] ZHOU J B,CAO J L,WILDE S A,et al. Paleo-Pacific subduction-accretion:evidence from Geochemical and U-Pb zircon dating of the Nadanhada accretionary complex,NE China[J]. Tectonics,2014,33(12):2444-2466.

[65] JIA D C,HU R Z,LU Y,et al. Collision belt between the Khanka Block and the North China Block in the Yanbian Region,Northeast China[J]. Journal of asian earth sciences,2004,23(2):211-219.

[66] LI J Y. Permian geodynamic setting of Northeast China and adjacent regions:closure of the Paleo-Asian Ocean and subduction of the Paleo-Pacific Plate[J]. Journal of asian earth sciences,2006,26(3/4):207-224.

[67] TANG J,XU W L,WANG F,et al. Geochronology and geochemistry of Early-Middle Triassic magmatism in the Erguna Massif,NE China:constraints on the tectonic evolution of the Mongol-Okhotsk Ocean[J]. Lithos,2014,184/185/186/187:1-16.

[68] TANG J,XU W L,WANG F,et al. Geochronology,geochemistry,and deformation history of Late Jurassic-Early Cretaceous intrusive rocks in the Erguna Massif,NE China:constraints on the late Mesozoic tectonic evolution of the Mongol-Okhotsk orogenic belt[J]. Tectonophysics,2015,658:91-110.

[69] TANG J,XU W L,NIU Y L,et al. Geochronology and geochemistry of Late Cretaceous-Paleocene granitoids in the Sikhote-Alin Orogenic Belt:Petrogenesis and implications for the oblique subduction of the paleo-Pacific plate[J]. Lithos,2016,266/267:202-212.

[70] 曹花花.华北板块北缘东段晚古生代-早中生代火成岩的年代学与地球化学研究[D].长春:吉林大学,2013.

[71] 苟军.满洲里南部中生代火山岩的时代、成因及构造背景[D].长春:吉林大学,2013.

[72] MARUYAMA S. Pacific-type orogeny revisited:Miyashiro-type orogeny proposed[J]. Island Arc,1997,6(1):91-120.

[73] WILDE S A,ZHANG X Z,WU F Y. Extension of a newly identified 500Ma metamorphic terrane in North East China:further U-Pb SHRIMP dating of the Mashan Complex,Heilongjiang Province,China[J]. Tectonophysics,2000,328(1/2):115-130.

[74] WILDE S. Late Pan-African magmatism in northeastern China:shrimp U-Pb zircon evidence from granitoids in the Jiamusi Massif[J]. Precam brian research,2003,122(1/2/3/4):311-327.

[75] WILDE S A,WU F Y,ZHAO G C. The Khanka Block,NE China,and its significance to the evolution of the Central Asian Orogenic Belt and continental accretion. In:Kusky,T M,Zhai,M. G.,Xiao,W. J.(Eds.),The Evolved Continents:Understanding Processes of Continental Growth[J]. Geological society of London,special publication,2010,338:117-137.

[76] 何国琦,邵济安.内蒙古东南部(昭盟)西拉木伦河-带早古生代蛇绿岩建的确定及其大

地构造意义[J]. 中国北方板块构造文集,1983,1:243-250.

[77] 王友勤,苏养正. 东北区域地层发育与地壳演化[J]. 吉林地质,1996,5(3):118-145.

[78] 赵春荆,彭玉鲸,党增欣,等. 吉黑东部构造格架及地壳演化[M]. 沈阳:辽宁大学出版社,1996.

[79] 苏养正. 东北地区古生代地层间断[J]. 地质与资源,2012,21(1):74-76.

[80] 孙德有,吴福元,张艳斌,等. 西拉木伦河-长春-延吉板块缝合带的最后闭合时间:来自吉林大玉山花岗岩体的证据[J]. 吉林大学学报(地球科学版),2004,34(2):174-181.

[81] 李锦轶. 中国大陆地壳"镶嵌与叠覆"的结构特征及其演化[J]. 地质通报,2004,23(9):986-1004.

[82] 赵院冬,迟效国,车继英,等. 延边-东宁地区晚三叠世花岗岩地球化学特征及其大地构造背景[J]. 吉林大学学报(地球科学版),2009,39(3):425-434.

[83] CAO H H, XU W L, PEI F P, et al. Zircon U-Pb geochronology and petrogenesis of the Late Paleozoic-Early Mesozoic intrusive rocks in the eastern segment of the northern margin of the North China Block[J]. Lithos,2013,170/171:191-207.

[84] 彭向东,张梅生,米家榕. 中国东北地区二叠纪生物混生机制讨论[J]. 辽宁地质,1998(1):41-45.

[85] 吴福元,张兴洲,马志红,等. 吉林省中部红帘石硅质岩的特征及意义[J]. 地质通报,2003,22(6):391-396.

[86] WU F Y, ZHAO G C, SUN D Y, et al. The Hulan Group: its role in the evolution of the Central Asian Orogenic Belt of NE China[J]. Journal of asian earth sciences,2007,30(3/4):542-556.

[87] ZHANG Y B, WU F Y, WILDE S A, et al. Zircon U-Pb ages and tectonic implications of 'Early Paleozoic' granitoids at Yanbian, Jilin Province, Northeast China[J]. Island Arc,2004,13(4):484-505.

[88] 李承东,张福勤,苗来成,等. 吉林色洛河晚二叠世高镁安山岩 SHRIMP 锆石年代学及其地球化学特征[J]. 岩石学报,2007,23(4):767-776.

[89] 周建波,石爱国,景妍. 东北地块群:构造演化与古大陆重建[J]. 吉林大学学报(地球科学版),2016,46(4):1042-1055.

[90] GUO F, LI H X, FAN W M, et al. Early Jurassic subduction of the Paleo-Pacific Ocean in NE China: Petrologic and geochemical evidence from the Tumen mafic intrusive complex[J]. Lithos,2015,224:46-60.

[91] 裴福萍,许文良,杨德彬,等. 松辽盆地基底变质岩中锆石 U-Pb 年代学及其地质意义[J]. 科学通报,2006,51(24):2881-2887.

[92] TOMURTOGOO O, WINDLEY B F, KRO ? NER A, et al. Zircon age and occurrence of the Adaatsag ophiolite and Muron shear zone, central Mongolia: constraints on the evolution of the Mongol-Okhotsk Ocean, suture and orogen[J]. Journal of the geological society,2005,162(1):125-134.

[93] GREGORY SHELLNUTT J, WANG C Y, ZHOU M F, et al. Zircon Lu-Hf isotopic compositions of metaluminous and peralkaline A-type granitic plutons of the

Emeishan large igneous province (SW China): constraints on the mantle source[J]. Journal of asian earth sciences,2009,35(1):45-55.

[94] METELKIN D V, VERNIKOVSKY V A, KAZANSKY A Y, et al. Late Mesozoic tectonics of Central Asia based on paleomagnetic evidence[J]. Gondwanaresearch, 2010,18(2/3):400-419.

[95] SUN D Y, GOU J, WANG T H, et al. Geochronological and geochemical constraints on the Erguna massif basement, NE China - subduction history of the Mongol-Okhotsk oceanic crust[J]. International geology review,2013,55(14):1801-1816.

[96] 唐杰. 额尔古纳地块中生代火成岩的年代学与地球化学:对蒙古-鄂霍茨克缝合带构造演化的制约[D]. 长春:吉林大学,2016.

[97] LI Y, XU W L, WANG F, et al. Triassic volcanism along the eastern margin of the Xing'an Massif, NE China: constraints on the spatial-temporal extent of the Mongol-Okhotsk tectonic regime[J]. Gondwanaresearch,2017,48:205-223.

[98] 赵越,翟明国,陈虹,等. 华北克拉通及相邻造山带古生代:侏罗纪早期大地构造演化[J]. 中国地质,2017,44(1):44-60.

[99] 严翔,陈斌,王志强,等. 华北克拉通北缘牛圈银矿区两期A型花岗岩的成因及其构造意义[J]. 岩石学报,2019,35(2):558-588.

[100] 程裕淇. 中国区域地质概论[M]. 北京:地质出版社,1994.

[101] 张贻侠,孙运生,张兴洲,等. 中国满洲里-绥芬河地学断面说明书[M]. 北京:地质出版社,1998.

[102] 李锦轶,王宗起,赵民. 秦岭山脉南部勉略碰撞带造山作用时代的40Ar/39Ar年代学证据[J]. 地质学报,1999(02):189-190.

[103] 句高. 张广才岭南段杨家沟组碎屑锆石年代学及其地质意义[D]. 长春:吉林大学,2018.

[104] SENGOR A M C, NATAL'IN B A. Paleotactonics of Asia: Fragments of a synthesis [M]. Yin A, Harrison T M. The tectonic Evolution of Asia. Cambridge: Cambridge University Press,1996:486-640.

[105] 范蔚茗,郭锋,高晓峰,等. 东北地区中生代火成岩Sr-Nd同位素区划及其大地构造意义[J]. 地球化学,2008,37(4):361-372.

[106] 田东江,周建波,郑常青,等. 完达山造山带蛇绿混杂岩中变质基性岩的地球化学特征及其地质意义[J]. 矿物岩石,2006,26(3):64-70.

[107] 田东江. 完达山造山带的地质:地球化学组成及其演化[D]. 长春:吉林大学,2007.

[108] 邵济安,唐克东. 中国东北地体与东北亚大陆边缘演化[M]. 北京:地震出版社,1995.

[109] 唐克东,王莹,何国琦,等. 中国东北及邻区大陆边缘构造[J]. 地质学报,1995,69(1):16-30.

[110] 张国宾. 黑龙江省东部完达山地块区域成矿系统研究[D]. 长春:吉林大学,2014.

[111] ZHAO X X, COE R S, ZHOU Y X, et al. New paleomagnetic results from Northern China: collision and suturing with Siberia and Kazakhstan[J]. Tectonophysics,1990,181(1):43-81.

[112] VAN DER VOO R,SPAKMAN W,BIJWAARD H. Mesozoic subducted slabs under Siberia[J]. Nature,1999,397:246-249.

[113] LI J Y. Permian geodynamic setting of Northeast China and adjacent regions:closure of the Paleo-asian Ocean and subduction of the Paleo-Pacific Plate[J]. Journal of asian earth sciences,2006,26(3/4):207-224.

[114] 赵国龙,杨桂林,傅嘉有.大兴安岭中南部中生代火山岩[M].北京:北京科学技术出版社,1989.

[115] 赵越,杨振宇,马醒华.东亚大地构造发展的重要转折[J].地质科学,1994,29(2):108-119.

[116] 张旗,张魁武,李秀云.吉黑东部的镁铁超镁铁岩的特征[M].北京:地震出版社,1995:72-98.

[117] 施光海,刘敦一,张福勤,等.中国内蒙古锡林郭勒杂岩 SHRIMP 锆石 U-Pb 年代学及意义[J].科学通报,2003,48(20):2187-2192.

[118] 王颖,张福勤,张大伟,等.松辽盆地南部变闪长岩 SHRIMP 锆石 U-Pb 年龄及其地质意义[J].科学通报,2006,51(15):1811-1816.

[119] 苗来成,刘敦一,张福勤,等.大兴安岭韩家园子和新林地区兴华渡口群和扎兰屯群锆石 SHRIMP U-Pb 年龄[J].科学通报,2007,52(5):591-601.

[120] ZHU Y F,SUN S H,GU L B,et al. Permian volcanism in the Mongolian orogenic zone, Northeast China: geochemistry, magma sources and petrogenesis [J]. Geological magazine,2001,138(2):101-115.

[121] WU F Y,WILDE S A,ZHANG G L,et al. Geochronology and petrogenesis of the post-orogenic Cu-Ni sulfide-bearing mafic-ultramafic complexes in Jilin Province,NE China[J]. Journal of asian earth sciences,2004,23(5):781-797.

[122] ZHANG X H,ZHANG H F,TANG Y J,et al. Geochemistry of Permian bimodal volcanic rocks from central Inner Mongolia,North China:implication for tectonic setting and Phanerozoic continental growth in Central Asian Orogenic Belt[J]. Chemical geology,2008,249(3/4):262-281.

[123] 张连昌,英基丰,陈志广,等.大兴安岭南段三叠纪基性火山岩时代与构造环境[J].岩石学报,2008,24(4):911-920.

[124] LIU J Q,HAN J T,FYFE W S. Cenozoic episodic volcanism and continental rifting in Northeast China and possible link to Japan Sea development as revealed from K Ar geochronology[J]. Tectonophysics,2001,339(3):385-401.

[125] GUO F,NAKAMURU E,FAN W M,et al. Generation of palaeocene adakitic andesites by magma mixing;Yanji area,NE China[J]. Journal of petrology,2007,48(4):661-692.

[126] XU B,ZHAO P,WANG Y Y,et al. The pre-Devonian tectonic framework of Xing'an-Mongolia orogenic belt (XMOB) in North China[J]. Journal of asian earth sciences,2015,97:183-196.

[127] GE W C,CHEN J S,YANG H,et al. Tectonic implications of new zircon U-Pb ages

for the Xinghuadukou Complex, Erguna Massif, northern Great Xing'an Range, NE China[J]. Journal of asian earth sciences, 2015, 106:169-185.

[128] 孙立新,任邦方,赵凤清,等. 额尔古纳地块太平川巨斑状花岗岩的锆石 U-Pb 年龄和 Hf 同位素特征[J]. 地学前缘,2012,19(5):114-122.

[129] 赵硕. 额尔古纳地块新元古代:早古生代构造演化及块体属性:碎屑锆石 U-Pb 年代学与火成岩组合记录[D]. 长春:吉林大学,2017.

[130] 毕君辉. 佳木斯地块东缘晚古生代构造:岩浆演化[D]. 长春:吉林大学,2018.

[131] 葛文春,吴福元,周长勇,等. 大兴安岭北部塔河花岗岩体的时代及对额尔古纳地块构造归属的制约[J]. 科学通报,2005,50(12):1239-1247.

[132] 赵芝. 大兴安岭北部晚古生代岩浆作用及其构造意义[D]. 长春:吉林大学,2011.

[133] MIAO L C, FAN W M, ZHANG F Q, et al. Zircon SHRIMP geochronology of the Xinkailing-Kele complex in the northwestern Lesser Xing' an Range, and its geological implications[J]. Chinese science bulletin, 2004, 49(2):201-209.

[134] MIAO L C, LIU D Y, ZHANG F Q, et al. Zircon SHRIMP U-Pb ages of the "Xinghuadukou Group" in Hanjiayuanzi and Xinlin areas and the "Zhalantun Group" in Inner Mongolia, Da Hinggan Mountains[J]. Chinese science bulletin, 2007, 52(8):1112-1124.

[135] WILDE S A. Final amalgamation of the Central Asian Orogenic Belt in NE China: Paleo-Asian Ocean closure versus Paleo-Pacific plate subduction-A review of the evidence[J]. Tectonophysics, 2015, 662: 345-362.

[136] WILDE S A, ZHOU J B. The Late Paleozoic to Mesozoic evolution of the eastern margin of the Central Asian Orogenic Belt in China[J]. Journal of asian earth sciences, 2015, 113:909-921.

[137] 葛文春,吴福元,周长勇,等. 大兴安岭中部乌兰浩特地区中生代花岗岩的锆石 U-Pb 年龄及地质意义[J]. 岩石学报,2005,21(3):749-762.

[138] 葛文春,吴福元,周长勇,等. 兴蒙造山带东段斑岩型 Cu,Mo 矿床成矿时代及其地球动力学意义[J]. 科学通报,2007,52(20):2407-2417.

[139] 张彦龙,葛文春,高妍,等. 龙镇地区花岗岩锆石 U-Pb 年龄和 Hf 同位素及地质意义[J]. 岩石学报,2010,26(4):1059-1073.

[140] 黑龙江省地质矿产局. 黑龙江省区域地质志[M]. 北京:地质出版社,1993.

[141] 李春昱,汤耀庆. 亚洲古板块划分以及有关问题[J]. 地质学报,1983(1):3-12.

[142] 周建波,王斌,曾维顺,等. 大兴安岭地区扎兰屯变质杂岩的碎屑锆石 U-Pb 年龄及其大地构造意义[J]. 岩石学报,2014,30(7):1879-1888.

[143] 杨现力. 扎兰屯浅变质岩系地质特征及碎屑锆石年代学研究[D]. 长春:吉林大学,2007.

[144] SUN W, CHI X G, ZHAO Z, et al. Zircon geochronology constraints on the age and nature of 'Precambrian metamorphic rocks' in the Xing'an Block of Northeast China[J]. International geology review, 2014, 56(6):672-694.

[145] LIU Y J, LI W M, FENG Z Q, et al. A review of the Paleozoic tectonics in the

eastern part of Central Asian Orogenic Belt[J]. Gondwana research，2017，43：123-148.

[146] 赵焕利，朱春艳，刘海洋，等. 黑龙江多宝山铜矿床中花岗闪长岩 SHRIMP 锆石 U-Pb 测年及其构造意义[J]. 地质与资源，2012，21(5)：421-424.

[147] 崔革. 小兴安岭西北部奥陶纪大陆边缘岛弧的确定及其演化[C]//中国北方板块构造文集. 北京：地质出版社，1983.

[148] 孙巍. 兴安地块"前寒武纪变质岩系"-下古生界锆石年代学研究及其构造意义[D]. 长春：吉林大学，2014.

[149] DONG Y，GE W C，ZHAO G C，et al. Petrogenesis and tectonic setting of the Late Paleozoic Xing'an complex in the northern Great Xing'an Range，NE China：constraints from geochronology，geochemistry and zircon Hf isotopes[J]. Journal of asian earth sciences，2016，115：228-246.

[150] 于倩. 兴安地块晚古生代-早中生代侵入岩的成因及其地质意义[D]. 长春：吉林大学，2017.

[151] 李世超，李永飞，王兴安，等. 大兴安岭中段晚三叠世四分组效应花岗岩的厘定及其地质意义[J]. 岩石学报，2016，32(9)：2793-2806.

[152] YANG H，GE W C，YU Q，et al. Zircon U-Pb-Hf isotopes，bulk-rock geochemistry and petrogenesis of Middle to Late Triassic I-type granitoids in the Xing'anBlock，Northeast China：implications for early Mesozoic tectonic evolution of the central Great Xing'an Range[J]. Journal of asian earth sciences，2016，119：30-48.

[153] 张吉衡. 大兴安岭地区中生代火山岩的年代学格架[D]. 长春：吉林大学，2006.

[154] 苟军. 满洲里南部白音高老组火山岩的形成时代与岩石成因[D]. 长春：吉林大学，2010.

[155] DONG Y，GE W C，YANG H，et al. Geochronology and geochemistry of Early Cretaceous volcanic rocks from the Baiyingaolao Formation in the central Great Xing'an Range，NE China，and its tectonic implications[J]. Lithos，2014，205：168-184.

[156] TIAN D X，GE W C，YANG H，et al. Lower Cretaceous alkali feldspar granites in the central part of the Great Xing'an Range，northeastern China：chronology，geochemistry and tectonic implications[J]. Geologicalmagazine，2015，152(3)：383-399.

[157] JI Z，GE W C，WANG Q H，et al. Petrogenesis of Early Cretaceous volcanic rocks of the Manketouebo Formation in the Wuchagou region，central Great Xing'an Range，NE China，and tectonic implications：geochronological，geochemical，and Hf isotopic evidence[J]. International geology review，2016，58(5)：556-573.

[158] WANG F，XU W L，GAO F H，et al. Tectonic history of the Zhangguangcailing Group in eastern Heilongjiang Province，NE China：constraints from U-Pb geochronology of detrital and magmatic zircons[J]. Tectonophysics，2012：566-567.

[159] 王枫. 松嫩：张广才岭地块东缘"元古界"的岩石组合与形成时代：对区域构造演化的意义[D]. 长春：吉林大学，2013.

[160] WANG Y,ZHANG F Q,ZHANG D W,et al. Zircon SHRIMP U-Pb dating of meta-diorite from the basement of the Songliao Basin and its geological significance[J]. Chinese science bulletin,2006,51(15):1877-1883.

[161] 刘建峰.小兴安岭东部早古生代花岗岩地球化学特征及其构造意义[D].长春:吉林大学,2006.

[162] WANG F,XU W L,MENG E,et al. Early Paleozoic amalgamation of the Songnen-Zhangguangcai Range and Jiamusi massifs in the eastern segment of the Central Asian Orogenic Belt:Geochronological and geochemical evidence from granitoids and rhyolites[J]. Journal of asian earth sciences,2012,49:234-248.

[163] 王志伟.小兴安岭—张广才岭早古生代火成岩的岩石学与地球化学:对块体拼合历史和地壳属性的制约[D].长春:吉林大学,2017.

[164] 孟恩.黑龙江省东部晚古生代-早中生代构造演化:碎屑锆石与火山事件的制约[D].长春:吉林大学,2011.

[165] 魏红艳,孙德有,叶松青,等.小兴安岭东南部伊春—鹤岗地区花岗质岩石锆石 U-Pb 年龄测定及其地质意义[J].地球科学,2012,37(增 1):50-59.

[166] YU J J, WANG F, XU W L, et al. Late Permian tectonic evolution at the southeastern margin of the Songnen-Zhangguangcai Range Massif, NEChina: constraints from geochronology and geochemistry of granitoids [J]. Gondwana research,2013,24(2):635-647.

[167] KHANCHUK A I,VOVNA G M,KISELEV V I,et al. First results of zircon LA-ICP-MS U-Pb dating of the rocks from the Granulite complex of Khanka massif in the Primorye region[J]. Doklady earth sciences,2010,434(1):1164-1167.

[168] ZHOU J B,WILDE S A,ZHAO G C,et al. Was the easternmost segment of the Central Asian Orogenic Belt derived from Gondwana or Siberia: an intriguing dilemma? [J]. Journal of geodynamics,2010,50(3/4):300-317.

[169] ZHOU J B,WILDE S A,ZHAO G C,et al. Pan-African metamorphic and magmatic rocks of the Khanka Massif,NE China:further evidence regarding their affinity[J]. Geological magazine,2010,147(5):737-749.

[170] KHANCHUK A I,SAKHNO V G,ALENICHEVA A A. First SHRIMP U-Pb zircon dating of magmatic complexes in the southwestern Primor'e region[J]. Dokladyearth sciences,2010,431(2):424-428.

[171] YANG H,GE W C,ZHAO G C,et al. Geochronology and geochemistry of Late Pan-African intrusive rocks in the Jiamusi-Khanka Block,NE China:Petrogenesis and geodynamic implications[J]. Lithos,2014,208/209:220-236.

[172] 杨浩,张彦龙,陈会军,等.兴凯湖花岗杂岩体的锆石 U-Pb 年龄及其地质意义[J].世界地质,2012,31(4):621-630.

[173] YANG H, GE W C, ZHAO G C, et al. Early Permian-Late Triassic granitic magmatism in the Jiamusi-Khanka Massif, eastern segment of the Central Asian Orogenic Belt and its implications[J]. Gondwana research,2015,27(4):1509-1533.

[174] YANG H,GE W C,ZHAO G C,et al. Late Triassic intrusive complex in the Jidong region,Jiamusi-Khanka Block,NE China:Geochemistry,zircon U-Pb ages,Lu-Hf isotopes,and implications for magma mingling and mixing[J]. Lithos,2015,224/225:143-159.

[175] KOJIMA S. Mesozoic terrane accretion in Northeast China,Sikhote-Alin and Japan regions[J]. Palaeogeography palaeoclimatology palaeoecology,1989,69:213-232.

[176] 邵济安,唐克东,王成源,等.那丹哈达地体的构造特征及演化[J].中国科学(B辑),1991(7):744-751.

[177] 水谷伸治郎,邵济安,张庆龙.那丹哈达地体与东亚大陆边缘中生代构造的关系[J].地质学报,1989(3):204-216.

[178] 张勤运.中国东北部那丹哈达岭地区三叠纪和侏罗纪的放射虫动物群[C]//中国地质科学院沈阳地质矿产研究所文集.北京:地质出版社,1990.

[179] 张庆龙,水谷伸治郎.放射虫化石及地体对比研究[J].古生物学报,1997(2):113-120.

[180] SUN M D,XU Y G,WILDE S A,et al. Provenance of cretaceous trench slope sediments from the Mesozoic Wandashan Orogen,NE China:implications fordetermining ancient drainage systems and tectonics of the Paleo-Pacific[J]. Tectonics,2015,34(6):1269-1289.

[181] 程瑞玉.黑龙江省东部饶河地区花岗岩时代及其成因[D].长春:吉林大学,2006.

[182] WANG F,XU W L,XU Y G,et al. Late Triassic bimodal igneous rocks in eastern Heilongjiang Province,NE China:implications for the initiation of subduction of the Paleo-Pacific Plate beneath Eurasia[J]. Journal of asian earth sciences,2015,97:406-423.

[183] MIZUTANI S,KOJIMA S. Mesozoic radiolarian biostratigraphy of Japan and collage tectonics along the eastern continental margin of Asia[J]. Palaeogeography,palaeoclimatology,palaeoecology,1992,96(1/2):3-22.

[184] WANG Z H,GE W C,YANG H,et al. Petrogenesis and tectonic implications of Early Jurassic volcanic rocks of the Raohe accretionary complex,NE China[J]. Journal of Asian earth sciences,2017,134:262-280.

[185] 王智慧.那丹哈达地体中生代-早新生代构造-岩浆演化[D].长春:吉林大学,2017.

[186] 李东津.吉林省岩石地层[M].北京:中国地质大学出版社,1997.

[187] 许文良.黑龙江省东部古生代-早中生代的构造演化:火成岩组合与碎屑锆石U-Pb年代学证据[J].吉林大学学报,2012,42(5):1378-1389.

[188] 王龙.吉林省新安—保安地区中侏罗世侵入岩特征研究[D].阜新:辽宁工程技术大学,2016.

[189] 张熹鹏.吉林省新安—保安地区早侏罗世侵入岩地质特征[D].阜新:辽宁工程技术大学,2016.

[190] 刘训,游国庆.中国的板块构造区划[J].中国地质,2015,42(1):1-17.

[191] 邓晋福,罗照华,苏尚国,等.岩石成因、构造环境与成矿作用[M].北京:地质出版

社，2004.
[192] 侯可军，李延河，邹天人，等. LA-MC-ICP-MS锆石Hf同位素的分析方法及地质应用[J]. 岩石学报，2007，23(10)：2595-2604.
[193] 邓晋福，赵海玲，莫宣学，等. 中国大陆根-柱构造：大陆动力学的钥匙[M]. 北京：地质出版社，1996.
[194] HOSKIN P W O, BLACK L P. Metamorphic zircon formation by solid-state recrystallization of protolith igneous zircon[J]. Journal of metamorphic geology, 2000，18(4)：423-439.
[195] HOSKIN P W O. The composition of zircon and igneous and metamorphic petrogenesis[J]. Reviews inmineralogy and geochemistry，2003，53(1)：27-62.
[196] 张国宾，韩超，杨言辰，等. 完达山地块跃进山矽卡岩型铜金矿区酸性侵入岩锆石U-Pb年龄、地球化学特征及成因[J]. 中国地质，2018，45(5)：977-991.
[197] 陈井胜. 赤峰地区晚古生代—早中生代花岗岩成因及其构造意义[D]. 长春：吉林大学，2018.
[198] ROLLISON H R. 岩石地球化学[M]. 杨学明，等，译. 合肥：中国科学技术大学出版社，2000.
[199] 高妍. 松辽盆地东南缘中生代火山岩的年代学和地球化学特征[D]. 长春：吉林大学，2008.
[200] 裴福萍. 辽南—吉南中生代侵入岩锆石U-Pb年代学和地球化学：对华北克拉通破坏时空范围的制约[D]. 长春：吉林大学，2008.
[201] 纪伟强. 吉黑东部中生代晚期火山岩的年代学和地球化学[D]. 长春：吉林大学，2007.
[202] 裴福萍. 吉南地区中生代火山岩的岩石学和地球化学特征[D]. 长春：吉林大学，2005.
[203] WEAVER B L，TARNEY J. Empirical approach to estimating the composition of the continental crust[J]. Nature，1984，310：575-577.
[204] TAYLOR S R，MCLENNAN S M. The geochemical evolution of the continental crust[J]. Reviews of geophysics，1995，33(2)：241-265.
[205] SUN S S, MCDONOUGH W F. Chemical and isotopic systematics of oceanic basalts：implications for mantle composition and processes[J]. Geological society, London，special publications，1989，42(1)：313-345.
[206] PECCERILLO A，TAYLOR S R. Geochemistry of Eocene calc-alkaline volcanic rocks from the Kastamonu area，Northern Turkey[J]. Contributions tomineralogy and petrology，1976，58(1)：63-81.
[207] MIDDLEMOST E A K. Magmas and magmatic rocks：an introduction to igneous petrology[M]. London：Longman，1985.
[208] BOYNTON W V. Cosmochemistry of the rare earth elements：meteorite studies [M]//Developments in Geochemistry. Amsterdam：Elsevier，1984：63-114.
[209] 陈璟元，杨进辉. 佛冈高分异I型花岗岩的成因：来自Nb-Ta-Zr-Hf等元素的制约[J]. 岩石学报，2015，31(3)：846-854.
[210] 贺中银，肖荣阁，白凤军，等. 钼矿成因论[M]. 北京：地质出版社，2015.

[211] LOISELLE M C,WONES D R. Charaeteristies and origin of anorogenic granitea[J]. Geological society of America ahstraots with programs,1979,11(7):468.

[212] BONIN B. From orogenic to anorogenic settings:evolution of granitoid suites after a major orogenesis[J]. Geological journal,1990,25(3/4):261-270.

[213] BONIN B. A-type granites and related rocks:evolution of a concept,problems and prospects[J]. Lithos,2007,97(1/2):1-29.

[214] JAHN B M,LITVINOVSKY B A,ZANVILEVICH A N,et al. Peralkaline granitoid magmatism in the Mongolian-Transbaikalian Belt: evolution, petrogenesis and tectonic significance[J]. Lithos,2009,113(3/4):521-539.

[215] DOSTAL J, KONTAK D J, KARL S M. The Early Jurassic Bokan Mountain peralkaline granitic complex (southeastern Alaska):Geochemistry,petrogenesis and rare-metal mineralization[J]. Lithos,2014,202/203:395-412.

[216] 王建,谢亘,施光海,等. 北祁连川刺沟A型花岗岩的时代学及其意义[J]. 岩石学报,2018,34(6):1657-1668.

[217] EBY G N. The A-type granitoids: a review of their occurrence and chemical characteristics and speculations on their petrogenesis[J]. Lithos, 1990, 26(1): 115-134.

[218] EBY G N. Chemical subdivision of the A-type granitoids:Petrogenetic and tectonic implications[J]. Geology,1992,20(7):641.

[219] HONG D W, WANG S G, HAN B F, et al. Post-orogenic alkaline granites from China and comparisons with anorogenic alkaline granites elsewhere[J]. Journal of southeast asian earth sciences,1996,13(1):13-27.

[220] BROWN G C,THORPE R,WEBB P. The geocliemical characteristics of granitoids in contrasting arcs and comments on magma souroes[J]. Journal of the geological society,1984,141:413-426.

[221] FÖRSTER H J,TISCHENDORF G,TRUMBULL R B. An evaluation of the Rb vs. (Y + Nb) discrimination diagram to infer tectonic setting of silicic igneous rocks [J]. Lithos,1997,40(2/3/4):261-293.

[222] SHI R D,YANG J S,WU C L,et al. First SHRIMP dating for the formation of the Late Sinian Yushigou ophiolite,North Qilian Mountains[J]. Acta geologica sinica, 2004,78(5):649-657.

[223] SYLVESTER P J. Post-collisional alkaline granites[J]. The journal of geology, 1989,97(3):261-280.

[224] 张家菁,施光海,童贵生,等. 浙江徐家墩鹅湖岭组含铜多金属矿火山岩的地球化学与年代学[J]. 地质学报,2009,83(6):791-799.

[225] 薛富红,张晓晖,邓江夏,等. 内蒙古中部达来地区晚侏罗世A型花岗岩:地球化学特征、岩石成因与地质意义[J]. 岩石学报,2015,31(06):1774-1788.

[226] TURNER S P,FODEN J D,MORRISON R S. Derivation of some A-type magmas by fractionation of basaltic magma:an example from the Padthaway Ridge, South

Australia[J]. Lithos,1992,28(2):151-179.

[227] MUSHKIN A,NAVON O,HALICZ L,et al. The petrogenesis of A-type magmas from the amram massif, southern Israel[J]. Journal of petrology, 2003, 44(5): 815-832.

[228] CLEMENS J D,HOLLOWAY J R,WHITE A J R. Origin of an A-type granite: experimental constraints[J]. American mineralogist,1986,71(3/4):317-324.

[229] CREASER R A,PRICE R C,WORMALD R J. A-type granites revisited:assessment of a residual-source model[J]. Geology,1991,19(2): 163-166.

[230] DALL'AGNOL R,DE OLIVEIRA D C. Oxidized, magnetite-series, rapakivi-type granites of Carajás,Brazil:implications for classification and petrogenesis of A-type granites[J]. Lithos,2007,93(3/4):215-233.

[231] FROST C D,FROST B R. Reduced rapakivi-type granites:the tholeiite connection [J]. Geology,1997,25(7): 647-650.

[232] KING P L,WHITE A J R,CHAPPELL B W,et al. Characterization and origin of aluminous A-type granites from the Lachlan fold belt,southeastern Australia[J]. Journal of petrology,1997,38(3):371-391.

[233] LANDENBERGER B, COLLINS W J. Derivation of A-type granites from a dehydrated charnockitic lower crust:evidence from the chaelundi complex,eastern Australia[J]. Journal of petrology,1996,37(1):145-170.

[234] PATI O DOUCE A E,BEARD J S. Dehydration-melting of biotite gneiss and quartz amphibolite from 3 to 15 kbar[J]. Journal of petrology,1995,36(3):707-738.

[235] PATIÑO DOUCE A E. Generation of metaluminous A-type granites by low-pressure melting of calc-alkaline granitoids[J]. Geology,1997,25(8):743.

[236] KEMP A I S,WORMALD R J,WHITEHOUSE M J,et al. Hf isotopes in zircon reveal contrasting sources and crystallization histories for alkaline to peralkaline granites of Temora,southeastern Australia[J]. Geology,2005,33(10):797.

[237] YANG J H,WU F Y,CHUNG S L,et al. A hybrid origin for the Qianshan A-type granite,Northeast China:Geochemical and Sr-Nd-Hf isotopic evidence[J]. Lithos, 2006,89(1/2):89-106.

[238] 王冬兵,罗亮,唐渊,等. 昌宁-孟连结合带牛井山早古生代埃达克岩锆石 U-Pb 年龄、岩石成因及其地质意义[J]. 岩石学报,2016,32(8):2317-2329.

[239] 郭志军,周振华,李贵涛,等. 内蒙古敖尔盖铜矿中-酸性侵入岩体 SHRIMP 锆石U-Pb 定年与岩石地球化学特征研究[J]. 中国地质,2012,39(6):1486-1500.

[240] 吴鸣谦,左梦璐,张德会,等. TTG 岩套的成因及其形成环境[J]. 地质论评,2014,60(3):503-514.

[241] 康磊,校培喜,高晓峰,等. 西昆仑西北缘大洋斜长花岗岩带的岩石地球化学特征、成因及其构造环境[J]. 岩石学报,2015,31(9):2566.

[242] KAY R M,KAY S M. Andean adakites: Three ways to make them [J]. Acta petrologica sinic,2002,18(3): 303-311.

[243] CASTILLO P R. An overview of adakite petrogenesis[J]. Chinesescience bulletin, 2006,51(3):257-268.

[244] CASTILLO P R, JANNEY P E, SOLIDUM R U. Petrology and geochemistry of Camiguin Island, southern Philippines: insights to the source of adakites and other lavas in a complex arc setting[J]. Contributions tomineralogy and petrology, 1999, 134(1):33-51.

[245] ROONEY T O, FRANCESCHI P, HALL C M. Water-saturated magmas in the Panama Canal region: a precursor to adakite-like magma generation? [J]. Contributions to mineralogy and petrology, 2011, 161(3):373-388.

[246] XIONG X L, ADAM J, GREEN T H. Rutile stability and rutile/melt HFSE partitioning during partial melting of hydrous basalt: implications for TTG genesis [J]. Chemicalgeology, 2005, 218(3/4):339-359.

[247] 张超，马昌前，Francois HOLTZ. 关于“含水中基性大陆下地壳部分熔融能形成 C 型埃达克岩吗？”的回复[J]. 高校地质学报，2013，19(2):381-384.

[248] 张超，郭巍，徐仲元，等. 吉林东部延边地区二长花岗岩年代学、岩石成因学及其构造意义研究[J]. 岩石学报，2014，30(2):512-526.

[249] XU J F, SHINJO R, DEFANT M J, et al. Origin of Mesozoic adakitic intrusive rocks in the Ningzhen area of East China: partial melting of delaminated lower continental crust? [J]. Geology, 2002, 30(12): 1111-1114.

[250] XU W L, WANG Q H, WANG D Y, et al. Mesozoic adakitic rocks from the Xuzhou-Suzhou area, Eastern China: evidence for partial melting of delaminated lower continental crust[J]. Journal of asian earth sciences, 2006, 27(4):454-464.

[251] 张旗，王元龙，王焰. 燕山期中国东部高原下地壳组成初探：埃达克质岩 Sr、Nd 同位素制约[J]. 岩石学报，2001(4):505-513.

[252] 苏玉平，唐红峰. A 型花岗岩的微量元素地球化学[J]. 矿物岩石地球化学通报，2005，24(3):245-251.

[253] 解洪晶，武广，朱明田，等. 内蒙古道郎呼都格地区 A 型花岗岩年代学、地球化学及地质意义[J]. 岩石学报，2012，28(2):483-494.

[254] 洪大卫. 两类碱性花岗岩的鉴别标志[C]//中国地质科学院地质研究所文集. 北京：地质出版社，1995.

[255] 刘昌实，陈小明，陈培荣，等. A 型岩套的分类、判别标志和成因[J]. 高校地质学报，2003(4):573-591.

[256] 陈井胜. 松辽盆地南部营城组火山岩成因[D]. 长春：吉林大学，2009.

[257] 董玉. 佳木斯地块与松嫩—张广才岭地块拼合历史：年代学与地球化学证据[D]. 长春：吉林大学，2018.

[258] MENG E, XU W L, PEI F P, et al. Detrital-zircon geochronology of Late Paleozoic sedimentary rocks in eastern Heilongjiang Province, NE China: implications for thetectonic evolution of the eastern segment of the Central Asian Orogenic Belt[J]. Tectonophysics, 2010, 485(1/2/3/4):42-51.

[259] BI J H,GE W C,YANG H,et al. Petrogenesis and tectonic implications of Early Paleozoic granitic magmatism in the Jiamusi Massif,NE China:Geochronological, geochemical and Hf isotopic evidence[J]. Journal of asian earth sciences,2014,96: 308-331.

[260] BELOUSOVA E A,KOSTITSYN Y A,GRIFFIN W L,et al. The growth of the continental crust:constraints from zircon Hf-isotope data[J]. Lithos,2010,119(3): 457-466.

[261] CONDIE K C. Episodic continental growth and supercontinents:a mantle avalanche connection? [J]. Earth and planetary science letters,1998,163(1/2/3/4):97-108.

[262] CONDIE K C,ASTER R C. Episodic zircon age spectra of orogenic granitoids:the supercontinent connection and continental growth[J]. Precambrian research,2010, 180(3/4):227-236.

[263] DHUIME B, HAWKESWORTH C J, CAWOOD P A, et al. A change in the geodynamics of continental growth 3 billion years ago[J]. Science,2012,335(6074): 1334-1336.

[264] TAYLOR S,MCLENNAN S. The continental crust:its composition and evolution [J]. Journal of geology, 1985,94(4):632-633.

[265] KRÖNER A,KOVACH V,BELOUSOVA E,et al. Reassessment of continental growth during the accretionary history of the Central Asian Orogenic Belt[J]. Gondwana research,2014,25(1):103-125.

[266] 章凤奇,陈汉林,董传万,等. 松辽盆地北部火山岩锆石 SHRIMP 测年与营城组时代探讨[J]. 地层学杂志,2008,32(1):15-20.

[267] ZHOU J B,WILDE S A,ZHANG X Z,et al. Detrital zircons from Phanerozoic rocks of the Songliao Block,NE China:evidence and tectonic implications[J]. Journal of asian earth sciences,2012,47:21-34.

[268] WANG F,XU W L,GAO F H,et al. Precambrian terrane within the Songnen-Zhangguangcai Range Massif,NE China:evidence from U-Pb ages of detrital zircons from the Dongfengshan and Tadong groups[J]. Gondwana research,2014,26(1): 402-413.

[269] HU A Q,JAHN B M,ZHANG G X,et al. Crustal evolution and Phanerozoic crustal growth in northern Xinjiang:Nd isotopic evidence. Part I. Isotopic characterization of basement rocks[J]. Tectonophysics,2000,328(1/2):15-51.

[270] HU A Q,WEI G J,ZHANG J B,et al. SHRIMP U-Pb age for zircons of East Tianhu granitic gneiss and tectoic evolution significance from the eastern Tianshan Mountains,Xinjiang,China[J]. Acta petrologica sinica, 2007,23(8):1795-1802.

[271] HELO C, HEGNER E, KRÖNER A, et al. Geochemical signature of Paleozoic accretionary complexes of the Central Asian Orogenic Belt in South Mongolia: constraints on arc environments and crustal growth[J]. Chemicalgeology, 2006, 227(3/4):236-257.

[272] SUN M,YUAN C,XIAO W J,et al. Zircon U-Pb and Hf isotopic study of gneissic rocks from the Chinese Altai:progressive accretionary history in the early to middle Palaeozoic[J]. Chemical geology,2008,247(3/4):352-383.

[273] WANG T,JAHN B M,KOVACH V P,et al. Nd-Sr isotopic mapping of the Chinese Altai and implications for continental growth in the Central Asian Orogenic Belt[J]. Lithos,2009,110(1):359-372.

[274] RYTSK E Y,KOVACH V P,YARMOLYUK V V,et al. Isotopic structure and evolution of the continental crust in the East Transbaikalian segment of the Central Asian Foldbelt[J]. Geotectonics,2011,45(5):349-377.

[275] ZHANG X R,ZHAO G C,EIZENHÖFER P R,et al. Late Ordovician adakitic rocks in the Central Tianshan Block,NW China:partial melting of lower continental arc crust during back-arc basin opening[J]. Geological society of America bulletin, 2016,128(9/10):1367-1382.

[276] KRÖNER A,WINDLEY B F,BADARCH,et al. Accretionary growth andcrust-formation in the Central Asian Orogenic Belt and comparison with theArbian-Nubian shield[J]. Memoir of the geological society of America,2007,200(5):461.

[277] GUO P,XU W L,YU J J,et al. Geochronology and geochemistry of Late Triassic bimodal igneous rocks at the eastern margin of the Songnen-Zhangguangcai Range Massif,Northeast China:petrogenesis and tectonic implications[J]. International geology review,2016,58(2):196-215.

[278] WANG Z W,XU W L,PEI F P,et al. Geochronology and geochemistry of Early Paleozoic igneous rocks of the Lesser Xing'an Range,NE China:implications for the tectonic evolution of the eastern Central Asian Orogenic Belt[J]. Lithos,2016,261:144-163.

[279] GE M H,ZHANG J J,LIU K,et al. Geochemistry and geochronology of the blueschist in the Heilongjiang Complex and its implications in the Late Paleozoic tectonics of eastern NE China[J]. Lithos,2016,261:232-249.

[280] GE M H,ZHANG J J,LI L,et al. Geochronology and geochemistry of the Heilongjiang Complex and the granitoids from the Lesser Xing'an-Zhangguangcai Range:implications for the Late Paleozoic-Mesozoic tectonics of eastern NE China[J]. Tectonophysics,2017,717:565-584.

[281] 黄映聪,张兴洲,熊小松,等.中国东北依兰地区块状蓝片岩的地球化学特征[J].岩石矿物学杂志,2008,27(5):422-428.

[282] ZHU C Y,ZHAO G C,SUN M,et al. Geochronology and geochemistry of the Yilan greenschists and amphibolites in the Heilongjiang complex,northeastern China and tectonic implications[J]. Gondwana research,2017,43:213-228.

[283] DONG Y,HE Z H,REN Z H,et al. Formation of the Permian Taipinggou igneous rocks,north of Luobei (Northeast China):implications for the subduction of the Mudanjiang Ocean beneath the Bureya-Jiamusi Massif[J]. International geology

review,2018,60(10):1195-1212.

[284] LI W M,TAKASU A,LIU Y J,et al. 40Ar/39Ar ages of the high-P/T metamorphic rocks of the Heilongjiang Complex in the Jiamusi Massif,northeastern China[J]. Journal of mineralogical and petrological sciences,2009,104(2):110-116.

[285] LI W M, TAKASU A, LIU Y J, et al. U-Pb and 40Ar/39Ar age constrains on protolith and high-P/T type metamorphism of the Heilongjiang Complex in the Jiamusi Massif, NE China[J]. Journal of mineralogical and petrological sciences, 2011,106(6):326-331.

[286] 李锦轶,牛宝贵,宋彪,等. 长白山北段地壳的形成与演化[M]. 北京:地质出版社,1999.

[287] 赵亮亮,张兴洲. 黑龙江杂岩构造折返的岩石学与年代学证据[J]. 岩石学报,2011,27(4):1227-1234.

[288] ZHU C Y,ZHAO G C,SUN M,et al. Geochronology and geochemistry of the Yilan blueschists in the Heilongjiang Complex, northeastern China and tectonic implications[J]. Lithos,2015,216:241-253.

[289] YANG H,GE W C,DONG Y,et al. Record of Permian-Early Triassic continental arc magmatism in the western margin of the Jiamusi Block,NE China:petrogenesis and implications for Paleo-Pacific subduction[J]. International journal of earth sciences,2017,106(6):1919-1942.

[290] 吴福元,S WILDE,孙德有. 佳木斯地块片麻状花岗岩的锆石离子探针 U-Pb 年龄[J]. 岩石学报,2001,17(3):443-452.

[291] 黄映聪,任东辉,张兴洲,等. 黑龙江省东部桦南隆起美作花岗岩的锆石 U-Pb 定年及其地质意义[J]. 吉林大学学报(地球科学版),2008,38(4):631-638.

[292] 张磊,李秋根,史兴俊,等. 佳木斯地块中部二叠纪永清花岗闪长岩的锆石 U-Pb 年龄、地球化学特征及其地质意义[J]. 岩石矿物学杂志,2013,32(6):1022-1036.

[293] 魏红艳. 黑龙江省伊春—鹤岗地区花岗岩的时代与成因研究[D]. 长春:吉林大学,2012.

[294] ZHU C Y,ZHAO G C,JI J Q,et al. Subduction between the Jiamusi and Songliao blocks: geological, geochronological and geochemical constraints from the Heilongjiang Complex[J]. Lithos,2017,282/283:128-144.

[295] ZHU C Y,ZHAO G C,SUN M,et al. Subduction between the Jiamusi and Songliao blocks:Geochronological and geochemical constraints from granitoidswithin the Zhangguangcailing Orogen,northeastern China[J]. Lithosphere,2017:L618. 1.

[296] 赵庆英,李春锋,李殿超,等. 延边地区五道沟群辉长岩岩脉的锆石年龄及其地质意义[J]. 世界地质,2008,27(2):150-155.

[297] ZHANG S H,ZHAO Y,SONG B,et al. Contrasting Late Carboniferous and Late Permian-Middle Triassic intrusive suites from the northern margin of the North China Craton:Geochronology,petrogenesis,and tectonic implications[J]. Geological society of America bulletin,2006,preprint(2007):1.

[298] 付长亮，孙德有，张兴洲，等. 吉林环春三叠纪高镁闪长岩的发现及地质意义[J]. 岩石学报，2010，26(4)：1089-1102.

[299] 齐成栋，纪春华，韩江，等. 吉林省敦化地区晚三叠世碱性-亚碱性侵入杂岩体的地质特征及构造背景分析[J]. 吉林地质，2003(3)：12-18.

[300] 孙德有，铃木和博，吴福元，等. 吉林省南部荒沟山地区中生代花岗岩 CHIME 定年[J]. 地球化学，2005，34(4)：305-314.

[301] XU W L，JI W Q，PEI F P，et al. Triassic volcanism in eastern Heilongjiang and Jilin Provinces，NE China：chronology，geochemistry，and tectonic implications[J]. Journal of Asian earth sciences，2009，34(3)：392-402.

[302] XU W L，PEI F P，WANG F，et al. Spatial-temporal relationships of Mesozoic volcanic rocks in NE China：constraints on tectonic overprinting and transformations between multiple tectonic regimes[J]. Journal of Asian earth sciences，2013，74：167-193.

[303] ZHANG K J. North and South China collision along the eastern and southern North China margins[J]. Tectonophysics，1997，270(1/2)：145-156.

[304] OH C W. A new concept on tectonic correlation between Korea，China and Japan：histories from the late Proterozoic to Cretaceous[J]. Gondwana research，2006，9(1/2)：47-61.

[305] WILDE S A，DORSETT-BAIN H L，LIU J L. The identification of a Late Pan-African granulite facies event in Northeast China：SHRIMP U-Pb zircon dating of the Mashan Group at Liu Mao，Heilongjiang Province，China[J]. In：Proceedings of the 30th IGC：Precambrian Geol. Metamorphic Petrol. VSP International Science Publishers，Amsterdam，1997，443：59-74.

[306] YANG J H，WU F Y，WILDE S A. A review of the geodynamic setting of large-scale Late Mesozoic gold mineralization in the North China Craton：an association with lithospheric thinning[J]. Ore geology reviews，2003，23(3/4)：125-152.

[307] YANG J，WU F，WILDE S，et al. Petrogenesis and geodynamics of Late Archean magmatism in eastern Hebei，eastern North China Craton：Geochronological，geochemical and Nd-Hf isotopic evidence[J]. Precambrian research，2008，167(1/2)：125-149.

[308] MARUYAMA S，ISOZAKI Y，KIMURA G，et al. Paleogeographic maps of the Japanese Islands：plate tectonic synthesis from 750 Ma to the present[J]. Island Arc，1997，6(1)：121-142.